职业教育精品规划教材

金工实习

（任务驱动型）

主　编　蔡福洲　谢勇权

副主编　庞寿平　肖　琪　丁　伟

电子工业出版社

Publishing House of Electronics Industry

北京·BEIJING

内 容 简 介

本书以"注重实践、强化应用"为指导思想，采用"任务驱动"的编写模式。为了帮助学生学会工作，教材还提供一体化课程的工作页，通过系统化的引导问题，指导学生在完整的工作过程中进行理论实践一体化的学习，将学习与工作紧密结合，体现了"学习的内容是工作，通过工作实现学习"的宗旨，促进了学习过程的系统化，使教学内容更贴近企业生产实际。在培养学生专业能力的同时，帮助学生获得工作过程知识，促进学生职业能力和综合素质的提高。

● 本书内容

本书由基础训练、综合项目实战和学习工作页三大部分组成，共有 7 个项目 49 个学习任务。基础训练主要内容包括车工操作训练、铣工操作训练、钳工操作训练、磨削加工、电焊操作训练；综合项目实战主要内容包括制作偏心轮机构；学习工作页主要内容有制作冲孔模具。

● 配套教学资源

本书提供配套的课件荣获第 3 届"华信杯"全国职业教育课件大赛 C 类作品奖，读者可以通过华信教育资源网（www.hxedu.com.cn）下载使用或与电子工业出版社联系（E-mail：zling@phei.com.cn）。

本书可作为职业院校、技工院校和成人教育院校相关专业的教材，也可作为相关工程技术人员及自学者的参考书。

图书在版编目（CIP）数据

金工实习 / 蔡福洲，谢勇权主编. —北京：电子工业出版社，2015.8
职业教育精品规划教材

ISBN 978-7-121-26098-8

Ⅰ. ①金　Ⅱ. ①蔡　②谢　Ⅲ. ①金属加工—实习—中等专业学校—教材　Ⅳ. ①TG-45

中国版本图书馆 CIP 数据核字（2015）第 105993 号

策划编辑：张　凌
责任编辑：张　凌
印　　刷：北京虎彩文化传播有限公司
装　　订：北京虎彩文化传播有限公司
出版发行：电子工业出版社
　　　　　北京市海淀区万寿路 173 信箱　邮编　100036
开　　本：787×1 092　1/16　印张：16.5　字数：473.6 千字　黑插：16
版　　次：2015 年 8 月第 1 版
印　　次：2022 年 8 月第 5 次印刷
定　　价：39.80 元

凡所购买电子工业出版社图书有缺损问题，请向购买书店调换。若书店售缺，请与本社发行部联系，联系及邮购电话：（010）88254888。

质量投诉请发邮件至 zlts@phei.com.cn，盗版侵权举报请发邮件至 dbqq@phei.com.cn。

服务热线：（010）88258888。

　　本书根据技师学院、技工及高级技工学校、职业院校"金工实习"的教学大纲，以"国家职业标准"为依据，按照"以工作过程为导向"的课程改革要求，以典型任务为载体，从职业分析入手，课程的开发体现"在工作中学习，在学习中工作"的理念，明确职业导向，将具体的工作情境置于教学过程中，并以开放性思维来构建教学过程，将相应的理论知识与工作任务相结合，做到"用什么，学什么"，同时将企业的工作形式和工作内容充分且有效地呈现于教学过程之中。本书融入了新技术、新设备、新工艺的内容，还介绍了许多典型的应用案例，便于读者借鉴，实现学生培养与企业用人需求的"无缝对接"，更好地满足企业用人的需求。

　　本书可作为高职高专院校、技师学院、技工及高级技工学校、中等职业学校机械、模具、数控、机电一体化、汽车维修等相关专业的教材，也可作为企业技师培训教材和相关设备维修技术人员的自学用书。

　　本教材主要有以下特色：

　　1. 突出工作实践，强化职业能力。本教材以强调职业能力为核心，以实际工作任务为引导，让学生在完成具体任务的过程中掌握知识和技能。改变了传统教材注重理论性、系统性，而忽视职业能力培养的缺陷。

　　2. 符合"实用、够用"的原则。本教材以提升实际工作能力和职业能力为准则，内容与学生核心能力的培养密切相关，具有实用性和易用性。

　　3. 直观生动，以学生为本。本教材采用了大量照片和企业产品图和项目来使读者更进一步灵活掌握及应用相关的技能。同时在学习任务中设置了学习目标、考证要求、任务描述、任务准备、任务分析、相关理论、任务实施、注意事项、任务评价、知识拓展、课后练习等环节，符合学生的认知规律，形式新颖，职教特色明显。

　　● 本书作者

　　本书由广州市白云工商技师学院蔡福洲、广东省工业高级技工学校谢勇权担任主编，玉林市机电工程学校庞寿平、广西理工学校肖琪、四川省江安县职业技术学校丁伟担任副主编，四川省宜宾高场职业中学肖本中参编。由于时间仓促，作者水平有限，书中错漏之处在所难免，恳请广大读者批评指正。

　　● 特别鸣谢江苏省靖江中等专业学校特级教师潘玉山对本书进行了认真的审校及建议！

编　者
2015 年 5 月

第一部分 基 础 训 练

第二部分　综合项目实战

金工实习（学习工作页）

第一部分　基础训练

项目一

车工操作训练

学习目标

知识目标	了解普通卧式车床的名称、型号、主要组成部分及作用、使用方法，制定加工工艺流程，工件的装夹和刀具的安装方法，车削工艺知识、刀具材料知识以及量具的使用方法。
能力目标	懂得工件的装夹和刀具的安装方法，能安全、正确地操作车床，使用量具检测工件，会按照图纸和工艺要求车削圆柱销、滚轮等零件。
素质目标	培养学生分工协助、合作交流、解决问题的能力，形成自信、谦虚、勤奋、诚实的品质，学会观察、记忆、思维、想象，培养创造能力、创新意识，养成勤于动脑、探索问题的习惯。

考证要求

技 能 要 求	相 关 知 识
1. 能车削 3 个以上台阶的普通台阶轴，并达到以下要求： （1）同轴度公差：0.05mm （2）表面粗糙度：$Ra3.2\mu m$ （3）公差等级：IT8 2. 能进行滚花加工及抛光加工	1. 台阶轴的车削方法 2. 滚花加工及抛光加工的方法
能车削套类零件，并达到以下要求： （1）公差等级：外径 IT7，内孔 IT8 （2）表面粗糙度：$Ra3.2\mu m$	套类零件钻、扩、镗、铰的方法
能车削普通螺纹、英制螺纹及管螺纹	1. 普通螺纹的种类、用途及计算方法 2. 螺纹车削方法 3. 攻、套螺纹前螺纹底径及杆径的计算方法
能车削具有内、外圆锥面工件的锥面及球类工件、曲线手柄等简单成形面，并进行相应的计算和调整	1. 圆锥的种类、定义及计算方法 2. 圆锥的车削方法 3. 成形面的车削方法

学习任务 1.1 参观金工实训场，认识车床及常用刀具，掌握车刀的安装方法

任务描述

认识车床的型号及加工范围，了解车床的常用附件、刀具的作用，以及安装车刀的方法，为学习车削加工零件奠定良好的基础。

任务准备

实施本任务教学所使用的实训设备及工具材料可参考表 1-1 所示。

表 1-1　学习资源表

序　号	分　类	名　　称	数　量
1	工具	刀架扳手、卡盘扳手等	1 套/组
2	量具	游标卡尺等	1 把/组
3	刀具	90°车刀（偏刀）、45°车刀（弯头车刀）、切断刀、圆头刀、内孔车刀、螺纹车刀等	各 1 把/组
4	设备	C6132A 普通车床、三爪卡盘、四爪卡盘、花盘、中心架、跟刀架、角铁、心轴、活动顶尖、死顶尖、伞形顶尖等	各 1 台（套）/组
5	资料	任务单、零件图、零件机械加工工艺卡、金属加工工艺手册、车工速查手册、国家标准公差手册、企业规章制度	1 套（本）/组
6	其他	工作服、工作帽等劳保用品	1 套/人

任务分析

车床在金属切削机床中占各类机床总数的 40%左右。车床的用途十分广泛，它可以车外圆、端面，切槽，切断，钻中心孔，钻孔，车孔，铰孔，车各种螺纹，车圆锥体、成形面、滚花、盘绕弹簧。车削加工有什么特点？车床有哪些常用附件及刀具？如何正确安装车刀？为了让学生对车床有初步的认识，首先介绍不同车床加工的特点及应用的相关知识。

相关知识

凡带有旋转表面的各种不同形状的工件都可以在车床上进行车削，因车刀结构简单、加工范围广、切削过程平衡、加工材料较广等优点，所以车削加工是机械加工中最常用的一种加工方法，车工在机械制造工业中占有重要地位。

1.1.1　车床的型号及加工范围

1. 车床的型号

以 CW6132A 为例：C—车床的类别代号，C 是车床的"车"的汉语拼音第一个字母，代

表车床类。6—组别代号，车床类分若干组："6"表示落地及卧式车床。1—系列代号："0"表示落地车床，"1"表示普通车床，"2"表示马鞍车床。32—主要参数代号，"32"是该车床最大加工直径 320mm 的 1/10。W—特性代号（万能）。A—第一次重大改进。

CW6132A1 中 A1 为经第一次重大改进的万能普通车床，最大车削直径为 320mm，最大加工长度为 750mm。

2．加工范围

车削是利用工件做旋转的主运动，刀具做直线进给运动，从而切除工件表面多余金属材料的一种加工方法。从运动特点来看，车削能加工出各种具有旋转面的工件，按其基本的工作内容来说，可以车削内外圆柱面、内外圆锥面，车端面，切槽，切断，钻孔，镗孔，车削各种螺纹、成形面、压花等。因此，在机械制造业中，车床是应用得最广泛的金属切削机床之一，它适用于机械零件的单件和中、小批量生产。

1.1.2 卧式车床各部分的名称和用途

C6132 普通车床的外形如图 1-1 所示。

1．主轴箱

主轴箱用来支承主轴，并使其做各种速度的旋转运动；主轴是空心的，可以穿入较长的工件材料；在主轴的前端可以利用锥孔安装顶尖，也可以利用主轴前端的圆锥面安装卡盘和拨盘，以便装夹工件。

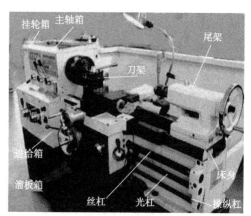

图 1-1 C6132 普通车床的外形

2．变速箱

变速箱用来改变主轴的转速。主要由传动轴和变速齿轮组成。通过操纵变速箱和主轴箱外面的变速手柄改变齿轮或离合器的位置，可使主轴获得 12 种不同的速度。主轴的反转是通过电动机的反转来实现的。

3．挂轮箱

挂轮箱用来搭配不同齿数的齿轮，以获得不同的进给量。主要用于车削不同种类的螺纹。

4．进给箱

进给箱用来改变进给量。主轴经挂轮箱传入进给箱的运动，通过移动变速手柄改变进给箱中滑动齿轮的啮合位置，便可使光杠或丝杠获得不同的转速。

5．溜板箱

溜板箱用来使光杠和丝杠的转动变为刀架的自动进给运动。光杠用于一般的车削，丝杠只用于车螺纹。溜板箱中设有互锁机构，使两者不能同时使用。

6．刀架

刀架用来夹持车刀并使其做纵向、横向或斜向进给运动。它由以下几个部分组成，如图 1-2 所示。

（1）床鞍。它与溜板箱连接，可沿床身导轨做纵向移动，其上有横向导轨。

（2）中滑板。它可沿床鞍上的导轨做横向移动。

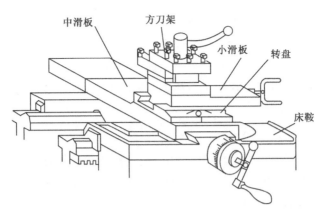

图 1-2　刀架

（3）转盘。它与中滑板用螺钉紧固，松开螺钉便可在水平面内扳转任意角度。

（4）小滑板。它可沿转盘上面的导轨做短距离移动；当将转盘偏转若干角度后，可使小滑板做斜向进给，以便车锥面。

（5）方刀架。它固定在小滑板上，可同时装夹四把车刀；松开锁紧手柄，即可转动方刀架，把所需要的车刀更换到工作位置上。

7. 尾架

安装于床身导轨上，尾架的套筒内装上顶尖可用来支承工件，也可装上钻头、铰刀在工件上钻孔、铰孔，套筒的轴线应与主轴的轴线重合。

8. 床身

床身用来支持和安装车床各个部件，如床头箱、走刀箱、溜板箱和尾架，床身上面有两条精确的导轨，滑板和尾架可沿着导轨移动。

9. 车床附件

车床附件包括三爪卡盘（图 1-3）、四爪卡盘（图 1-4）、中心架（图 1-5）、跟刀架（图 1-6）、花盘（图 1-7）、角铁、心轴、顶尖和冷却系统、照明系统等。

图 1-3　三爪卡盘　　　　图 1-4　四爪卡盘

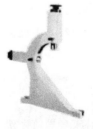

图 1-5　中心架　　　图 1-6　跟刀架　　　图 1-7　花盘

（1）中心架，安放并固定在车床导轨上，用三个可调节的支承爪支承已加工过的零件外圆面。一般在加工细长轴时，为防止轴受切削力的作用而产生弯曲变形，需要使用中心架。中心架多用于加工细长的台阶轴、长轴的端面和轴端内孔等。

（2）跟刀架，装在大滑板上，它与中心架不同的是可随大滑板一起移动。它只有两个支承爪，使用跟刀架须先在工件上靠后顶尖的一端车出一小段外圆，根据它来调节跟刀架的支承，跟刀架多用于加工细长的光轴。

应用中心架或跟刀架时，工件被支承部分是加工过的外圆表面，并要加机油润滑。另外，工件的转速不能很高，以免工件与支承爪之间摩擦过热而烧坏或磨损支承爪，支承爪与工件之间的调节不宜过紧，但太松则会产生振动。

（3）花盘。车削加工中，有时会遇到一些外形复杂和不规则的零件，如轴承座、双孔连杆、齿轮油泵体等。这些零件不能用三爪、四爪卡盘装夹，而必须使用花盘、角铁等专用夹具装夹。在花盘、角铁上加工工件比一般装夹方法要复杂得多，它要考虑怎样选择基准面，如何用既简便又牢固的方法把工件夹紧，此外还得考虑工件转动时的平衡和安全等问题。如轴承座零件，要求被加工表面（圆柱孔轴线）内轴线与基准面（轴承座底平面）互相平行，为保证加工表面轴线与基准平行，装角铁时须用百分表测量角铁平面是否与主轴轴线平行。同时还须校正角铁平面到主轴轴线的高度，此高度等于轴承座的中心高。用花盘、角铁安装工件，由于重心偏向一边，因此要在另一边加平衡铁予以平衡，以减少转动时的振动。

（4）角铁。角铁分两种类型：两个平面互相垂直的角铁叫直角角铁，如图 1-8 所示；两个平面的夹角大于或小于 90° 的角铁叫角度角铁。最常用的是直角角铁。角铁的定位基准平面必须精刮过，以保证正确的角度。

（5）心轴，如图 1-9 所示。盘套类零件（齿轮坯）装在卡盘上加工时，其外圆孔和两个端面无法在一次装夹中全部加工完。如果把零件调头装夹再加工，往往无法保证零件的径向跳动（外圆与孔）和端面跳动（端面与孔）的要求，因此需要利用已精加工过的孔把零件装在心轴上，再把心轴装在前后顶尖之间来加工外圆和端面。用心轴安装套类零件时，心轴与工件孔的配合精度要求较高，否则零件在心轴上无法准确定位。

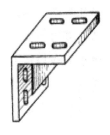 

图 1-8　角铁　　　　　　　　图 1-9　心轴

（6）顶尖，如图 1-10 所示。顶尖有前顶尖和后顶尖两种。主要用于定心并承受工件的重力和切削力。

（a）活动顶尖　　　　　　（b）死顶尖　　　　　　　（c）伞形顶尖

图 1-10　顶尖

① 车床前顶尖可直接安装在车床主轴锥孔中，前顶尖和工件一起旋转，无相对运动，所以可不必淬火。

② 后顶尖有固定顶尖和活动顶尖两种。使用时可将后顶尖插入车床尾座套筒的锥孔内。

固定顶尖有死顶尖和伞形顶尖两种类型。固定顶尖的刚性好、定心准确，但中心孔与硬尖之间有滑动摩擦，易磨损和烧坏顶尖，因此车床只适用于低速加工精度要求较高的工件。车床支撑细小工件时可用顶尖，这时工件端部要加工中心孔。

活动顶尖内部装有滚动轴承，顶尖和工件一起转动，能在高转速下正常工作。但活动顶尖的刚性较差，有时还会产生跳动而降低加工精度。所以，活动顶尖只适用于精度要求不太高的工件。

1.1.3 车床的切削运动

1．车床的切削运动由两部分组成：即主运动和进给运动，如图 1-11 所示。在切削过程中，为了使工件上切去多余的金属，工件和刀具必须有相对运动，这种运动包括主运动和进给运动。

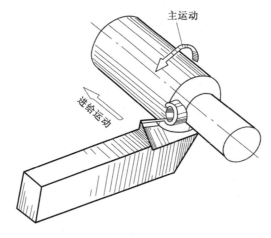

图 1-11 车床的切削运动

（1）主运动：自工件上切去金属的最基本的运动。该运动在切削运动中的速度最快。消耗功率最大。在车削加工中，主运动即工件的旋转运动。

（2）进给运动：使工件的被加工表面不断投入切削以获得完整加工表面的运动。在车削加工中，进给运动即刀具的移动，其形式有纵向进给（平行于工件轴线）运动、横向进给（垂直于工件轴线）运动。

2．由于刀具和工件都做连续运动，则刀具与工件之间产生挤压，进而使工件表面产生挤压→变形→滑移→挤裂→切离，这一过程称为切削过程。

1.1.4 常用车刀的种类及用途

1．车刀种类

根据不同的车削加工要求，常用车刀种类如图 1-12 所示。

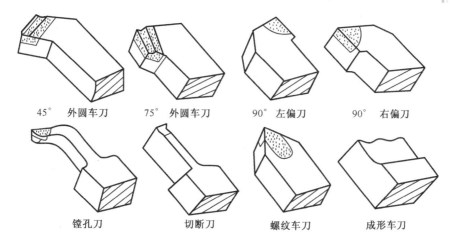

45°外圆车刀　　75°外圆车刀　　90°左偏刀　　90°右偏刀

镗孔刀　　　　　切断刀　　　　　螺纹车刀　　　　成形车刀

图1-12　常用车刀种类

2．车刀用途（图1-13、表1-2）

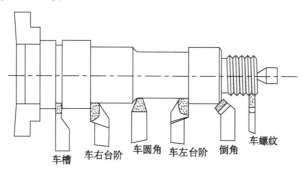

车槽　车右台阶　车圆角　车左台阶　倒角　　车螺纹

图1-13　常用车刀用途

表1-2　常用车刀的基本用途

序　号	种　类	用　途
1	90°车刀（偏刀）	车削工件的外圆、台阶和端面
2	45°车刀（弯头车刀）	车削工件的外圆、端面和倒角
3	切断刀	切断工件或切槽
4	圆头刀	车削工件的圆弧面或成形面
5	内孔车刀	车削工件内孔
6	螺纹车刀	车削螺纹

3．可转位车刀

硬质合金可转位（不重磨）车刀，如图1-14所示，近几年得到广泛应用。这种车刀切削部位采用一个可拆卸刀片，刀片用机械夹固方式装夹在刀杆上。当刀片上的一个切削刃磨钝后，可将刀片转过一个角度，用新的切削刃继续切削。缩短了换刀和磨刀时间，刀杆还可重复使用，提高了车刀的利用率。目前硬质合金可转位车刀已有不同形状和角度的刀片，可适用于各种切削需求。我国硬质合金可转位刀片已有国家标准GB/T 2076—2007《切削刀具用可

图1-14　可转位车刀

转位刀片型号表示规则》（等效于 ISO 1832—2004），可供用户按标准选用。刀片按形状用英文字母表示，其中最常用的刀片形状为三角形（T）、凸三角形（W）、正方形（S）、五角形（P）等。GB/T 5343.1—2007《可转位车刀型号表示规则》中已规定了外圆车刀和端面车刀的型号，等效于国际标准 ISO 5608—1995。可转位车刀的型号由按规定顺序排列的一组字母和数字代号组成，用十位代号分别表示车刀的各项特征。第 1～5 位都用字母表示，分别代表刀片夹紧方式、刀片形状、车刀头部形状、车刀刀片法向后角、车刀的切削方向；第 6～7 位用数字表示，分别代表车刀刀尖高度、车刀刀杆宽度；第 8 位用字母或符号"–"表示；第 9 位用数字表示，代表车刀刀片的长度；第 10 位表示采用不同测量基准的精密级车刀时使用；故一般只用 9 位。

1.1.5 安装车刀

1. 车刀安装时，左侧的刀尖必须严格对准工件的旋转中心，如图 1-15 所示。否则在车削平面至中心时会留有凸头或造成车刀刀尖碎裂，刀头伸出的长度为刀杆厚度的 1～1.5 倍，伸出过长、刚性变差，车削时容易引起振动。

2. 要使车刀迅速对准工件，可用下列方法。

（1）根据车床尾部顶尖的高度将车刀装好；

（2）先用目测，粗略找正；再将工件端面车一刀，然后根据工件端面的中心装正车刀；

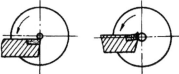

图 1-15 车刀尖的安装

（3）先用高度尺测量刀架底面到主轴中心的高度，根据这个高度，在中滑板的端面上作一条辅助刻线，使这条刻线到中滑板导轨的距离正好等于刀架底面到主轴中心的高度。装刀时，可先将车刀放在导轨上，看刀尖与刻线是否对齐，对齐即可。如低于刻线，应加垫刀片，使之对齐。

3. 在刀台上安装车刀时，应注意以下几点。

（1）车刀不能伸出刀架太长，应尽可能伸出得短些。因为车刀伸出过长，刀杆刚性相对减弱，切削时在切削力的作用下，容易产生振动，使车出的工件表面不光洁。一般车刀伸出的长度不超过刀杆厚度的 2 倍，如图 1-16 所示。

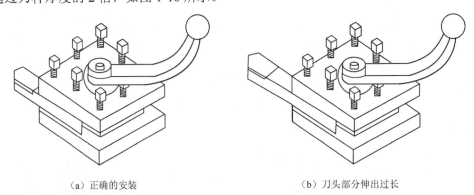

（a）正确的安装   （b）刀头部分伸出过长

图 1-16 车刀的安装

（2）车刀刀尖的高低应对准工件的中心。车刀安装得过高或过低都会引起车刀角度的变化而影响切削。根据经验，粗车外圆时，可将车刀装得比工件中心稍高一些；精车外圆时，可将车刀装得比工件中心稍低一些，这要根据工件直径的大小来决定，无论装高或装低，一般不能超过工件直径的 1%。

（3）装车刀用的垫片要平整，尽可能地减少片数，一般只用 2～3 片。如垫刀片的片数太多或不平整，会使车刀产生振动，影响切削。

（4）车刀装上后，要紧固刀架螺钉，一般要紧固两个螺钉。紧固时应轮换逐个拧紧。同时要注意，一定要使用专用扳手，不允许再加套管等，以免使螺钉受力过大而损伤。

任务实施

1. 在教师的带领下，参观机械加工车间和金工实训场。认知职业场所，感知企业生产环境和生产流程，教师现场讲解车间的安全生产要求、规章制度和车削技术发展趋势等。了解各种不同类型的车床名称和作用。

2. 教师现场讲解车床结构与车刀的安装要领，展示各种常用刀具、车床附件，演示车削加工操作。

3. 安排到一体化教室或多媒体教室进行教学，课堂上结合 PPT 课件、微课、视频等讲述车床加工的特点及应用的基本知识。

4. 学生小组成员之间共同研究、讨论、完成以下工作任务并做好记录。

（1）卧式车床各部分的名称和用途；

（2）常用车刀的种类及用途；

（3）车刀的安装步骤。

5. 小组代表上台阐述分组讨论结果。

6. 学生依据表 1-3"学生综合能力评价标准表"进行自评、互评。

7. 教师评价并对任务完成的情况进行总结。

注意事项

安装车刀的要求

（1）刀尖高度要和主轴中心线等高，在车床尾座上安装活动顶尖进行校正刀尖高度；

（2）刀杆与工件轴心线垂直；

（3）刀头伸出长度应是车刀厚度的 2 倍，为 30～40mm；

（4）装车刀时必须先紧固刀架手柄，再夹紧刀具。

任务评价

教师对学生任务实施的完成情况进行检查，并对各项重要环节进行赋值评分，同时对学生综合能力进行评价，并将结果填入表 1-3 所示的评价标准表内。

表 1-3　学生综合能力评价标准表

评价项目	专业能力 60%		考核评价要求	项目分值	自我评价	小组评价	教师评价
		工作准备	（1）工具、刀具、量具、车床附件的数量是否齐全； （2）材料、资料准备的是否适用，质量和数量如何； （3）工作周围环境布置是否合理、安全； （4）能否收集和归纳派工单信息并确定工作内容； （5）着装是否规范并符合职业要求； （6）分工是否明确、配合默契等方面	10			

续表

		考核评价要求	项目分值	自我评价	小组评价	教师评价
评价项目	专业能力 60%	工作过程各个环节	（1）能否查阅相关资料，区分车外圆、端面，切槽，切断，钻中心孔，钻孔，车孔，铰孔，车各种螺纹、车圆锥体、成形面、滚花等工序； （2）能否说明车削加工的特点； （3）是否认识车床的常用附件及刀具； （4）能否遵守劳动纪律，以积极的态度接受工作任务； （5）安全措施是否做到位	20			
		工作成果	（1）能否正确说明 CW6132A 车床型号的含义； （2）能否说出车床的加工工序，并说出工序特点； （3）安装车刀的方法是否正确； （4）能否对照卧式车床设备指出各部分的名称； （5）能否清洁、整理设备和现场达到 5S 要求等	30			
	职业核心能力 40%	信息收集能力	能否有效利用网络资源、技术手册等查找相关信息	10			
		交流沟通能力	（1）能否用自己的语言有条理地阐述所学知识； （2）是否积极参与小组讨论，运用专业术语与他人讨论、交流； （3）能否虚心接受他人意见，并及时改正	10			
		分析问题能力	（1）探讨使用中心架加工细长阶梯轴的方法； （2）分析使用中心架与跟刀架车削工件的异同点	10			
		解决问题能力	（1）是否具备正确选择工具、量具、夹具的能力； （2）能否根据不同的车削加工要求正确选择刀具种类； （3）能否根据不同刀具的特点来正确安装刀具	10			
备注	小组成员应注意安全规程及其行业标准，本学习任务可以小组或个人形式完成		总分			
开始时间：		结束时间：				

 **知识拓展**

1.1.6 车床的维护保养内容

1．外观保养：清洗机床外观，保持车床外表清洁，无锈蚀，无油污，无切屑；清洗"三杠"，保证传动正常；检查并补齐机床所有附件。

2．主轴箱：清洗滤油器；检查螺母有无松动，紧固螺钉是否锁紧；调整摩擦片间隙及制动器的松紧。

3．溜板箱：调整好中、小滑板镶条间隙；清洗并调整中、小滑板丝杠螺母的间隙。

4．交换齿轮箱：清洗齿轮、轴套并注入新油脂；调整各齿轮啮合间隙；检查轴套有无晃动现象。

5．尾座：清洗尾座，保持内外清洁。

6．冷却润滑系统：清洗冷却泵、滤油器、盛液盘；清除储液箱杂物；检查油质是否良好，油窗要洁净，油路、油孔应清洁畅通。

7．电器部分：清扫电动机、电器箱；电器装置应固定完好，并保持清洁整齐。

课后练习

1. 图 1-17 所示为 C6132 卧式车床的 31 个零部件组成，填写各零部件的名称。

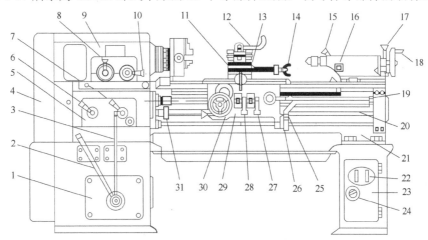

图 1-17 C6132 卧式车床的结构和调整手柄

1. _____ ; 2. _____ ; 3. _____ ; 4. _____ ; 5. _____ ; 6. _____ ; 7. _____ ; 8. _____ ; 9. _____ ;
10. _____ ; 11. _____ ; 12. _____ ; 13. _____ ; 14. _____ ; 15. _____ ; 16. _____ ; 17. _____ ;
18. _____ ; 19. _____ ; 20. _____ ; 21. _____ ; 22. _____ ; 23. _____ ; 24. _____ ; 25. _____ ;
26. _____ ; 27. _____ ; 28. _____ ; 29. _____ ; 30. _____ ; 31. _____ 。

2. 在普通车床上可完成 _____ 、 _____ 、 _____ 、 _____ 、
_____ 、 _____ 、 _____ 等工作。

3. 主轴的转动经进给箱和溜板箱使刀架移动，称为 _____ 传动系统。

4. 图 1-18 所示为 C6132 卧式车床刀架结构，填写图中序号 1～9 的名称。

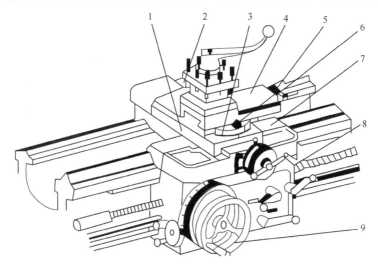

图 1-18 C6132 卧式车床刀架结构

1. _____ ; 2. _____ ; 3. _____ ; 4. _____ ; 5. _____ ; 6. _____ ; 7. _____ ; 8. _____ ;
9. _____ 。

学习任务1.2 学习车床安全操作知识

 任务描述

　　金工实习场是校内的工厂环境，学生在实习时置身于工厂环境中，车床的主切削运动是高速的旋转运动，具有一定的危险性，所以在开车床前必须熟悉机床的结构、性能及传动系统、润滑部位、电气等基本知识和使用维护方法，严格遵守车床加工工艺操作规程，而且必须经过考核合格后，方可进行操作，只有这样才能保障学生的人身安全。

任务准备

　　实施本任务教学所使用的实训设备及工具材料可参考表1-4所示。

表1-4　学习资源表

序　号	分　类	名　　称	备　注
1	工具	刀架扳手、卡盘扳手等	1套/组
2	量具	游标卡尺等	1把/组
3	刀具	90°车刀（偏刀）、45°车刀（弯头车刀）、切断刀、圆头刀、内孔车刀、螺纹车刀等	各1把/组
4	设备	C6132A 普通车床、CW61160L 车床、C5231 立式车床、C9208 液压半自动车床、A-1525 自动车床等	各1台/组
5	资料	任务单、车床机床等设备安全操作规程、企业规章制度	1套/组
6	其他	工作服、工作帽等劳保用品	1套/人

 任务分析

　　通过学习前面的知识，我们已经了解了各种不同类型的车床及其附件的特点，那么该如何保证车削加工实训安全，防止发生事故呢？这就要掌握并遵守车床安全操作规程和企业规章制度，以及车床安全操作要求。

 相关知识

1.2.1　安全实训规范要求

　　1. 学生应按职业要求着装，不穿背心、短裤、短裙、吊带衫和拖鞋上课。

　　2. 实习中做到专心听讲，仔细观察，做好笔记，尊重各位指导教师，独立操作，努力完成各项实习作业。

　　3. 爱护实训场（室）文化环境，注意举止文明，礼貌待人，尊师守纪。

　　4. 正确使用和保养游标卡尺、千分尺、高度尺、量角器、百分表和坐标平板等精密量器具，注意轻拿轻放，防锈蚀、防损伤，保证测量精度。

　　5. 在进行车削加工时，操作者必须戴上防护眼镜。

　　6. 穿戴好工作衣和工作帽，紧束袖口和裤脚口，不露长发，严禁戴手套操作切削机床，以防止运动部件绞缠衣裤、头发或手套，造成严重人身伤害。

7. 严禁用手直接清除工件或工作台上的切屑，应在停车后用铁钩或毛刷清除，防止切屑伤手。

8. 进入实训场必须穿上工作鞋，并注意及时清扫机床周围和通道地面的切屑，防止切屑伤脚。

9. 在车削加工中清除切屑要用毛刷或铁钩，不许直接用手或用口吹，避免伤及手和眼。

10. 每天下班擦拭机床，清洁整理用具，工件，打扫工作场地，保持环境卫生。

1.2.2 普通车床安全操作要求

1. 禁止戴围巾、手套操作设备，切削时要戴好防护眼镜。

2. 装卸卡盘及大的工、夹具时，床面要垫木板，不准开车装卸卡盘。装卸工件后应立即取下扳手。禁止用手刹车。

3. 床头、小刀架、床面不得放置工具、量具或其他东西。

4. 装卸工件要牢固，夹紧时可用接长套筒，禁止用榔头敲打。已滑丝损坏的卡爪不准使用。

5. 加工细长工件要用顶尖、跟刀架。车头（床头箱）前面伸出部分不得超过工件直径的20～25倍，车头（床头箱）后面伸出超过300mm时，必须加托架，必要时装设防护栏杆。

6. 用锉刀修整工件时，应右手在前，左手在后，身体离开卡盘。禁止直接用砂布裹在工件上抛光，应该用砂布包裹木块后再使用。

7. 车内孔时不准用锉刀倒角，用砂布抛光内孔时，不准将手指或手臂伸入孔内进行打磨。

8. 加工偏心工件时，必须加平衡铁，并要紧固牢靠，刹车不要过猛。

9. 攻丝或套丝必须用工具，不准一只手扶着攻丝架（或套丝架），另外一只手操作车床。

10. 将卡盘旋上主轴后，使卡盘的法兰平面与主轴端平面贴紧，装上保险块并锁紧，以防卡盘在旋转时松动甩出伤人，如图1-19所示。

图1-19　锁紧保险块

1.2.3 大型车床安全操作要求

1. 必须遵守机床一般安全技术操作规程。

2. 装卸工件要与开吊车的司机配合好，动作要协调，以防工件装卸不当发生事故，装卸及测量时要停车并切断电源。

3. 开车时人要站在安全位置，工作场地要清洁、畅通。

4. 在使用中心架、托架及顶尖时，必须经常检查与工件接触面的润滑情况。

5. 床身滑板及刀架快速移动时必须在离极限位置前100mm处停止，以防止与尾座相撞，如图1-20所示。

图1-20　CW61160L 车床

1.2.4 立式车床安全操作要求

立式车床如图 1-21 所示，其安全操作要求如下。

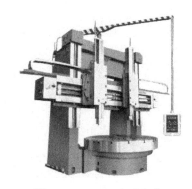

1. 操作前，先检查保险装置和防护装置是否灵活好用，妨碍转动的东西要清除。工具、量具不准放在横梁或刀架上。

2. 装卸工件、工具时要和吊车司机、装吊工密切配合。

3. 工件、刀具要紧固好。所用的千斤顶、斜面垫板、垫块等应固定好，并经常检查以防松动。

4. 工件在没夹紧前，只能点动校正工件，并要注意人体与旋转体保持一定的距离。严禁站在旋转工作台上调整机床和操作按钮。非操作人员不准靠近机床。

图 1-21　C5231 立式车床

5. 使用的扳手必须与螺帽或螺栓相符。夹紧时，用力要适当，以防滑倒。

6. 如工件外形超出卡盘，必须采取适当措施，以避免碰撞立柱、横梁或将人撞伤。

7. 对刀时必须慢速进行，自动对刀时，刀头距工件 40～60mm 时，即停止机动进给对刀，改用手摇进给方式对刀。

8. 在切削过程中，刀具未退离工件前不准停车。

9. 加工偏心工件时，要加配重铁，保持卡盘平衡。

10. 登"看台"操作时要注意安全，不准将身体伸向旋转体。

11. 切削过程中禁止测量工件和变换工作台转速及方向。

12. 不准隔着回转的工件取东西或清理铁屑。

13. 发现工件松动、机床运转异常、进刀过猛时应立即停车调整。

14. 大型立车两人以上操作，必须明确主操作人负责统一指挥，互相配合。非主操作人不得下令开车。

15. 加工过程中，机床不得离人。

1.2.5 自动车床、半自动车床安全操作要求

半自动车床如图 1-22 所示，自动车床如图 1-23 所示，其安全操作要求如下。

图 1-22　C9208 半自动车床

图 1-23　A-1525 自动车床

1. 必须遵守普通车床安全技术操作规程。

2. 气动卡盘所需的空气压力，不能低于规定值。

3．装工件时，必须放正，气门夹紧后再开车。

4．卸工件时，等卡盘停稳后，再取下工件。

5．机床各走刀限位装置的螺丝必须拧紧，并经常检查，防止松动。夹具和刀具须安装牢靠。

6．工作时，不得用手去触动自动装置或用手去摸机床附件和工件。

7．装卡盘时要检查卡爪、卡盘有无缺陷。不符合安全要求严禁使用。

8．自动车床禁止使用锉刀、刮刀、砂布等，做打光工作。

9．工作中，必须将防护挡板挡好。发生故障、调整限位挡块、换刀、上料卸工件、清理铁屑斗应停车。

10．机床运转时不得随意离开，多机管理时（自动车床），应逐台机床巡回查看。

 任务实施

1．在教师的带领下，参观机械加工车间和金工实训场。教师现场讲解企业规章制度及安全生产知识。

2．安排到一体化教室或多媒体教室进行教学，课堂上结合 PPT 课件、微课、视频等讲述各类车床的特设备安全操作规程内容。

3．学生小组成员之间共同讨论并做好记录。

（1）普通车床安全操作要点；

（2）大型车床安全操作要点；

（3）立式车床安全操作要点；

（4）自动车床、半自动车床安全操作要点；

（5）探讨车削加工时用锉刀修整工件的操作方法；

（6）分析使用砂布抛光内孔时要注意的事项。

4．小组代表上台展示分组讨论结果。

5．学生依据表 1-5 "学生综合能力评价标准表"进行自评、互评。

6．教师评价并对任务完成的情况进行总结。

 任务评价

教师对学生任务实施的完成情况进行检查，并对各项重要环节进行赋值评分，同时对学生综合能力进行评价，并将结果填入表 1-5 所示的评价标准表内。

表 1-5　学生综合能力评价标准表

评价项目	专业能力60%		考核评价要求	项目分值	自我评价	小组评价	教师评价
		工作准备	（1）工具、刀具、量具的数量是否齐全； （2）材料、资料准备的是否适用，质量和数量如何； （3）工作周围环境布置是否合理、安全； （4）能否收集和归纳派工单信息并确定工作内容； （5）着装是否规范并符合职业要求； （6）分工是否明确、配合默契等方面	10			

续表

评价项目		考核评价要求		项目分值	自我评价	小组评价	教师评价
专业能力60%	工作过程各个环节		（1）能否查阅相关资料，区分 C6132A 普通车床、CW61160L 车床、C5231 立式车床、C9208 半自动车床、A-1525 自动车床类型； （2）安全措施是否做到位； （3）是否清楚加工偏心工件时，必须加平衡铁； （4）能否遵守劳动纪律，以积极的态度接受工作任务	20			
	工作成果		（1）能否正确说明普通车床安全操作要点； （2）能否正确说明大型车床安全操作要点； （3）能否正确说明立式车床安全操作要点； （4）能否正确说明自动、半自动车床安全操作要点； （5）能否清洁、整理设备和现场达到5S要求等	30			
职业核心能力40%	信息收集能力		能否有效利用网络资源、技术手册等查找相关信息	10			
	交流沟通能力		（1）能否用自己的语言有条理地阐述所学知识； （2）是否积极参与小组讨论，运用专业术语与他人讨论、交流； （3）能否虚心接受他人意见，并及时改正	10			
	分析问题能力		（1）探讨车削加工时用锉刀修整工件的操作方法； （2）分析使用砂布抛光内孔时要注意的事项	10			
	解决问题能力		（1）是否具备正确选择工具、量具、夹具的能力； （2）能否根据车削加工细长工件要求正确选择夹具	10			
备注	小组成员应注意安全规程及其行业标准，本学习任务可以小组或个人形式完成			总分			
开始时间：			结束时间：				

学习任务 1.3　车削轴类零件——圆柱销

 任务描述

　　了解车床加工轴类零件时的装夹方法，正确理解车削加工精度，认识车床的加工范围，理解各类量具的测量原理，使用游标类量具及外径百分尺测量工件时能正确读数，会用手动进给方式车削外圆、平面和倒角操作。能用车床加工如图 1-24 所示的圆柱销零件（材料：45钢），要求加工后的零件达到图纸尺寸和表面粗糙度要求。

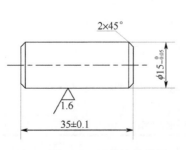

图 1-24　圆柱销零件图

任务准备

实施本任务教学所使用的实训设备及工具材料可参考表1-6所示。

表1-6 学习资源表

序 号	分 类	名 称	数 量
1	工具	刀架扳手、卡盘扳手等	1套/组
2	量具	钢尺、游标卡尺、百分表、外径千分尺等	1把/组
3	刀具	外圆车刀、端面车刀、切断刀等	各1把/组
4	设备	C6132A普通车床、三爪卡盘、活动顶尖等	各1台/组
5	资料	任务单、零件图、零件机械加工工艺卡、金属加工工艺手册、车工速查手册、国家标准公差手册、企业规章制度	1套/组
6	材料	45钢圆棒料直径：$\phi20mm$	1根/组
7	其他	工作服、工作帽等劳保用品	1套/人

 任务分析

在学习本任务时应熟悉加工轴类零件所用的车刀，分析轴类零件的种类与结构，会根据工件的形状、大小和加工数量合理选择工件的装夹方法，会分析影响工件表面粗糙度的因素，掌握减小工件表面粗糙度的方法及轴类零件的主要表面外圆柱面、端面和倒角的加工方法等。

 相关知识

1.3.1 轴类零件装夹方法

1. 采用自定心卡盘（三爪卡盘）装夹工件

这是车床上最通用的一种装夹方法，如图1-25所示为三爪卡盘的构造。三个爪上的矩形齿分别与大锥齿轮背面上的阿基米德平面螺纹相配合，当手柄转动小锥齿轮时，大锥齿轮就带动与平面螺纹配合的三个爪同时自动向中心移进，且径向移动距离相等。理论上三爪在任何位置所夹紧的圆柱体具有同一中心，故称为自定中心卡盘。长径比为 $l/D < 4$ 的圆柱体工件，套盘类工件和正六边形截面工件都适用此法装夹，而且装夹迅速，但定心精度不高，一般为 0.05～0.15mm。

2. 利用顶尖装夹工件

轴的长径比大于 4 小于 15（4<l/D<15）时，为了减少工件变形和振动可用双顶尖装夹工件。如图1-26所示为用双顶尖装夹工件加工外圆的情况。

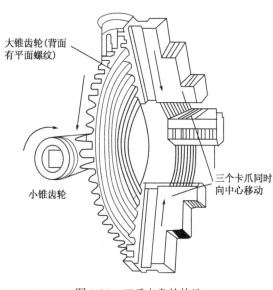

大锥齿轮(背面有平面螺纹)

三个卡爪同时向中心移动

小锥齿轮

图1-25 三爪卡盘的构造

当车削 $l/D>15$ 时的细长轴时，为了减少工件振动和弯曲，常用跟刀架或中心架作辅助支撑，以增加工件的刚性。跟刀架跟着刀架移动，用于光轴外圆加工，如图 1-27 所示。

当加工细长阶梯轴时，则使用中心架。中心架固定在床身导轨上，不随刀架移动。

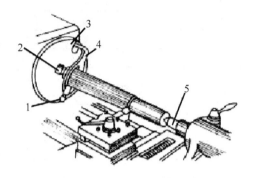 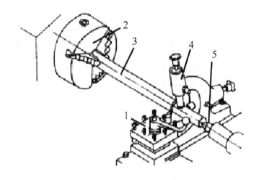

1—紧固螺钉；2—前顶尖；3—转盘；

4—鸡心夹头；5—后顶尖

图 1-26　双顶尖装夹工件

1—刀架；2—三爪自定心卡盘；3—工件；

4—跟刀架；5—后顶尖

图 1-27　利用跟刀架车削工件

1.3.2　测量轴类零件的常用量具

1．钢直尺

钢直尺，如图 1-28 所示，是最简单的长度量具，它的长度有 150mm、300mm、500mm 和 1000mm 四种规格。

钢直尺用于测量零件的长度尺寸，它的测量结果不太准确。这是由于钢直尺的刻线间距为 1mm，而刻线本身的宽度就有 0.1～0.2mm，所以测量时读数误差比较大，只能读出毫米数，即它的最小读数值为 1mm，比 1mm 小的数值，只能估计而得。

图 1-28　钢直尺

2．游标卡尺

游标卡尺的式样很多，常用的有两用游标卡尺和双面游标卡尺。从测量精度上分又有 0.1mm（1/10）精度游标卡尺、0.05mm（1/20）精度游标卡尺和 0.02mm（1/51）精度游标卡尺。

（1）游标卡尺的组成

游标卡尺是一种被广泛使用的高精度测量工具，由主尺和附在主尺上能滑动的游标两部分构成，如图 1-29 所示。

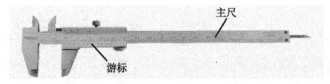

图 1-29　游标卡尺

（2）游标卡尺的分类

如果按游标的刻度值来分，游标卡尺又分 0.1mm、0.05mm、0.02mm 三种。

（3）游标卡尺的作用

游标卡尺作为一种常用量具，具体作用有以下四个方面：

① 测量工件宽度；

② 测量工件外径；

③ 测量工件内径；

④ 测量工件深度。

具体测量方法如图 1-30 所示。

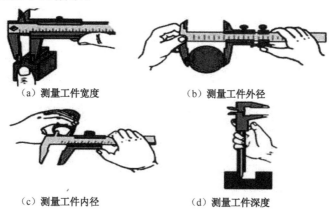

（a）测量工件宽度　　　　（b）测量工件外径

（c）测量工件内径　　　　（d）测量工件深度

图 1-30　游标卡尺的测量方法

（4）游标卡尺的使用方法

将量爪并拢，查看游标和主尺身的零刻度线是否对齐。如果对齐就可以进行测量；如果没有对齐则要记取零误差：游标的零刻度线在尺身零刻度线右侧的叫正零误差，在尺身零刻度线左侧的叫负零误差。

测量时，右手拿住尺身，大拇指移动游标，左手拿待测外径（或内径）的物体，使待测物位于外测量爪之间，当与量爪紧紧相贴时，即可读数，如图 1-31 所示。

量具使用的是否合理，不但影响量具本身的精度，还直接影响零件尺寸的测量精度，甚至发生质量事故，对国家造成不必要的损失。

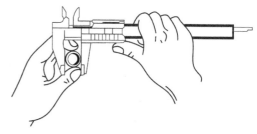

图 1-31　游标卡尺测外径方法

所以，我们必须重视量具的正确使用，对测量技术精益求精，务使获得正确的测量结果，确保产品质量。

（5）游标卡尺的读数方法

以刻度值为 0.02mm 的精密游标卡尺为例，读数方法可分三步：

① 根据副尺零线以左的主尺上的最近刻度读出整毫米数；

② 根据副尺零线以右与主尺上的刻度对准的刻线数乘以 0.02 读出小数；

③ 将上面的整数和小数两部分加起来，即为总尺寸。

如图 1-32 所示，副尺零线所对主尺前面的刻度为 64mm，副尺零线后的第 9 条刻线与主尺的一条刻线对齐。

副尺零线后的第 9 条刻线表示：$0.02 \times 9 = 0.18$mm

所以被测工件的尺寸为：$64 + 0.18 = 64.18$mm

（6）游标卡尺的测量范围

游标卡尺的测量范围很广，可以测量工件外径、孔径、长度、深度以及沟槽宽度等，测量工件的姿势和方法如图 1-33 所示。

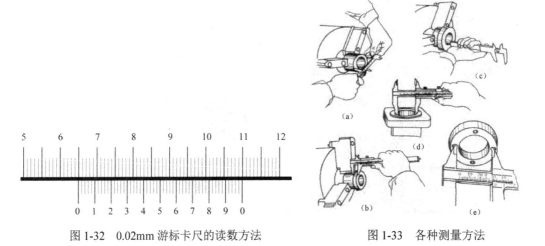

图 1-32　0.02mm 游标卡尺的读数方法　　　图 1-33　各种测量方法

（7）使用游标卡尺测量零件尺寸时的注意事项

① 测量前应把卡尺擦干净，检查卡尺的两个测量面和测量刃口是否平直无损，把两个量爪紧密贴合时，应无明显的间隙，同时游标和主尺的零位刻线要相互对准。这个过程称为校对游标卡尺的零位。

② 移动尺框时，活动要自如，不应有过松或过紧、更不能有晃动现象。用固定螺钉固定尺框时，卡尺的读数不应有所改变。在移动尺框时，不要忘记松开固定螺钉，也不宜过松以免掉了。

③ 当测量零件的外尺寸时，卡尺两测量面的连线应垂直于被测量表面，不能歪斜。测量时，可以轻轻摇动卡尺，放正垂直位置，如图 1-34（a）所示。否则，量爪若在如图 1-34（b）所示的错误位置上，将使测量结果 a 比实际尺寸 b 要大；先把卡尺的活动量爪张开，使量爪能自由地卡进工件，把零件贴靠在固定量爪上，然后移动尺框，用轻微的压力使活动量爪接触零件。如卡尺带有微动装置，此时可拧紧微动装置上的固定螺钉，再转动调节螺母，使量爪接触零件并读取尺寸。决不可把卡尺的两个量爪调节到接近甚至小于所测尺寸，把卡尺强制的卡到零件上去。这样做会使量爪变形，或使测量面过早磨损，使卡尺失去应有的精度。

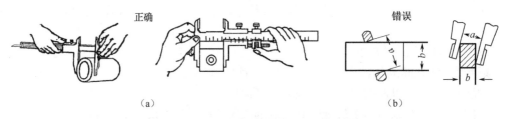

图 1-34　测量外尺寸时正确与错误的位置

④ 测量沟槽时，应当用量爪的平面测量刃进行测量，尽量避免用端部测量刃和刀口形量爪去测量外尺寸。而对于圆弧形沟槽尺寸，则应用刃口形量爪进行测量，不应用平面形测量刃

进行测量，如图 1-35 所示。

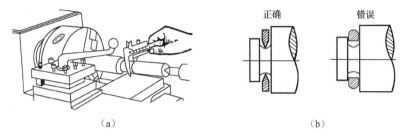

（a）　　　　　　　　　　　　　（b）

图 1-35　测量沟槽时正确与错误的位置

⑤　测量沟槽宽度时，也要放正游标卡尺的位置，应使卡尺两测量刃的连线垂直于沟槽，不能歪斜，否则，量爪若在如图 1-36（b）所示的错误的位置上，也将使测量结果不准确（可能大也可能小）。

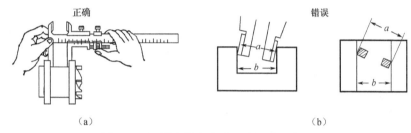

（a）　　　　　　　　　　　　　（b）

图 1-36　测量沟槽宽度时正确与错误的位置

⑥　当测量零件的内尺寸时，如图 1-37 所示，要使量爪分开的距离小于所测内尺寸，进入零件内孔后，再慢慢张开并轻轻接触零件内表面，用固定螺钉固定尺框后，轻轻取出卡尺来读数。取出量爪时，用力要均匀，并使卡尺沿着孔的中心线方向滑出，不可歪斜，免使量爪扭伤、变形和受到不必要的磨损，同时会使尺框走动，影响测量精度。

⑦　卡尺两测量刃应在孔的直径上，不能偏歪。如图 1-38 所示为带有刀口形量爪和带有圆柱面形量爪的游标卡尺，在测量内孔时正确的和错误的位置。当量爪在错误位置时，其测量结果，将比实际孔径 D 要小。

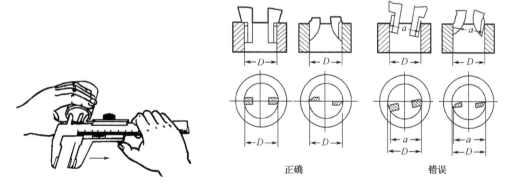

图 1-37　内孔的测量方法　　　　　图 1-38　测量内孔时正确与错误的位置

⑧　用下量爪的外测量面测量内尺寸时，若用图 1-38 和图 1-39 所示的两种游标卡尺测量内尺寸，在读取测量结果时，一定要把量爪的厚度加上去。即游标卡尺上的读数，加上量爪的厚度，才是被测零件的内尺寸，如图 1-39 所示。测量范围在 500mm 以下的游标卡尺，量爪厚度一般为 10mm。但当量爪磨损和修理后，量爪厚度就要小于 10mm，读数时这个修正值也要

考虑进去。

⑨ 用游标卡尺测量零件时，不允许过分地施加压力，所用压力应使两个量爪刚好接触零件表面。如果测量压力过大，不但会使量爪弯曲或磨损，且量爪在压力作用下产生弹性变形，使测量的尺寸不准确（外尺寸小于实际尺寸，内尺寸大于实际尺寸）。

在游标卡尺上读数时，应将卡尺水平地拿着，朝着亮光的方向，使人的视线尽可能和卡尺的刻线表面垂直，以免由于视线的歪斜造成读数误差。

⑩ 为了获得正确的测量结果，可以多测量几次。即在零件的同一截面上的不同方向进行测量。对于较长零件，则应在全长的各个部位进行测量，务使获得一个比较正确的测量结果。

⑪ 使用游标卡尺测量时，测量平面要垂直于工件中心线，不许敲打卡尺或拿游标卡尺勾铁屑。

⑫ 工件转动中禁止测量。

⑬ 测量时左右移动找最小尺寸，前后移动找最大尺寸，当测量头接触工件时可使用棘轮，以免造成测量误差。

⑭ 用前须校对"零"位，用后擦净涂油放入盒内。

⑮ 不要把卡尺、千分尺与其他工具、刀具混放，更不要把卡尺、千分尺当卡规使用，以免降低精度。

> 游标卡尺的使用方法顺口溜：
>
> 量爪贴合无间隙，主尺游标两对零。
>
> 尺框活动能自如，不松不紧不摇晃。
>
> 测力松紧细调整，不当卡规用力卡。
>
> 量轴防歪斜，量孔防偏歪。
>
> 测量内尺寸，爪厚勿忘加。
>
> 面对光亮处，读数垂直看。

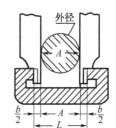

图 1-39　测量 T 形槽的宽度

（8）游标卡尺应用举例

① 用游标卡尺测量 T 形槽的宽度。

用游标卡尺测量 T 形槽的宽度，如图 1-39 所示。测量时将量爪外缘端面的小平面，贴在零件凹槽的平面上，用固定螺钉把微动装置固定，转动调节螺母，使量爪的外测量面轻轻地与 T 形槽表面接触，并放正两量爪的位置（可以轻轻地摆动一个量爪，找到槽宽的垂直位置），读出游标卡尺的读数，在图 1-39 中用 A 表示。但由于它是用量爪的外测量面测量内尺寸的，卡尺上所读出的读数 A 是量爪内测量面之间的距离，因此必须加上两个量爪的厚度 b，才是 T 形槽的宽度。所以，T 形槽的宽度 $L = A + b$。

② 用游标卡尺测量孔中心线与侧平面之间的距离。

用游标卡尺测量孔中心线与侧平面之间的距离 L 时，先要用游标卡尺测量出孔的直径 D，再用刀口形量爪测量孔的壁面与零件侧面之间的最短距离，如图 1-40 所示。

此时，卡尺应垂直于侧平面，且要找到它的最小尺寸，读出卡尺的读数 A，则孔中心线与侧平面之间的距离为

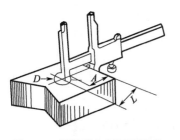

图 1-40　测量孔与侧平面距离

$$L = A + \frac{D}{2}$$

③ 用游标卡尺测量两孔的中心距。

用游标卡尺测量两孔的中心距有两种方法：一种是先用游标卡尺分别量出两孔的内径 D_1 和 D_2，再量出两孔内表面之间的最大距离 A，如图 1-41 所示，则两孔的中心距

$$L = A - \frac{1}{2}(D_1 + D_2)$$

另一种测量方法，也是先分别量出两孔的内径 D_1 和 D_2，然后用刀口形量爪量出两孔内表面之间的最小距离 B，则两孔的中心距为

$$L = B + \frac{1}{2}(D_1 + D_2)$$

3. 电子数显卡尺

电子数显卡尺如图 1-42 所示，是一种测量长度、内外径、深度的量具。具有读数直观、使用方便、功能多样的特点。它利用电容的耦合方式将机械位移量转变为电信号，该电信号进入电子电路后，再经过一系列变换和运算后显示出机械位移量的大小。

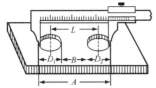

图 1-41　测量两孔的中心距

图 1-42　电子数显卡尺

4. 百分表

百分表是利用精密齿条齿轮机构制成的表式通用长度测量工具，如图 1-43 所示，它通常由测头、量杆、防震弹簧、齿条、齿轮、游丝、圆表盘及指针等组成，常用于形状和位置误差以及小位移的长度测量。百分表的圆表盘上印有 100 个等分刻度，即每一分度值相当于量杆移动 0.01mm。改变测头形状并配以相应的支架，可制成百分表的变形品种，如厚度百分表、深度百分表和内径百分表等。如用杠杆代替齿条可制成杠杆百分表和杠杆千分表，其示值范围较小，但灵敏度较高。此外，它的测头可在一定角度内转动，能适应不同方向的测量，结构紧凑。它适用于测量普通百分表难以测量的外圆、小孔和沟槽等的形状和位置误差。

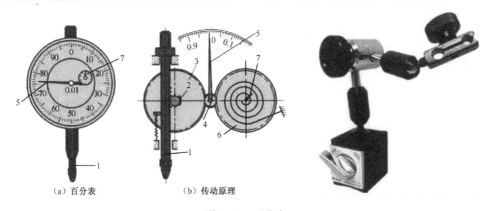

（a）百分表　　　　　（b）传动原理

图 1-43　百分表

5. 千分尺

千分尺是微分量具，是根据螺旋运动原理制成的，如图 1-44 所示，它是利用精密螺杆与螺母，将转动变为测杆的轴向位移。千分尺按用途可分为：外径千分尺，用来测量各种外形尺寸和形位误差；内径千分尺，用于测量内尺寸及槽宽。深度千分尺，用于测量深度；螺纹千分尺，用于测量螺纹。杠杆千分尺和带表千分尺，用于精密测量。

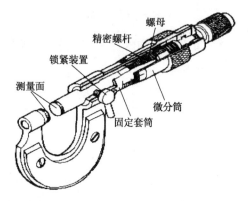

图 1-44 千分尺结构

千分尺螺杆的螺距一般为 0.5mm，微分筒四周上有 50 个等分刻度，微分筒与螺杆固定在一起。微分筒转一圈，螺杆轴向移动 0.5mm；若转一个分度，螺杆移动 0.5/50 =0.01mm，即千分尺的刻度为 0.01mm。千分尺的读数方法如图 1-45 所示。

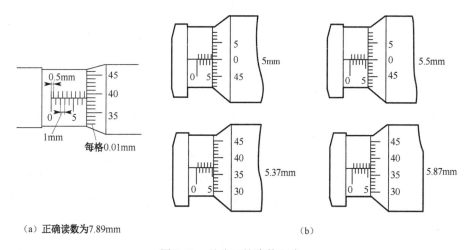

（a）正确读数为7.89mm   （b）

图 1-45 千分尺的读数方法

1.3.3 车削加工精度

车削零件主要由旋转表面和端面组成。车削精度分为尺寸精度、形状精度和位置精度三部分。

1. 尺寸精度

尺寸精度是指尺寸的准确程度，零件的尺寸精度是由尺寸公差来保证的，公差小则精度高；公差大则精度低。国家标准 GB/T 1800.1—2009 规定标准公差分为 20 个等级，以 IT01，IT02，IT1，IT2，   ，IT18 表示。IT01 公差最小，精度最高，IT18 公差最大，精度最低。

车削时一般零件的尺寸精度为 IT12～IT7，精细车时可达 IT6～IT5。例如，车削零件外径尺寸为 50mm，则公差等级为 IT12 时其公差值为 0.25mm，如果公差值对称分布则其值为 50±0.125mm，最大极限尺寸为 50 + 0.125 = 50.125mm，最小极限尺寸为 50 - 0.125 = 49.875mm。

但应注意，同一精度等级，不同基本尺寸其公差值也不同，如精度等级为 IT12，当基本尺寸为 100mm 时，其公差值为 0.35mm；当基本尺寸为 200mm 时，其公差值为 0.46mm，可知同一尺寸精度等级，基本尺寸越大，其公差值也越大。为了测量和使用上的要求，不同尺寸精度等级应有相应的表面粗糙度值，如表 1-7 所示。

表 1-7 常用车削精度与相应表面粗糙度值

加 工 类 别	加 工 精 度	相应表面粗糙度值 $Ra/\mu m$	标 注 代 号	表 面 特 征
粗车	IT12	25～50	$\frac{50}{25}\triangledown$	可见明显刀痕
	IT11	12.5	$\frac{12.5}{\triangledown}$	可见刀痕
半精车	IT10	6.3	$\frac{6.3}{\triangledown}$	可见加工刀痕
	IT9	3.2	$\frac{3.2}{\triangledown}$	微见加工刀痕
精车	IT8	1.6	$\frac{1.6}{\triangledown}$	不见加工刀痕
	IT7	0.8	$\frac{0.8}{\triangledown}$	可辨加工痕迹方向
粗精车	IT6	0.4	$\frac{0.4}{\triangledown}$	微辨加工痕迹方向
	IT5	0.2	$\frac{0.2}{\triangledown}$	不辨加工痕迹方向

表面粗糙度的评定参数很多，一般用加工表面轮廓高度方向的几个参数来评定，称轮廓算术平均偏差 Ra，如图 1-46 所示。轮廓算术平均偏差 Ra 为取样长度 l 内，被测轮廓上各点至中线的轮廓偏差绝对值的算术平均值。

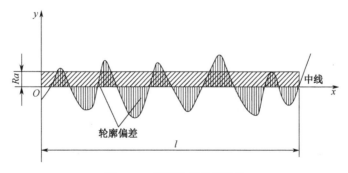

图 1-46 微观几何形状误差

2. 形状精度

形状精度是指零件上被测要素（线和面）相对于理想形状的准确度，由形状公差来控制。GB/T 1182—2008 规定了六项形状公差，如表 1-8 所示，常用的有直线度、平面度、圆度和圆柱度。

表 1-8　形状公差和位置公差的分类、项目及符号

分　类	项　目	符　号	分　类		项　目	符　号
形状公差	直线度	—	位置公差	定向	平行度	//
	平面度	▱			垂直度	⊥
					倾斜度	∠
	圆度	○		定位	同轴度	◎
	圆柱度	⌀			对称度	≡
					位置度	⊕
	线轮廓度	⌒		跳动	圆跳动	↗
	面轮廓度	⌒			全跳动	↗↗

3. 位置精度

零件的位置精度是指零件上被测要素（线和面），相对于基准之间的位置准确度。

GB/T 1182-2008 规定了八项位置公差，如表 1-8 所示，常用的有平行度、垂直度、同轴度和圆跳动。

位置精度主要与工件装夹、加工顺序安排及操作人员的技术水平有关。如车外圆时多次装夹就可能使被加工外圆表面之间的同轴度变差。

1.3.4　车削轴类零件的方法

用手动进给车削平面、外圆和倒角的方法如下。

1. 车平面的方法

开动车床使工件旋转，移动小滑板或床鞍控制进刀深度，然后锁紧床鞍，摇动中滑板丝杠进给、由工件外向中心或由工件中心向外进给车削，如图 1-47 所示。

2. 车外圆的方法

（1）移动床鞍至工件的右端，用中滑板控制进刀深度，摇动小滑板丝杠或床鞍纵向移动车削外圆，一次进给完毕，横向退刀，再纵向移动刀架或床鞍至工件右端，进行第二、第三次进给车削，直至符合图样要求为止。

（2）在车削外圆时，通常要进行试切削和试测量。其具体方法是：根据工件直径余量的二分之一做横向进刀，当车刀在纵向外圆上进给 2mm 左右时，纵向快速退刀，然后停车测量（注意横向不要退刀），如果已经符合尺寸要求，就可以直接纵向进给进行车削，否则可按上述方法继续进行试切削和

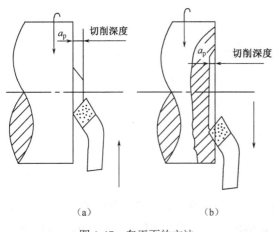

（a）　　　　　　　（b）

图 1-47　车平面的方法

试测量，直至达到要求为止。

（3）为了确保外圆的车削长度，通常先采用刻线痕法，后采用测量法进行，即在车削前根据需要的长度，用钢直尺、样板或卡尺及车刀刀尖在工件的表面刻一条线痕。然后根据线痕进行车削，当车削完毕，再用钢直尺或其他工具复测。

3．倒角的方法

当平面、外圆车削完毕，然后移动刀架、使车刀的切削刃与工件的外圆成 45° 夹角，移动床鞍至工件的外圆和平面的相交处进行倒角，所谓 1×45° 是指倒角在外圆上的轴向距离为1mm。

 任务实施

1．在一体化教室或多媒体教室上课，教师在课堂上结合挂图，通过展示 PPT 课件、播放视频等手段辅助教学。

2．教师讲解三爪卡盘的结构，展示各种常用量具：钢直尺、游标卡尺、电子数显卡尺、百分表及表架、千分尺，演示上述量具的使用操作。

3．教师讲解车削轴类零件的方法并演示用手动进给方式车削平面、外圆和倒角操作。

4．学生小组成员之间共同研究、讨论、完成以下工作任务并做好记录。

（1）如何根据工件的形状、大小和加工数量合理选择工件的装夹方法；

（2）如何根据车削不同轴类零件的加工要求正确选择刀具种类；

（3）按照工件精度要求选择合适的量具进行检测；

（4）圆柱销加工工艺路线；

（5）如何制订圆柱销工艺卡，确定各工序加工余量。

5．按照圆柱销工艺卡进行加工，记录加工操作及要点，以及碰到的问题和解决的措施；在工作过程中，严格遵守安全操作，工作完成后按照现场管理规范清理场地、归置物品，并按照环保规定处置废弃物。车削完成后对圆柱销进行检验，填写工作单，写出工作小结。

6．小组代表上台阐述分组讨论结果及展示小组加工完成的圆柱销零件。

7．学生依据表 1-9 “学生综合能力评价标准表”进行自评、互评。

8．教师评价并对任务完成的情况进行总结。

 注意事项

车削加工中容易产生的问题及对策

1．工件平面中心留有凸头，原因是刀尖没有对准工件中心，偏高或偏低。

2．平面不平有凹凸，产生原因是进刀量过深、车刀磨损，滑板移动、刀架和车刀紧固力不足，产生扎刀或让刀。

3．车外圆产生锥度，原因有以下几种。

（1）用小滑板手动进给车外圆时，小滑板导轨与主轴轴线不平行；

（2）车速过高，在切削过程中车刀磨损；

（3）摇动中滑板进给时，没有消除空行程。

4．车削表面痕迹粗细不一，主要是手动进给不均匀。

5．变换转速时应先停车，否则容易打坏主轴箱内的齿轮。

6．切削时应先开车，后进刀。切削完毕时先退刀后停车，否则车刀容易损坏。

7. 车削铸铁毛坯时，由于氧化皮较硬，要求尽可能一刀车掉，否则车刀容易磨损。

8. 用手动进给车削时，应把有关进给手柄放在空挡位置。

9. 掉头装夹工件时，最好垫铜皮，以防夹坏工件。

10. 车削前应检查滑板位置是否正确，工件装夹是否牢靠，卡盘扳手是否取下。

 任务评价

教师对学生任务实施的完成情况进行检查，并对各项重要环节进行赋值评分，同时对学生综合能力进行评价，并将结果填入表 1-9 所示的评价标准表内。

表 1-9　学生综合能力评价标准表

			考核评价要求	项目分值	自我评价	小组评价	教师评价
评价项目	专业能力 60%	工作准备	（1）工具、刀具、量具的数量是否齐全； （2）材料、资料准备的是否适用，质量和数量如何； （3）工作周围环境布置是否合理、安全； （4）能否收集和归纳派工单信息并确定工作内容； （5）着装是否规范并符合职业要求； （6）分工是否明确、配合默契等方面	10			
		工作过程各个环节	（1）能否查阅相关资料，识读轴类零件图纸； （2）能否确定圆柱销加工工艺路线，制订圆柱销工艺卡，明确各工序加工余量； （3）是否会手动进给方式车削平面、外圆和倒角操作； （4）能否遵守劳动纪律，以积极的态度接受工作任务； （5）安全措施是否做到位	20			
		工作成果	（1）能否用车床完成加工圆柱销零件，并达到图纸尺寸和表面粗糙度要求； （2）能否说出车削圆柱销零件加工工序，并说出工序特点； （3）安装车刀的方法是否正确； （4）能否在使用游标卡尺、外径百分尺测量工件时正确读数； （5）能否清洁、整理设备和现场，按照环保规定处置废弃物	30			
	职业核心能力 40%	信息收集能力	能否有效利用网络资源、技术手册等查找相关信息	10			
		交流沟通能力	（1）能否用自己的语言有条理地阐述所学知识； （2）是否积极参与小组讨论，运用专业术语与他人讨论、交流； （3）能否虚心接受他人意见，并及时改正	10			
		分析问题能力	（1）探讨车削轴类零件加工工序； （2）分析车削加工精度； （3）分析影响工件表面粗糙度的因素	10			
		解决问题能力	（1）能否根据工件的形状、大小和加工数量合理选择工件的装夹方法； （2）能否根据车削不同轴类零件的加工要求正确选择刀具种类； （3）是否懂得按照工件精度要求正确选择合适的量具进行检测	10			
备注	小组成员应注意安全规程及其行业标准，本学习任务可以小组或个人形式完成			总分			
开始时间：			结束时间：				

知识拓展

1.3.5 车刀的材料

1. 常用车刀材料

目前常用车刀材料有两大类：一类是硬质合金，另一类是高速钢。其性能比较，如表 1-10 所示。

表 1-10 常用车刀材料

材 料	牌 号	硬 度	耐磨性	红硬性	强度韧性	工艺性
高速钢	$W_{18}Gr_4V$ $W_9Cr_4V_2$	62～64 HRC （需热处理）	一般	500～600℃	良好	好
硬质合金	YG_3，YG_6 YT_9，YT_{15}	88～91 HRA 相当于 70～75 HRC	较好	850～1000℃	较差	差

从上表可见，硬质合金材料在硬度、耐磨性、红硬性三个方面都优于高速钢，故能进行高速切削，但耐冲击性、工艺性不如高速钢。

（1）硬质合金。硬质合金是用具有高耐磨性如耐热性的碳化钨（WC）、碳化钛（TiC）和钴（Co）的粉末在高压下成形，并经 1500℃ 的高温烧结而成，钴起黏结作用。硬质合金分为两类：钨钴类（YG）、钨钴钛类（YT）。钨钴（YG）合金比钨钴钛（YT）合金的韧性好，而钨钴钛合金比钨钴合金的红硬性好。因此钨钴合金常用来加工脆性材料，或冲击性较大的零件，如铸铁等，钨钴钛合金常用来加工塑性材料，如碳钢等。

（2）高速钢。高速钢是一种具有高硬度、高耐磨性和高耐热性的工具钢，又称高速工具钢或锋钢，俗称白钢。高速钢的工艺性能好，强度和韧性配合好，因此主要用来制造复杂的薄刃和耐冲击的金属切削刀具，如钻头、铣刀齿轮刀具、螺纹刀具、成形刀具，也可制造高温轴承和冷挤压模具等。

2. 刀具材料的要求

作为刀具材料必须具备以下特性：高硬度、耐磨性、红硬性、强度和韧性、工艺性。

（1）高硬度：是指刀具在常温下有一定的硬度。一般，刀具切削部分的硬度要高于被切工件材质硬度的 3～4 倍，通常应大于 60 HRC。

（2）耐磨性：在切削过程中，刀具所具备的良好的抗磨损的能力。

（3）红硬性（耐热性）：刀具在高温下仍能保持硬度和切削能力而不软化的性能常常以红硬浊度（能保持足够硬度的最高温度）表示，超过这一温度则硬度下降。

（4）强度和韧性：刀具承受振动和冲击的能力，一般冷硬性和红硬性较好的材料，它的强度和韧性往往较差。

（5）工艺性：是指刀具材料切削加工、锻造、热处理等工艺性。

学习任务 1.4 车削套类零件——滚轮

 任务描述

了解车床在加工套类零件时的装夹方法，认知钻、镗孔切削过程及钻、镗孔的应用，识别标准麻花钻头各组成部分的作用，观测钻头的刃磨角度，判断钻头的切削性能。理解游标深度尺、量缸表、塞规的测量原理，正确使用游标深度尺、量缸表、塞规测量工件，会用手动进给方式车削内孔、钻、镗孔等操作。能用车床加工如图 1-48 所示的滚轮零件（材料：45 钢），要求加工后的零件达到图纸尺寸和表面粗糙度要求。

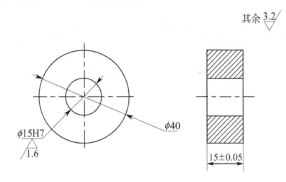

图 1-48 滚轮零件图

 任务准备

实施本任务教学所使用的实训设备及工具材料可参考表 1-11 所示。

表 1-11 学习资源表

序号	分类	名　称	数　量
1	工具	刀架扳手、卡盘扳手等	1 套/组
2	量具	钢直尺、深度游标尺、内径百分表、塞规等	1 把/组
3	刀具	90°车刀、45°车刀、切断刀、镗刀、钻头、扩孔刀、铰刀等	各 1 把/组
4	设备	C6132A 普通车床、三爪卡盘、活动顶尖等	各 1 台/组
5	资料	任务单、零件图、零件机械加工工艺卡、金属加工工艺手册、车工速查手册、国家标准公差手册、企业规章制度	1 套/组
6	材料	Q235 钢圆棒料尺寸：$\phi45mm \times 25mm$	1 根/组
7	其他	工作服、工作帽等劳保用品，油壶	1 套/人

 任务分析

套类零件的车削加工要比车削外圆零件难，其主要原因是：①套类零件的车削是在圆柱孔内部进行的，观察切削情况较困难。特别是孔径小而深时，根本无法看清。②刀柄尺寸由于受孔径和孔深的限制，不能有足够的强度，刚性较差。③排屑和冷却困难。④圆柱孔的测量比外圆测量要困难。⑤在装夹时容易产生变形。所以在学习本任务时应熟悉了解套类零件的结构特点，车削套类零件所用车刀种类，如何根据工件的形状及结构和加工数量合理选择工件的装夹方法，会分析套类零件加工时的质量问题，掌握套类零件钻孔和镗孔加工方法等。

相关知识

1.4.1　套类零件装夹方法

1. 用三爪卡盘装夹工件

采用三爪卡盘装夹工件是车床上最通用的一种装夹方法，如图 1-25 所示为三爪卡盘的构造。三个爪上的矩形齿分别与大锥齿轮背面上的阿基米德平面螺纹相配合，当手柄转动小锥齿轮时，大锥齿轮就带动与平面螺纹配合的三个爪同时自动向中心移进，且径向移动距离相等。理论上三爪在任何位置所夹紧的圆柱体具有同一中心，故称为自定中心卡盘。长径比为 $l/D<4$ 的圆柱体工件，套盘类工件和正六边形截面工件都适用此法装夹，而且装夹迅速，但定心精度不高，一般为 0.05～0.15mm。

2. 用四爪卡盘及花盘装夹工件

如图 1-49 所示为四爪卡盘装夹工件，四爪卡盘上的四个爪分别通过转动螺杆而实现单动。它可用来装夹方形、椭圆形或不规则形状工件，根据加工要求利用划线找正把工件调整至所需位置。此法调整费时费工，但夹紧力大。

图 1-49　四爪卡盘装夹工件

3. 用心轴装夹工件

心轴主要用于带孔盘、套类零件的装夹。加工时，先加工好孔，然后安装在心轴上进行外圆和端面加工，以保证孔和外圆的同轴度及端面和孔的垂直度。如图 1-50 所示为两种常用的心轴，当工件长径比小时，应采用螺母压紧的心轴，如图 1-50（a）所示，此时心轴外圆和工件内孔要有精密的配合尺寸。

当工件长度大于孔径时，可采用带有锥度（1：5000～1：1000）的心轴，靠配合面的摩擦力传递运动，故此法切削用量不能太大。

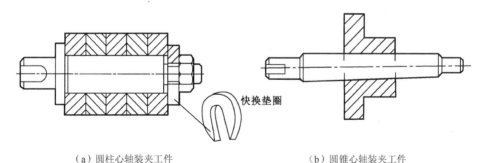

快换垫圈

（a）圆柱心轴装夹工件　　　　　　　　　（b）圆锥心轴装夹工件

图 1-50　用心轴装夹工件

1.4.2　钻孔

用钻头在实体材料上加工孔的方法叫钻孔。钻头根据形状和用途不同，可分为扁钻、麻花钻、中心钻、锪孔钻、深孔钻等。钻头一般用高速钢制成。

1. 麻花钻的选用

（1）麻花钻直径的选用。对于精度要求不高的内孔，可按孔径选用钻头直接钻出，不再加工。而对于精度要求较高的内孔，还须通过车削等加工才能完成，这时在选用钻头时，应根据下一道工序的要求，留出加工余量。

（2）麻花钻长度的选用。选择麻花钻的长度，一般应选用钻头螺旋部分大于孔深。钻头过长，刚性差；钻头过短，排屑困难。

2. 钻头的装夹

直柄麻花钻用钻夹头装夹，再将钻夹头的锥柄插入尾座锥孔。锥柄麻花钻可直接或用莫氏变径套过渡插入尾座锥孔。

3. 钻孔方法

（1）钻孔前先把工件端面车平，中心处不许有凸头，以利于钻头正确定心。

（2）找正尾座，使钻头中心对准工件中心，否则可能会扩大钻孔直径和折断钻头。

（3）用细长麻花钻钻孔时，为了防止钻头晃动，可以在刀架上夹一挡铁支持钻头头部，帮助钻头定中心（图1-51）。

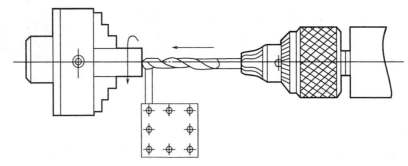

图1-51　夹一挡铁钻孔定位

其方法是先用钻头钻入工件端面（少量），然后摇动中滑板移动挡铁支顶，见钻头不晃动时继续钻即可。但挡铁不能将钻头推过工件中心，否则易折断钻头。当已正确定心时，挡铁即可退出。

（4）用小麻花钻钻孔时，一般先用中心钻定心，再用钻头钻孔，这样钻孔同轴度较高。

1.4.3　扩孔和铰孔

扩孔是用于扩大孔径、提高孔质量的一种孔加工方法。它可用于孔的最终加工或铰孔、磨孔前的预加工。扩孔的加工精度为IT10～IT9，表面粗糙度 Ra 值为6.3～3.2μm。如图1-52所示，扩孔钻与麻花钻相似，但齿数较多，一般有3～4齿，因而导向性好。

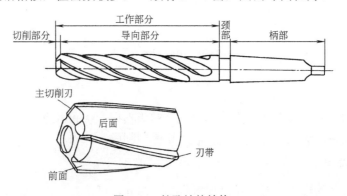

图1-52　扩孔钻的结构

铰孔用于中小直径孔的半精加工和精加工。铰刀加工时加工余量小，刀具齿数多、刚性和导向性好，铰孔的加工精度可达 IT7～IT6 级，甚至 IT5 级。表面粗糙度 Ra 可达 1.6～0.4μm，所以得到广泛应用。铰刀的结构如图 1-53 所示，铰刀由工作部分、颈部和柄部组成。工作部分有切削部分和校准部分，校准部分有圆柱部分和倒锥部分。铰刀的主要结构参数有直径 d、齿数 z、主偏角 k_r、背前角 γ_p、后角 α_o 和槽形角 θ。

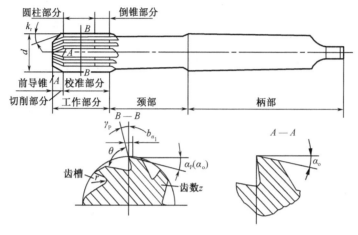

图 1-53　铰刀的结构

1. 铰孔时的切削用量

（1）铰孔之前，留的余量不能太大或太小，余量太小，车钻削痕迹不能铰去；余量太大会使铁屑挤塞在铰刀的齿槽中，使切削液不能进入切削区而影响质量。因此铰削余量为 0.08～0.15mm。

（2）铰削时，机床转速应为低速，这样容易获得小的表面粗糙度。

（3）由于铰刀修光校正部分较长，因此进给量可以取大一些，钢料取 0.2～1mm/r，铸铁可取更大些。

2. 铰削方法

（1）铰孔之前，通常先钻孔和镗孔，留一定余量进行铰孔。对于 10mm 以下的小孔由于镗削困难，为了保证铰孔质量，一般应先用中心钻定位，再钻孔和扩孔，然后进行铰孔。

（2）铰孔时，必须加切削液，以保证表面质量。

1.4.4　镗孔方法

镗削加工是以镗刀旋转做主运动，工件或镗刀做进给运动的切削加工方法。

镗削直孔的方法：将镗刀安装在镗轴上旋转，工作台不移动，让镗轴兼做轴向进给运动。每完成一次进给后就让主轴退回起点位置，然后再调节切削深度继续加工，直至加工完毕。

镗削台阶孔的方法：①镗直径较小的台阶孔时，由于直接观察困难，尺寸精度不易掌握，所以通常采用先粗、精镗小孔，再粗、精镗大孔的方法进行。②镗直径大的台阶孔时，在视线不受影响的情况下，通常采用先粗镗大孔和小孔，再精镗大孔和小孔的方法进行。③镗孔径大、小相差悬殊的台阶孔时，最好采用主偏角小于 90°（85°～88°）的镗刀先进行粗镗，然后用内偏刀镗至尺寸。因为直接用内偏刀镗削，刀尖处于刀刃的最前端，切削时，刀尖先切入工件，因其承受的切削力最大，加上刀尖本身强度差，所以容易碎裂。其次，由于刀杆细长，在切削力的作用下，背吃刀量太大容易产生振动和扎刀。

1.4.5　测量套类零件的常用量具

1. 深度游标卡尺

深度游标卡尺用于测量凹槽或孔的深度、梯形工件的梯层高度、长度等尺寸，通常被简称为"深度尺"，如图 1-54 所示。常见量程有 0～100mm、0～150mm、0～300mm、0～500mm 几种。常见精度：0.02mm、0.01mm（由游标上分度格数决定）。

深度游标卡尺主要用于测量零件的深度尺寸或台阶高低和槽的深度。如测量内孔深度时应将基座的端面紧靠在被测孔的端面上，使尺身与被测孔的中心线平行，伸入尺身，则尺身端面至基座端面之间的距离，就是被测零件的深度尺寸。它的读数方法和游标卡尺完全一样。

图 1-54　深度游标卡尺

使用深度游标卡尺的注意事项：

（1）测试前用软布将测量端面擦干净，在水平台上查看尺框和主尺身的零刻度线是否对齐。若未对齐，应根据原始误差修正测量读数。

（2）测量时先将尺框的测量面贴合在工件被测部分的顶面上，注意不得倾斜，然后将尺身推上去直至尺身测量面与被测部分接触时，再锁紧深度游标卡尺上的紧固螺钉。

（3）读数：以尺框零刻度线为准在尺身上读取毫米整数，再读出尺框上第 n 条刻度线与尺身刻度线对齐，读出尺寸 $L=$ 毫米整数部分 $+n×$ 分度值。

2. 内径百分表

（1）内径百分表的作用。

内径百分表是内量杠杆式测量架和百分表的组合，如图 1-55 所示，用于测量或检验零件的内孔、深孔直径及其形状精度。

图 1-55　内径百分表

（2）测量方法。

① 采用游标卡尺测量零件孔径的大小，如图 1-56 所示。

② 装配内径百分表。根据所测孔径数值的大小选择合适的内径百分表量杆和调整垫圈，使量杆长度比缸径大 0.5～1.0mm。将百分表插入量杆轴孔中，预先压紧 0.5～1.0mm 后固定。

③ 将量杆内径百分表调整到测量的零件孔径尺寸值，并将螺旋千分尺固定在专用固定夹

上，对内径百分表进行校零，如图 1-57 所示。

④ 内径百分表读取数据时，应慢慢地将导向板端（活动端）倾斜，使其先进入零件孔径内，再使量杆端进入。

在测定位置维持导向板不动，而使量杆的前端做上下移动并观测指针的移动量，当内径百分表的读数最小且内径百分表和零件的内孔成直角时，再读取数据，如图 1-58 所示。

图 1-56 用游标卡尺测量零件孔径　　图 1-57 对内径百分表进行校零　　图 1-58 内径百分表读取数据

3. 塞规

塞规也是一种量具，如图 1-59 所示，常用的有圆孔塞规和螺纹塞规。圆孔塞规做成圆柱形状，两端分别为通端和止端，用来检查孔的直径。它是由白钢、工具钢、陶瓷、钨钢轴承钢等或其他材料制成的硬度较高的具有特定尺寸的圆棒。用塞规检测孔径时，当通端进入孔内，而止

图 1-59 塞规

端不能进入孔内，说明工件孔径合格。测量盲孔时，为了排除孔内的空气，在塞规的外圆上（轴向）开有排气槽。塞规适用于机械电子加工中孔径、孔距、内螺纹小径的测量，特别适于弯曲槽宽及模具尺寸的测量。

 任务实施

1. 在一体化教室或多媒体教室上课，教师在课堂上结合挂图，通过展示 PPT 课件、播放视频等手段辅助教学。

2. 教师讲解扩孔钻、铰刀的结构，展示各种常用量具：深度游标卡尺、内径百分表、塞规，演示上述量具的使用操作。

3. 教师讲解车削套类零件的方法并演示钻孔、扩孔和铰孔操作。

4. 学生小组成员之间共同研究、讨论、完成以下工作任务并做好记录。

（1）如何根据工件的形状、大小和加工数量合理选择工件的装夹方法；

（2）如何根据车削不同套类零件的加工要求正确选择刀具种类；

（3）按照工件精度要求选择合适的量具进行检测；

（4）如何编制车削套类零件的加工工序；

（5）分析标准麻花钻头各组成部分的作用；

（6）分析套类零件加工时的质量问题及找出相应对策；

（7）滚轮加工工艺路线；

（8）如何制订滚轮工艺卡，确定各工序加工余量。

5. 按照滚轮工艺卡进行加工，记录加工操作及要点，以及碰到的问题和解决措施。

在工作过程中，严格遵守安全操作要求，工作完成后，按照现场管理规范清理场地、归置物品，并按照环保规定处置废弃物。车削完成后对滚轮零件进行检验，填写工作单，写出工作小结。

6. 小组代表上台阐述分组讨论结果及展示小组加工完成的滚轮零件。

7. 学生依据表1-12"学生综合能力评价标准表"进行自评、互评。

8. 教师评价并对任务完成的情况进行总结。

 **注意事项**

钻孔操作要求

1. 起钻时，进给量要小些，等钻头头部进入工件后可正常钻削。

2. 当钻头将要钻穿工件时，由于钻头横刃首先穿出，因此轴向阻力大减，所以这时进给速度必须减慢。否则钻头容易被工件卡死，损坏机床和钻头。

3. 钻小孔或深孔时，由于切屑不易排出，必须经常退出钻头排屑，否则容易因切屑堵塞而使钻头"咬死"。

4. 钻小孔转速应选的高一些，否则钻削时抗力大，容易产生孔位偏斜和钻头折断。

5. 钻削前，应先试铰，以免造成废品。

任务评价

教师对学生任务实施的完成情况进行检查，并对各项重要环节进行赋值评分，同时对学生综合能力进行评价，并将结果填入表1-12所示的评价标准表内。

表1-12 学生综合能力评价标准表

评价项目	专业能力60%		考核评价要求	项目分值	自我评价	小组评价	教师评价
评价项目	专业能力60%	工作准备	（1）工具、刀具、量具的数量是否齐全； （2）材料、资料准备的是否适用，质量和数量如何； （3）工作周围环境布置是否合理、安全； （4）能否收集和归纳派工单信息并确定工作内容； （5）着装是否规范并符合职业要求； （6）分工是否明确、配合默契等方面	10			
评价项目	专业能力60%	工作过程各个环节	（1）能否查阅相关资料，识读套类零件图纸； （2）能否确定滚轮加工工艺路线，制订滚轮工艺卡，明确各工序加工余量； （3）是否理解深度游标卡尺、内径百分表、塞规的测量原理； （4）能否遵守劳动纪律，以积极的态度接受工作任务； （5）安全措施是否做到位	20			
评价项目	专业能力60%	工作成果	（1）能否正确观测钻头的刃磨角度来判断钻头的切削性能； （2）能否用车床完成加工滚轮零件，达到图纸尺寸和表面粗糙度要求； （3）能否说出车削滚轮零件加工工序，并说出工序特点； （4）安装车刀的方法是否正确； （5）能否在使用游标类量具及内径百分尺测量工件时正确读数； （6）能否清洁、整理设备和现场，按照环保规定处置废弃物	30			

续表

评价项目		考核评价要求	项目分值	自我评价	小组评价	教师评价
评价项目	职业核心能力 40%	信息收集能力	能否有效利用网络资源、技术手册等查找相关信息	10			
		交流沟通能力	（1）能否用自己的语言有条理地去阐述所学知识； （2）是否积极参与小组讨论，运用专业术语与他人讨论、交流； （3）能否虚心接受他人意见，并及时改正	10			
		分析问题能力	（1）探讨车削套类零件加工工序； （2）分析标准麻花钻头各组成部分的作用； （3）分析套类零件加工时的质量问题	10			
		解决问题能力	（1）能否根据工件的形状、大小和加工数量合理选择工件的装夹方法； （2）能否根据车削不同套类零件的加工要求正确选择刀具种类； （3）是否懂得按照工件精度要求正确选择合适的量具进行检测	10			
备注	小组成员应注意安全规程及其行业标准，本学习任务可以小组或个人形式完成			总分			
开始时间：			结束时间：				

 知识拓展

1.4.6 麻花钻的刃磨

1．麻花钻的结构和各部分作用

麻花钻是常用的钻孔刀具，它由柄部、颈部、工作部分组成，如图 1-60 所示。

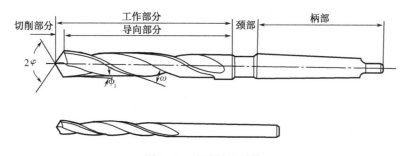

图 1-60　麻花钻的结构

柄部：分直柄和莫氏锥柄两种，其作用是钻削时传递切削动力和钻头的夹持与定心。

颈部：直径较大的钻头在颈部刻有商标、直径尺寸和材料牌号。

工作部分：由切削部分和导向部分组成。两切削刃起切削作用。棱边起导向作用和减少摩擦作用。它的两条螺旋槽的作用是构成切削刃、排出切屑和进切削液。螺旋槽的表面即钻头的前面。

2．麻花钻切削部分的几何角度（图 1-61）

（1）顶角。麻花钻的两切削刃之间的夹角叫做顶角，角度一般为 118°。钻软材料时可取小些，钻硬材料时可取大些。

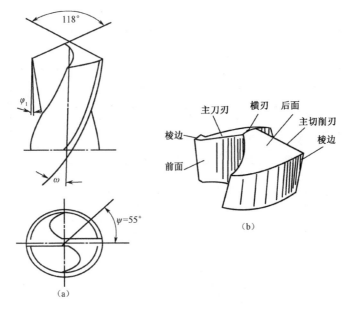

图 1-61　麻花钻切削部分的几何角度

（2）横刃斜角：横刃与主切削刃之间的夹角叫做横刃斜角，通常为55°。横刃斜角的大小随刃磨后角的大小而变化。后角变大，横刃斜角减小，横刃变长，钻削时，轴向力增大。后角变小则情况反之。

（3）前角：一般为-30°～30°，外缘处最大，靠近钻头中心处变为负前角。

（4）后角：麻花钻的后角也是变化的，外缘处最小，靠近钻头中心处的后角最大。一般为-8°～12°。

3．麻花钻的一般刃磨

麻花钻刃磨得好坏，直接影响钻孔质量和钻削效率。麻花钻一般只刃磨两个主后面，并同时磨出顶角、后角、横刃斜角。所以麻花钻的刃磨比较困难，刃磨技术要求较高。

（1）刃磨要求

麻花钻的两个主切削刃和钻心线之间的夹角应对称，刃长要相等。否则钻削时会出现单刃切削或孔径变大，以及钻削时产生台阶等弊端，如图1-62所示。

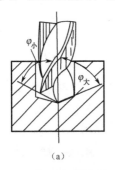
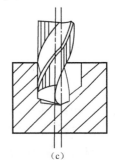

（a）顶角不对称导致通　　（b）切削刃长度不相等　　（c）顶角不对称且切削刃长度不
　　孔径变大和倾斜　　　　　导致孔径变大　　　　　相等导致孔径变大和产生台阶

图 1-62　刃磨对钻孔质量的影响

（2）刃磨方法和步骤

① 刃磨前，钻头切削刃应放在砂轮中心水平面上或稍高些。钻头中心线与砂轮外圆柱面

母线在水平面内的夹角等于顶角的一半，同时钻尾向下倾斜。

② 钻头刃磨时用右手握住钻头前端做支点，左手握钻尾，以钻头前端支点为圆心，钻尾做上下摆动，并略带旋转；但不能转动过多，或上下摆动太大，以防磨出负后角，或把另一面主切削刃磨掉。特别是在磨小麻花钻时更应注意。

③ 当一个主切削刃磨削完毕后，把钻头转过 180°刃磨另一个主切削刃，人和手要保持原来的位置和姿势，这样容易达到两刃对称的目的，如图 1-63 所示。

（3）刃磨检查

① 用万能角度尺检查钻头顶角，如图 1-64 所示。

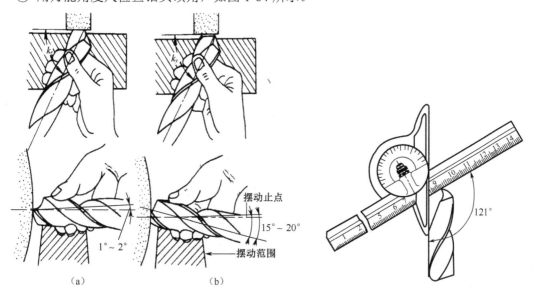

图 1-63　钻头刃磨方法　　　　　　　　　图 1-64　钻头刃磨检查

② 目测法：麻花钻磨好后，把钻头垂直竖在与眼睛等高的位置上，在明亮的背景下用眼睛观察两刃的长短、高低；但由于视差关系，往往感到左刃高，右刃低，此时要把钻头转过180°，再进行观察。这样反复观察对比，最后感到两刃基本对称即可使用。如果发现两刃有偏差，必须继续修磨。

1.4.7　切削液

车削中，加工变形与切削摩擦所消耗的功大部分都转变为热能，使刀尖处的温度非常高。在高温下进行切削加工，切削刃会加快磨钝和损坏，而且会影响工件的加工质量。切削液又称冷却润滑液，主要是起降低温度和减少摩擦的作用，此外还起清除切屑的作用，是提高刀具使用寿命和工件加工质量的保证。所以，在生产中必须能正确选择和使用切削液。

切削液分类如表 1-13 所示。

表 1-13　切削液分类

分　类	特　　点	举　　例	使用场合
水溶液	比热高，流动性好，能吸收并带走大量的热量，具有一定的润滑性，呈碱性	苏打水、乳化液、肥皂水溶液等	适用于粗加工
油	比热低，流动性差，但润滑性能好	矿物油（柴油、煤油、机油等）；植物油（菜油、豆油等）；硫化油、混合油	适用于精加工

1. 根据工件材料选用切削液（表1-14）

表1-14　根据工件材料选用切削液

工件材料	粗加工	精加工
钢件	乳化液	切削油
铸铁	一般不用	煤油或5%~10%乳化液
铜	一般不用	7%~10%乳化液
铝	一般不用	煤油

2. 根据刀具材料选用切削液

用高速钢刀具进行切削时，为降低切削温度，应选用以冷却为主的低浓度的乳化液；精车时，可选用以润滑为主的切削油或高浓度的乳化液。用硬质合金刀具进行切削时，一般不加切削液。因为硬质合金耐热性好、性脆、冷却不均时易碎裂。

3. 根据车削性质选用切削液

（1）粗车时产生的切削热较多，为降低切削温度，应选用冷却性能较好的乳化液；精车时为保证加工精度，减少工件表面的粗糙度，应选用润滑性能较好的切削油。

（2）钻孔时，由于排屑困难，热量不能及时散发，为保证工件表面质量和防止钻头切削刃过早磨损，应选用黏度较小的乳化液冷却；车削深孔时，粗车选用乳化液，精车选用切削油。

学习任务 1.5　车削圆锥体零件——定位螺栓

任务描述

认知圆锥体零件的特点，正确理解圆锥体的术语，会计算圆锥体的尺寸。了解车床加工圆锥体零件时的装夹方法，学会车圆锥体的方法，使用游标卡尺、外径百分尺、万能角度尺等测量圆锥体零件时能正确读数，会分析车圆锥体的质量问题。能用车床加工如图 1-65 所示的定位螺栓零件（材料：Q235 钢），要求加工后的零件达到图纸尺寸和表面粗糙度要求。

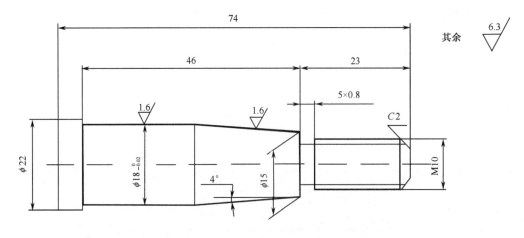

图 1-65　定位螺栓零件图

 **任务准备**

实施本任务教学所使用的实训设备及工具材料可参考表 1-15 所示。

表 1-15　学习资源表

序　号	分　类	名　称	数　量
1	工具	刀架扳手、卡盘扳手等	1 套/组
2	量具	钢直尺、游标卡尺、外径千分尺、万能角度尺等	1 把/组
3	刀具	90°车刀（偏刀）、45°车刀（弯头车刀）、切断刀、螺纹车刀、切槽刀等	各 1 把/组
4	设备	C6132A 普通车床、三爪卡盘、活动顶尖等	各 1 台/组
5	资料	任务单、零件图、零件机械加工工艺卡、金属加工工艺手册、车工速查手册、国家标准公差手册、企业规章制度	1 套/组
6	材料	Q235 钢圆棒料尺寸：$\phi 30\text{mm} \times 85\text{mm}$	1 根/组
7	其他	工作服、工作帽等劳保用品、油壶	1 套/人

 任务分析

在学习本任务时应熟悉车削圆锥体零件采用的车刀，了解圆锥体零件的种类与结构，如何根据工件的形状、大小和加工数量合理选择工件的装夹方法及夹具，学会分析并处理车圆锥体出现的质量问题，弄懂使用游标卡尺、外径百分尺、万能角度尺等测量圆锥体零件的方法，掌握车削圆锥体零件的方法等。

 相关知识

1.5.1　车削圆锥体零件的方法

1. 转动小滑板法

车削锥度较大和长度较短的内外圆锥面时，常采用转动小滑板法。它是将刀架小滑板绕转盘轴线转一角度，摇动小滑板手柄，车刀则沿着圆锥面的母线移动，从而加工所需的圆锥面，如图 1-66 所示。

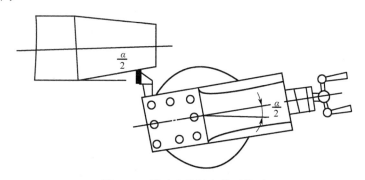

图 1-66　转动小滑板车外圆锥面

这种方法调整操作简单，可以加工锥角为任意大的内外圆锥面，因此应用广泛，但它受小滑板行程的限制，行程只能在 113mm 以内，且不能自动走刀，粗糙度较高。

2. 宽刀法

在车削较短的内外圆锥面时，可以采用宽刀法直接车出。宽刀的主切削刃必须平直，安装刀具时，应使主切削刃与工件轴线的夹角等于圆锥的半锥角，刀架做横向或纵向进给均可以。这种方法加工迅速，尤其适用于大批量生产，能加工任意角度的内外圆锥面，但是加工的圆锥面不能太长，否则容易振动，造成表面波纹，使粗糙度增加，如图1-67所示。

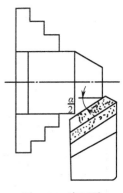

图 1-67　宽刀法

3. 偏移尾座法

对于切削锥度较小而长的圆锥面时，可采用偏移尾座法。偏移尾座法就是将尾座架顶尖向外或向内移动一小段距离，使工件的旋转轴线与机床主轴线形成一个角度，车刀做纵向进给，这样就会加工出所需的圆锥面。

这种方法能自动进行切削较长的圆锥面，所以能降低工件表面粗糙度，但是这种方法不能车圆锥孔，也不能车锥度较大的圆锥面，另外，调整尾架偏移量很费时间，因而除车大批量工件时，一般很少用它。

4. 靠模法

对于较长的圆锥面和圆锥孔，当其精度较高而批量又大时，可采用靠模法。

靠模法就是在车床上安装一块模板，靠模板槽内有一块滑块，它可在靠模板槽内滑动，而滑块又用螺钉压板和中滑板固定在一起，为了使中滑板自动滑动。应将中滑板丝杠和螺母脱开，这样，当大滑板做纵向进给时。滑块就沿着靠模板滑动，而滑块与中滑板和刀架相连接，使车刀平行于靠模板运动，从而车出所需的圆锥表面。

任务实施

1. 在一体化教室或多媒体教室上课，教师在课堂上结合挂图，通过展示 PPT 课件、播放视频等手段辅助教学。

2. 教师讲解圆锥体零件的种类与结构，演示转动小滑板法、宽刀法、偏移尾座法、靠模法车削圆锥体操作。

3. 学生小组成员之间共同研究、讨论、完成以下工作任务并做好记录。

（1）如何根据工件的形状、大小和加工数量合理选择工件的装夹方法；

（2）如何根据车削不同套类零件的加工要求正确选择刀具种类；

（3）按照工件精度要求选择合适的量具进行检测；

（4）如何编制车削套类零件的加工工序；

（5）计算圆锥体尺寸的方法；

（6）用万能角度尺等测量圆锥体零件时正确的读数方法；

（7）定位螺栓加工工艺路线；

（8）如何制订定位螺栓工艺卡，确定各工序加工余量。

4. 按照定位螺栓工艺卡进行加工，记录加工操作及要点，以及碰到的问题和解决措施。

在工作过程中，严格遵守安全操作要求，工作完成按照现场管理规范清理场地，归置物品，并按照环保规定处置废弃物。车削完成后对定位螺栓进行检验，填写工作单，写出工作小结。

5. 小组代表上台阐述分组讨论结果及展示小组加工完成的定位螺栓零件。

6. 学生依据表 1-16 "学生综合能力评价标准表"进行自评、互评。

7. 教师评价并对任务完成的情况进行总结。

注意事项

1. 偏移尾座车削圆锥体的操作要求

（1）最好使用球形顶尖支顶，防止中心孔磨损和顶尖偏磨，并加润滑油。

（2）一般不能加工端面和台面，否则会造成端面不平，台面凹凸不垂直。

（3）用自动纵向进给切削，表面质量较好。

2. 用靠模装置车削圆锥体的操作要求

（1）纵向或横向进给应根据靠模装置决定。

（2）由于弹簧力有限，背吃刀量不宜过大。

（3）靠模转角的调整，可视结构而定。

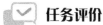 **任务评价**

教师对学生任务实施的完成情况进行检查，并对各项重要环节进行赋值评分，同时对学生综合能力进行评价，并将结果填入表 1-16 所示的评价标准表内。

表 1-16　学生综合能力评价标准表

			考核评价要求	项目分值	自我评价	小组评价	教师评价
评价项目	专业能力 60%	工作准备	（1）工具、刀具、量具的数量是否齐全； （2）材料、资料准备的是否适用，质量和数量如何； （3）工作周围环境布置是否合理、安全； （4）能否收集和归纳派工单信息并确定工作内容； （5）着装是否规范并符合职业要求； （6）分工是否明确、配合默契等方面	10			
		工作过程各个环节	（1）能否查阅相关资料，识读圆锥体零件图纸，理解圆锥体的术语； （2）能否确定定位螺栓加工工艺路线，编制定位螺栓工艺卡，明确各工序加工余量； （3）是否理解万能角度尺的测量原理； （4）能否遵守劳动纪律，以积极的态度接受工作任务； （5）安全措施是否做到位	20			
		工作成果	（1）能否正确计算圆锥体的尺寸； （2）能否说出车削圆锥体零件加工工序，并说出工序特点； （3）安装车刀的方法是否正确； （4）能否在使用万能角度尺等测量圆锥体零件时正确读数； （5）能否用车床完成加工定位螺栓零件，达到图纸尺寸和表面粗糙度要求； （6）能否说出车削定位螺栓零件加工工序，并说出工序特点； （7）能否清洁、整理设备和现场，按照环保规定处置废弃物	30			
	职业核心能力 40%	信息收集能力	能否有效利用网络资源、技术手册等查找相关信息	10			
		交流沟通能力	（1）能否用自己的语言有条理地阐述所学知识； （2）是否积极参与小组讨论，运用专业术语与他人讨论、交流； （3）能否虚心接受他人意见，并及时改正	10			

续表

评价项目	职业核心能力40%	考核评价要求		项目分值	自我评价	小组评价	教师评价
	分析问题能力	（1）探讨车削圆锥体零件加工工序； （2）分析圆锥体零件加工时的质量问题		10			
	解决问题能力	（1）能否根据工件的形状、大小和加工数量合理选择工件的装夹方法； （2）能否根据车削不同锥度的圆锥体零件加工要求正确选择车削方法； （3）是否懂得按照工件精度要求正确选择合适的量具进行检测		10			
备注	小组成员应注意安全规程及其行业标准，本学习任务可以小组或个人形式完成			总分			
开始时间：			结束时间：				

 **知识拓展**

1.5.2 常用钢件材料切削参数的选择

常用钢件材料切削参数的选择如表 1-17 所示。

表 1-17 常用钢件材料切削参数的选择（适用于 HB150～HB300 碳钢及铸铁）

刀 具 名 称	刀 具 材 料	切削速度/（m/min）	进给量/（mm/r）	背吃刀量/mm
中心钻	高速钢	20～40	0.05～0.10	0.5D
标准麻花钻	高速钢	20～40	0.15～0.25	0.5D
	硬质合金	40～60	0.05～0.20	0.5D
扩孔钻	硬质合金	45～90	0.05～0.40	ϕ2.5
	高速钢	10～25	0.05～0.40	ϕ2.5
机用铰刀	高速钢	5～8	0.3～1.00	0.10～0.30
机用丝锥	高速钢	3～5	P	0.5P
粗车刀	硬质合金	80～250	0.10～0.50	0.5～2.0
	高速钢	20～40	0.10～0.40	0.5～3
精车刀	硬质合金	80～250	0.05～0.30	0.3～1.0
	高速钢	20～40	0.10～0.40	0.1～0.5

注：表中 D—直径；P—螺距。

 **课后练习**

一、判断题

1．车削细长轴时，为了减小刀具对工件的径向作用力，应尽量增大车刀的主偏角。

（　　）

2．用四爪单动卡盘装夹找正，不能车削位置精度及尺寸精度要求高的工件。　（　　）

3．主轴的旋转精度、刚度、抗振性等，影响工件的加工精度和表面粗糙度。　（　　）

4．开合螺母分开时，溜板箱及刀架都不会运动。　（　　）

5．车削螺纹时用的交换齿轮和车削蜗杆时用的交换齿轮是不相同的。 （　　）

6．车床前后顶尖不等高，会使加工的孔呈椭圆状。 （　　）

7．薄壁工件受切削力的作用，容易产生振动和变形，影响工件的加工精度。 （　　）

8．在机械加工中，为了保证加工可靠性，工序余量留得过多比留得太少好。 （　　）

9．在加工细长轴工件时，如果工序只进行到一半，工件在车床上，可在中间部位用木块支撑起来。 （　　）

10．中心孔是加工传动丝杠的基准，在每次热处理后，都应进行修研加工。 （　　）

11．用百分表检查偏心轴时，应防止偏心外圆突然撞击百分表。 （　　）

12．车削细长轴时，最好采用两个支撑爪的跟刀架。 （　　）

13．国家标准中，对梯形内螺纹的大径、中径和小径都规定了一种公差带位置。 （　　）

14．在四爪单动卡盘上，用划线找正偏心圆的方法只适用于加工精度要求较高的偏心工件。 （　　）

15．基孔制中基准孔的代号是 h。 （　　）

16．刃磨车刀时，为防止过热而产生裂纹，不要用力把车刀压在砂轮上。 （　　）

17．碳素工具钢含碳量大都在 0.7% 以上。 （　　）

18．退火和回火都可以消除钢中的应力，所以在生产中可以通用。 （　　）

19．常用的莫氏锥度和米制锥度都是国际标准锥度。 （　　）

20．粗车蜗杆时，为了防止三个切削刃同时参加切削而造成"扎刀"现象，一般可采用左右切削法车削。 （　　）

二、选择题

1．梯形螺纹粗、精车刀（　　）不一样大。

　　A．仅刀尖角　　　　B．仅纵向前角　　　　C．刀尖角和纵向前角

2．标准梯形螺纹的牙型为（　　）。

　　A．20°　　　　　　B．30°　　　　　　　C．60°

3．用四爪单动卡盘加工偏心套时，若测量偏心距，可将（　　）偏心孔轴线的卡爪再紧一些。

　　A．远离　　　　　　B．靠近　　　　　　C．对称于

4．用丝杠把偏心卡盘上的两测量头调到相接触后，偏心卡盘的偏心距为（　　）。

　　A．最大值　　　　　B．中间值　　　　　C．零

5．车削细长轴时，应选择（　　）刃倾角。

　　A．正的　　　　　　B．负的　　　　　　C．0度

6．车削薄壁工件的外圆精车刀的前角 γ 应（　　）。

　　A．适当增大　　　　B．适当减小　　　　C．和一般车刀同样大

7．在角铁上选择工件装夹方法时，（　　）考虑件数的多少。

　　A．不必　　　　　　B．应当　　　　　　C．可以

8．中滑板丝杠与螺母间的间隙应调到使中滑板手柄正、反转之间的空程量在（　　）转以内。

　　A．1/5　　　　　　B．1/10　　　　　　C．1/20

9. 用普通压板压紧工件时，压板的支承面要（　　）工件被压紧表面。

　　A．略高于　　　　　　B．略低于　　　　　　C．等于

10. 在操作立式车床时，应（　　）。

　　A．先启动润滑泵　　B．先启动工作台　　C．就近启动润滑泵或工作台中的任一个

11. 车螺纹时，螺距精度达不到要求，与（　　）无关。

　　A．丝杠的轴向窜动　B．传动链间隙　　C．主轴颈的圆度

12. 开合螺母的作用是接通或断开从（　　）传来的运动。

　　A．丝杠　　　　　　　B．光杠　　　　　　　C．床鞍

13. 四爪单动卡盘的每个卡爪都可以单独在卡盘范围内做（　　）移动。

　　A．圆周　　　　　　　B．轴向　　　　　　　C．径向

14. 加工直径较小的深孔时，一般采用（　　）。

　　A．枪孔钻　　　　　　B．喷吸钻　　　　　　C．高压内排屑钻

15. 前角增大能使车刀（　　）、（　　）和（　　）。

　　A．刀口锋利　　　　B．切削省力　　　　　C．排屑顺利　　　　D．加快磨损

16. 产生加工硬化的主要原因是（　　）。

　　A．前角太大　　　　　　　　　　　　　B．刀尖圆弧半径大

　　C．工件材料硬　　　　　　　　　　　　D．刀刃不锋利

17. 公差等于（　　）极限尺寸与（　　）极限尺寸代数差的绝对值。

　　A．最小　　　　　　　B．最大

18. 精加工时加工余量较小，为提高生产率，应选择（　　）大些。

　　A．进给量　　　　　　B．切削速度

19. 减小（　　）可减小工件的表面粗糙度。

　　A．主偏角　　　　　　B．副偏角　　　　　　C．刀尖角

20. 车床用的三爪自定心卡盘、四爪单动卡盘属于（　　）夹具。

　　A．通用　　　　　　　B．专用　　　　　　　C．组合

三、简答题

1. 卧式车床是由哪些主要部件组成的？

2. 怎样合理使用车刀？

3. 如何正确使用麻花钻在车床上进行钻孔？

4. 车端面与台阶轴的端面产生凸与凹的原因是什么？如何防止？

5. 细长轴的加工特点是什么？试述防止细长轴弯曲变形的方法。

6. 薄壁工件的车削特点是什么？

四、实训项目

1. 用车床加工如图 1-68 所示的锥轴零件（材料：45 钢），小组讨论确定锥轴加工工艺路线，编制锥轴工艺卡，明确各工序加工余量，小组合作完成加工任务，达到零件图纸尺寸和表面粗糙度要求。

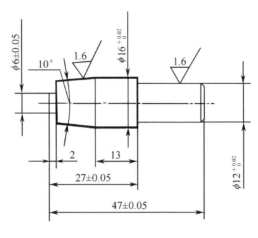

图 1-68　锥轴零件图

2. 用车床加工如图 1-69 所示的定位轴零件（材料：45 钢），小组讨论确定定位轴加工工艺路线，编制定位轴工艺卡，明确各工序加工余量，小组合作完成加工任务，达到零件图纸尺寸和表面粗糙度要求。

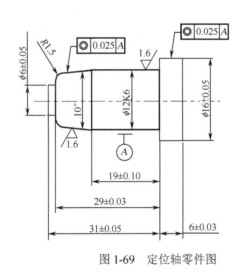

图 1-69　定位轴零件图

 学习任务 1.6　车螺纹——模柄

任务描述

认知螺纹零件的特点，正确理解螺纹的三个基本要素。了解车床加工模柄零件时的装夹方法，学会车削螺纹的方法，使用游标卡尺、螺纹千分尺等测量模柄零件时能正确读数，会分析车削螺纹的质量问题。能用车床加工如图 1-70 所示的模柄零件（材料：45 钢），要求加工后的零件达到图纸尺寸和表面粗糙度要求。

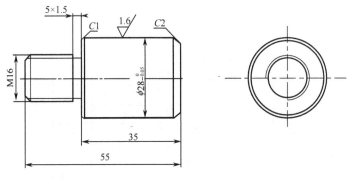

图 1-70　模柄零件图

 任务准备

制作冲孔模模柄生产派工单、冲孔模模柄零件图、金属加工工艺手册、车工速查手册、C6140 车床、45 钢 ϕ35mm 圆棒料、0~150mm 游标卡尺、0~25mm 螺旋千分尺、外圆车刀、端面车刀、切断刀、螺纹车刀、切槽刀、工作服、工作帽等劳保用品，安全生产警示标识及供实习的机械加工车间或实训场。

 任务分析

该模柄属于轴类零件，材料为 45 钢圆棒料。要求加工后外形尺寸是 $\phi 28_{-0.05}^{0} \times 35\,(\mathrm{mm})$，由于该零件外形为圆柱形，模柄小头有 M16 三角螺纹，所以采用车床加工最为经济合理。要车削加工三角螺纹的零件，就必须让学生先了解车削加工三角螺纹的知识与方法。

 相关知识

在机械制造业中，螺纹的用途十分广泛，如车床主轴与卡盘的连接，刀架上刀具的紧固、丝杠与螺母的传动等。螺纹的种类很多，如图 1-71 所示。按用途分，有连接螺纹和传动螺纹。按牙型分，有三角螺纹、梯形螺纹、方牙螺纹和锯齿螺纹。一般三角螺纹用于螺纹连接和紧固，梯形螺纹、方牙螺纹、锯齿螺纹用于螺纹传动。螺纹还有右旋螺纹、左旋螺纹。按螺旋线头数分，有单头螺纹及多头螺纹。

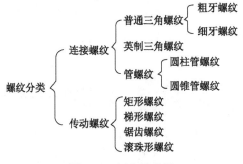

图 1-71　螺纹的种类

1.6.1　螺纹的三个基本要素

普通螺纹是我国应用最广泛的一种三角形螺纹，牙型角为 60°。普通螺纹分粗牙普通螺纹和细牙普通螺纹。我们以三角螺纹（M16）为例，说明三个基本要素及其关系。

1．大径（公称直径 *d*）

螺纹大径是指与外螺纹牙顶或内螺纹牙底相重合的假想圆柱体的直径。螺纹的大径就是螺纹的公称直径，如 M16，它的大径（公称直径）为 16mm。

2．螺距（*t*）

螺距是相邻两牙在中径线上相应两点间的轴向距离。根据车床的走刀和螺距表可以查到其值。

3．牙型角（*α*）

螺纹在轴线剖面内，螺纹牙型两侧的夹角。米制三角螺纹的牙型角为 60℃，英制三角螺纹的牙型角为 55℃，它通过刀具刃磨来保证。

要使螺母与螺杆得到相互配合，必须使螺母、螺杆的三个基本要素相同。否则就不能进行配合。米制三角螺纹，国家对其有统一的标准规定，如 M16 即为粗牙普通螺纹，直径16mm、螺距 2mm、3 级精度的右旋螺纹。

1.6.2　螺纹车刀的装夹

（1）装夹车刀时，刀尖一般应对准工件中心（可根据尾座顶尖高度检查）。

（2）车刀刀尖角的对称中心线必须与工件轴线垂直，装刀时可用样板来对刀，如图 1-72（a）所示。如果将车刀装歪，就会产生如图 1-72（b）所示的牙型歪斜。

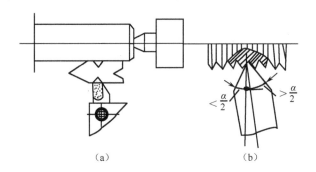

图 1-72　螺纹车刀的装夹

（3）刀头伸出不要过长，一般为 20～25mm（约为刀杆厚度的 1.5 倍）。

1.6.3　车螺纹时车床的调整

1．变换手柄位置

一般按工件螺距在进给箱铭牌上找到交换齿轮的齿数和手柄位置，并把手柄拨到所需的位置上。

2．调整滑板间隙

调整中、小滑板镶条时，不能太紧，也不能太松。太紧了，摇动滑板费力，操作不灵活；太松了，车螺纹时容易产生"扎刀"。顺时针方向旋转小滑板手柄，消除小滑板丝杠与螺母的间隙。

1.6.4 车外螺纹

1. 车无退刀槽的铸铁螺纹

（1）螺纹大径一般应车的比基本尺寸小 0.2～0.4mm（约为 0.13P）。保证车好螺纹后牙顶处有 0.125 P 的宽度（P 是工件螺距）。

（2）在车好螺纹前先用车刀在工件上倒角至略小于螺纹小径。

（3）铸铁（脆性材料）工件外圆表面粗糙度要小，以免车螺纹时牙尖崩裂。

（4）车铸铁螺纹的车刀：一般选用 YG6 或 YG8 硬质合金螺纹车刀。

（5）车削方法：一般选用直进法，车螺纹时，螺纹车刀刀尖及左右两侧刀刃都增加切削工作。每次车削由中滑板做径向进给，随着螺纹深度的加深，切削深度相应减小。这种切削方法操作简单，可以得到比较正确的牙型，适用于螺距小于 2mm 和脆性材料的螺纹车削。

（6）中途对刀的方法：中途换刀或车刀刃磨后须重新对刀。即车刀不切入工件而按下开合螺母，待车刀移到工件表面处，正转停车。摇动中、小滑板，使车刀刀尖对准螺旋槽，然后再正转开车，观察车刀刀尖是否在槽内，直至对准再开始车削。

2. 车无退刀槽的钢件螺纹

（1）车钢件螺纹的车刀：一般选用高速钢车刀。为了排屑顺利，磨有纵向前角。

（2）车削方法：采用左右切削法或斜进法，如图 1-73 所示。车螺纹时，除了用中滑板刻度控制车刀的径向进给外，同时使用小滑板的刻度，使车刀左、右微量进给。采用左右切削法时，要合理分配切削余量。粗车时亦可用斜进法，沿走刀方向偏移。一般每边留精车余量 0.2～0.3mm。精车时，为了使螺纹两侧面都比较光洁，当一侧面车光以后，再将车刀偏移至另一侧面车削。两面均车光后，再将车刀移至中间，用直进法把牙底车光，保证牙底清晰。精车使用较低的机床转速（$n<30$r/min）和较浅的进刀深度（$a_p<0.1$mm）。粗车时 $n = 80～100$r/min，$a_p = 0.15～0.3$mm。

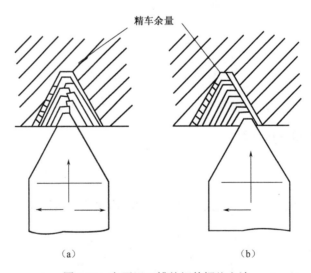

图 1-73　车无退刀槽的钢件螺纹方法

这种切削法操作较复杂，偏移的进刀量要适当，否则会将螺纹车乱或牙顶车尖。它适用于低速切削螺距大于 2mm 的塑性材料。由于车刀用单刃切削，所以不容易产生扎刀现象。在车削过程中亦可用观察法控制左右微量进给。当排出的切屑很薄时（像锡箔一样，如图 1-74 所示），车出的螺纹表面粗糙度就会很小。

（3）乱牙及其避免方法：使用按、提开合螺母车螺纹时，应首先确定被加工螺纹的螺距是否乱牙，如果乱牙，可采用倒顺车法，即使用操纵杆正反车切削。

（4）切削液：低速车削时必须加乳化液。

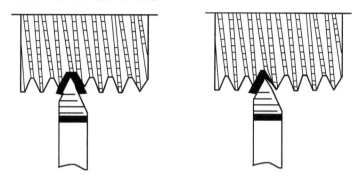

图 1-74　用观察法控制左右微量进给

3. 车有退刀槽的螺纹

有很多螺纹由于工艺和技术上的要求，须有退刀槽。退刀槽的直径应小于螺纹小径（便于拧螺母），槽宽为 2~3 个螺距。车有退刀槽的螺纹的方法如下。

（1）确定车螺纹切削深度的起始位置，将中滑板刻度调到零位，开车，使刀尖轻微接触工件表面，然后迅速将中滑板刻度调至零位，以便于进刀记数。

（2）试切第一条螺旋线并检查螺距。开车，合上开合螺母，在工件表面车出一条螺旋线，至螺纹终止线处退出车刀，开反车把车刀退到工件右端；停车。

（3）用刻度盘调整背吃刀量，开车切削。

（4）当车刀移至退刀槽中即退刀，并提开合螺母或开倒车。

（5）再次横向进刀，继续切削至车出正确的牙型。

1.6.5　车内螺纹的方法

三角形内螺纹工件形状常见的有三种，即通孔、不通孔和台阶孔，如图 1-75 所示。其中通孔内螺纹容易加工。在加工内螺纹时，由于车削的方法和工件形状的不同，因此所选用的螺纹车刀也不相同。

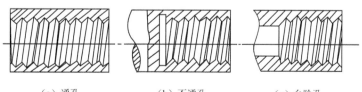

（a）通孔　　　　　　（b）不通孔　　　　　　（c）台阶孔

图 1-75　常见三角形内螺纹工件形状

工厂中最常见的内螺纹车刀如图 1-76 所示。

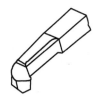  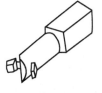 

（a）盲孔白钢车刀　　（b）通孔可换车刀　　（c）盲孔可换车刀　　（d）盲孔硬质合金车刀

图 1-76　内螺纹车刀种类

1. 内螺纹车刀的选择和装夹

（1）内螺纹车刀的选择：内螺纹车刀是根据它的车削方法和工件材料及形状来选择的。它的尺寸大小受到螺纹孔径尺寸的限制，一般内螺纹车刀的刀头径向长度应比孔径小 3～5mm。否则退刀时要碰伤牙顶，甚至不能车削。刀杆的大小在保证排屑的前提下，要粗一些。

（2）车刀的刃磨和装夹：内螺纹车刀的刃磨方法和外螺纹车刀的基本相同。但是刃磨刀尖时要注意它的平分线必须与刀杆垂直，否则车内螺纹时会出现刀杆碰伤内孔的现象，如图 1-77 所示。刀尖宽度应符合要求，一般为 0.1×螺距。

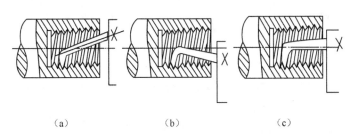

（a）　　　　　　　（b）　　　　　　　（c）

图 1-77　内螺纹车刀的刃磨要求

在装刀时，必须严格按样板找正刀尖。否则车削后会出现倒牙现象。刀装好后，应在孔内摇动床鞍至终点检查是否碰撞，如图 1-78 所示。

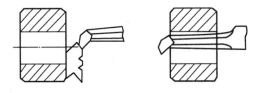

图 1-78　安装内螺纹车刀要求

2. 三角形内螺纹孔径的确定

在车内螺纹时，首先要钻孔或扩孔，孔径公式一般可采用下面公式计算

$$D_{孔} \approx d - 1.05P$$

式中，d 是螺纹大径，P 为螺距。

3. 车通孔内螺纹的方法

（1）车内螺纹前，先把工件的内孔、平面及倒角车好。

（2）开车空刀练习进刀、退刀动作，车内螺纹时的进刀和退刀方向和车外螺纹时相反，按图 1-79 所示练习。练习时，须在中滑板手轮刻度圈上做好退刀和进刀记号。

（3）进刀切削方式和外螺纹相同，螺距小于 1.5mm 或铸铁螺纹采用直进法；螺距大于 2mm 采用左右切削法。为了改善刀杆受切削力变形，它的大部分余量应先在尾座方向上切削掉，后车另一面，最后车螺纹大径。车内螺纹时目测困难，一般根据观察排屑情况进行左右赶刀切削，并判断螺纹表面的粗糙度。

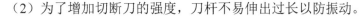

4. 车盲孔或台阶孔内螺纹

（1）车退刀槽，它的直径应大于内螺纹大径，槽宽为 2～3 个螺距，并与台阶平面切平。

图 1-79　空刀练习

（2）选择盲孔车刀。

（3）根据螺纹长度加上 1/2 槽宽在刀杆上做好记号，作为退刀、开合螺母起闸之用。

（4）车削时，中滑板手柄的退刀和开合螺母起闸侧动作要迅速、准确、协调，保证刀尖在槽中退刀。

（5）切削用量和切削液的选择和车外三角螺纹时相同。

1.6.6　切槽、切断的工艺特点

1. 外沟槽的车削方法

车削宽度不大的沟槽时，可以用主刀刃宽度等于槽宽的车刀一次直接车出，如退刀槽。车较宽的沟槽时，可用切刀几次吃刀，先把槽的大部分余量切去，在槽的两侧和底部留出精车余量，最后根据槽的宽度和槽的位置进行精车。

2. 切断

零件车好后须将其截断，车削过程与车外沟槽相同，即将沟槽不断加深直到切断工件。由于切刀本身刚性较差，很容易折断，所以在切断过程中应注意以下几点：① 装刀必须正确，主刀刃对准工件轴线，刀头对称线必须与工件轴线垂直；② 走刀量要小，操作时用手动来控制；③ 切削速度不宜过快，一般在 16m/min 左右；④ 所切槽宽应大于刀宽，车削时配合手动横向、纵向进给；⑤ 切刀必须保持主刀刃锋利，如发现有磨钝现象应及时刃磨；⑥ 如切直径较大的工件，为了及时散热，可在切削过程中加冷却液，延长切刀的使用寿命。

3. 切断刀的安装

切断刀装夹是否正确对切断工件能否顺利进行、切断的工件平面是否平直有直接的关系，所以切断刀的安装要求严格：

（1）切断实心工件时切断刀的主刀刃必须严格对准工件中心刀头中心线与轴线垂直，如图 1-80 所示；

（2）为了增加切断刀的强度，刀杆不易伸出过长以防振动。

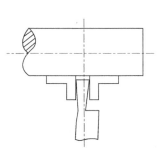

图 1-80　切断刀的安装

4. 切断方法

（1）用直进法切断工件。所谓直进法是指垂直于工件轴线方向切断，这种切断方法的切断效率高，但对车床刀具刃磨装夹有较高的要求，否则容易造成切断刀的折断。

（2）左右借刀法切断工件。在切削系统（刀具、工件、车床）刚性等不足的情况下可采用左右借刀法切断工件，这种方法是指切断刀在径向进给的同时，车刀在轴线方向反复地往返移动直至工件切断，如图 1-81 所示。

（3）反切法切断工件。

反切法如图 1-82 所示，是指工件反转车刀反装的切断方法，这种切断方法适用于较大直径工件，其优点是：反转切断时，作用在工件上的切削力与主轴重力方向一致向下，因此主轴不容易产生上下跳动，切断工件比较平稳；切削从下面流出不会堵塞在切削槽中，因此能比较顺利地切削。

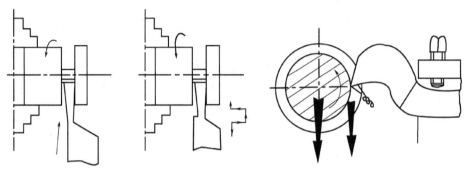

图 1-81　左右借刀法　　　　　　　　　　　图 1-82　反切法

但必须指出在采用反切法时，卡盘与主轴的连接部分必须有保险装置，否则卡盘会因倒车而脱离主轴产生事故。

 任务实施

1．在一体化教室或多媒体教室上课，教师在课堂上结合 PPT 课件、微课、视频等讲述车床加工三角螺纹零件的方法。

2．教师现场讲解车削模柄的操作要领，演示模柄车削加工操作。

3．学生小组成员之间共同研究、讨论并完成以下工作任务。

（1）识读模柄零件图纸，明确加工部位、尺寸精度和表面粗糙度要求；

（2）根据材料正确选择工装夹具，合理选择车削速度和走刀量参数；

（3）制订加工模柄工艺步骤。

4．学生上机熟悉车床操作。

5．小组按照以下模柄零件加工步骤完成车削加工。

（1）用三爪卡盘夹持毛坯外圆并将工件伸出卡盘长 65mm 左右，找正工件并夹紧；

（2）粗车工件端面及 $\phi28$ 外圆（留精车余量 1mm），长度为 35mm；

（3）粗车工件外圆 $\phi16$ 长度为 20mm；

（4）精车工件端面及 $\phi28$ 和 $\phi16$ 外圆至精度要求，倒角 $1\times45°$；

（5）切退刀槽 5mm×1.5mm，倒角 $2\times45°$；

（6）调整好进给箱各手柄至车削 M16 米制螺纹的合理位置，粗、精车 M16 螺纹至精度要求；

（7）在工件总长 56mm 处切断；

（8）调头，用三爪卡盘夹住 $\phi28$ 外圆，找正并夹紧；

（9）精车端面及控制工件长度 55mm，倒角 $1\times45°$；

（10）检查并卸下工件。

6．任务完成后，小组共同展示制作的模柄零件，如图 1-83 所示。

图 1-83　学生制作的模柄零件

7. 学生依据表1-18"模柄学习过程评价表"进行自评后，教师总评。

 注意事项

1. 车铸铁螺纹要求

（1）第一刀切削深度要小些，其余每次切削深度也不能太大，否则螺纹表面容易产生崩裂。

（2）车削时一般不使用切削液。

（3）切屑呈碎粒状，要防止飞入眼睛。

（4）为了保持刀尖和刀刃锋利，刀尖应稍倒圆，后角可磨得大些。

2. 车钢件螺纹要求

（1）横向进刀时，刻度不要记错。切削深度不要太大，否则会使车刀受力过大，引起"扎刀"造成刀尖损坏，工件顶弯。

（2）车到终点时，横向退刀与主轴反转须同时进行，如果车刀没有退出就反转，刀尖会被损坏。

（3）不能用手去摸螺纹表面，特别是直径小的内螺纹，否则会把手指旋入螺纹内而造成严重事故。

（4）开正车或开反车时，注意滑板不要撞到卡盘和尾架。

（5）防止乱扣的方法：乱扣就是第二次切削与第一次切削的螺旋线不重合，原因是切削过程中，刀具的位置移动了。这主要是由于操作不熟练，将刀具撞到工件上，或退刀时撞在了尾架上，使车刀与工件相对位置发生了变化，或者由于刀具损坏后取下重新换刀使车刀的位置发生变化，因此需重新对刀，其方法是开车后移动小滑板，使刀尖与螺旋线重合。

任务评价

教师对学生任务实施的完成情况进行检查，并对各项重要环节进行赋值评分，同时对学生综合能力进行评价，并将结果填入表1-18所示的评价表内。

表1-18　模柄学习过程评价表

班　级		姓　名		学　号		日　期	年 月 日	
评价指标	评价要素				权重	等级评定		
						A	B	C	D
信息检索	（1）能有效利用网络资源、技术手册等查找信息；				5%				
	（2）能用自己的语言有条理地阐述所学知识				5%				
感知工作	能熟悉工作岗位，认同工作价值				5%				
参与状态	（1）探究学习、自主学习，能处理好合作学习和独立思考的关系，做到有效学习；				5%				
	（2）能按要求正确操作，能做到倾听、协作、分享；				5%				
	（3）能每天按时出勤和完成工作任务；				5%				
	（4）善于从多角度思考问题，能主动发现、提出有价值的问题；				5%				
	（5）积极参与、能在计划制订中不断学习，提高综合运用信息技术的能力；				5%				
	（6）工作计划、操作技能符合规范要求				5%				

续表

班　级		姓　名		学　号			日　期	年　月　日
评价指标	评价要素				权重	等　级　评　定		
						A	B	C	D
思维状态	能发现问题、提出问题、分析问题、解决问题、创新问题				5%				
模柄技术要求	（1）$\phi28$ 外圆尺寸；				15%				
	（2）M16 螺纹精度；				10%				
	（3）表面粗糙度 $Ra\leqslant3.2\mu m$；				5%				
	（4）表面粗糙度 $Ra\leqslant1.6\mu m$；				15%				
	（5）工具量具摆放整齐				5%				
有益的经验和做法									
反思									

等级评定：A—好　　　B—较好　　　C—一般　　　D—有待提高

 **知识拓展**

1.6.7　三角形螺纹车刀的刃磨

1. 刃磨要求

（1）根据粗、精车的要求，刃磨出合理的前、后角。粗车刀前角大、后角小，精车刀则相反。

（2）车刀的左右切削刃必须是直线。

（3）刀头不歪斜，牙型半角相等。

（4）内螺纹车刀刀尖角平分线必须与刀杆垂直。

（5）内螺纹车刀后角应适当大些，一般磨有两个后角。

2. 刀尖角的刃磨和检查

由于螺纹车刀刀尖角要求高、刀头体积小，因此刃磨起来比一般车刀困难。在刃磨高速钢螺纹车刀时，若感到发热烫手，必须及时用水冷却，否则容易引起刀尖退火；刃磨硬质合金车刀时，应注意刃磨顺序，一般是先将刀头后面适当粗磨，随后再刃磨两侧面，以免产生刀尖爆裂。在精磨时，应注意防止压力过大而震碎刀片，同时要防止刀具在刃磨时骤冷而损坏刀具。

为了保证磨出准确的刀尖角，在刃磨时可用螺纹角度样板测量，螺纹角度样板如图 1-84（a）所示。测量时把刀尖角与样板贴合，对准光源，仔细观察两边贴合的间隙，并进行修磨。

对于具有纵向前角的螺纹车刀可以用一种厚度较厚的特制螺纹样板来测量刀尖角，如图 1-84（b）所示。测量时，样板应与车刀底面平行，用透光法检查，这样量出的角度近似等于牙型角。

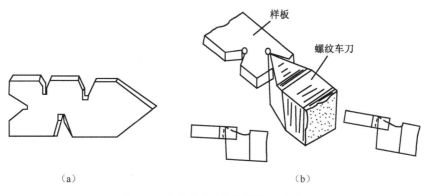

图 1-84　用螺纹角度样板测量刀尖角

1.6.8　螺纹的测量和检查

1. 大径的测量

螺纹大径的公差较大，一般可用游标卡尺或千分尺测量。

2. 螺距的测量

螺距一般用钢直尺测量，普通螺纹的螺距较小，在测量时，根据螺距的大小，最好量 2～10 个螺距的长度，然后除以 2～10，就得出一个螺距的尺寸。如果螺距太小，则用螺距规测量，测量时将螺距规平行于工件轴线方向嵌入牙中，如果完全符合，则螺距是正确的。

3. 中径的测量

精度较高的三角螺纹，可用内、外螺纹千分尺测量，所测得的千分尺读数就是该螺纹的中径实际尺寸。内、外螺纹千分尺如图 1-85、图 1-86 所示。

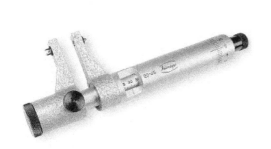

图 1-85　内螺纹千分尺

图 1-86　外螺纹千分尺

4. 综合测量

用螺纹环规综合检查三角形外螺纹。首先应对螺纹的直径、螺距、牙型和粗糙度进行检查，然后再用螺纹通止环规（图 1-87）测量外螺纹的尺寸精度。如果环规通端拧进去，而止端拧不进，说明螺纹精度合格。对精度要求不高的螺纹也可用标准螺母检查，以拧上工件时是否顺利和松动的感觉来确定。检查有退刀槽的螺纹时，环规应通过退刀槽与台阶平面靠平。

图 1-87　螺纹通止环规

1.6.9　车梯形螺纹

梯形螺纹如图 1-88 所示，其轴向剖面形状是一个等腰梯形，一般作传动用，精度高，如车床上的长丝杠和中小滑板的丝杠等。

1. 螺纹的一般技术要求

（1）螺纹中径必须与基准轴颈同轴，其大径尺寸应小于基本尺寸。

（2）车梯形螺纹必须保证中径尺寸公差。

（3）螺纹的牙型角要正确。

（4）螺纹两侧面表面粗糙度值要低。

2. 梯形螺纹车刀的选择和装夹

（1）车刀的选择：通常采用低速车削，一般选用高速钢材料制作的车刀。

（2）车刀的装夹。

① 车刀主切削刃必须与工件轴线等高（用弹性刀杆应高于轴线约 0.2mm），同时应和工件轴线平行。

② 刀头的角平分线要垂直于工件的轴线。用样板找正装夹，以免产生螺纹半角误差。车刀的装夹方法如图 1-89 所示。

图 1-88　梯形螺纹

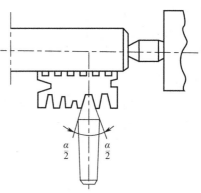

图 1-89　车刀的装夹方法

3. 工件的装夹

一般采用两顶尖或一夹一顶装夹。粗车较大螺距时，可采用四爪卡盘一夹一顶，以保证装夹牢固，同时使工件的一个台阶靠住卡盘平面，固定工件的轴向位置，以防止因切削力过大使工件移位而车坏螺纹。

4. 车床的选择和调整

（1）挑选精度较高，磨损较少的机床。

（2）正确调整机床各处间隙，对床鞍、中小滑板的配合部分进行检查和调整、注意控制机床主轴的轴向窜动、径向圆跳动以及丝杠轴向窜动。

（3）选用磨损较少的交换齿轮。

5. 梯形螺纹的车削方法

（1）螺距小于 4mm 和精度要求不高的工件，可用一把梯形螺纹车刀，并用少量的左右进给车削。

（2）螺距大于 4mm 和精度要求较高的梯形螺纹，一般采用分刀车削的方法。

① 粗车、半精车梯形螺纹时，螺纹大径留 0.3mm 左右余量且倒角成 15°。

② 选用刀头宽度稍小于槽低宽度的车槽刀，粗车螺纹（每边留 0.25～0.35mm 的余量）。

③ 用梯形螺纹车刀采用左右车削法车削梯形螺纹两侧面，每边留 0.1～0.2mm 的精车余量，并车准螺纹小径尺寸，如图 1-90（a）、（b）所示。

④ 精车大径至图样要求（一般小于螺纹基本尺寸）。

⑤ 选用精车梯形螺纹车刀，采用左右切削法完成螺纹加工，如图 1-90（c）、（d）所示。

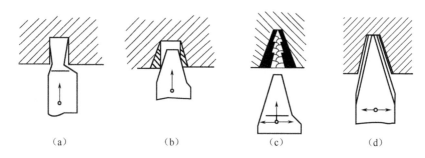

| (a) | (b) | (c) | (d) |

图 1-90　梯形螺纹的车削方法

课后练习

一、填空题

1．一夹一顶装夹方法较双顶尖安装方法＿＿＿好，但＿＿＿差，适用于＿＿＿零件的＿＿＿或＿＿＿。

2．孔加工有钻孔、扩孔、车孔、铰孔等。钻孔和扩孔适用于孔的＿＿＿加工。车孔适用于孔的＿＿＿加工和＿＿＿加工。铰孔适用于＿＿＿孔的＿＿＿加工。

3．当麻花钻直径为＿＿＿时，其柄部通常为圆柱体；当直径为＿＿＿以上时，其柄部通常为莫氏锥体。直柄麻花钻通常装夹在＿＿＿上钻孔；锥柄麻花钻通常直接或用过渡套连接后再装入＿＿＿。

4．钻头＿＿＿之间的夹角为顶角，标准麻花钻顶角为＿＿＿。顶角大，定心＿＿＿；顶角小，定心＿＿＿。钻＿＿＿材料时顶角应大些；钻＿＿＿材料时顶角应小些。当顶角为＿＿＿时，主刀刃为直线。

5．横刃太短，钻尖强度＿＿＿；横刃太长，钻削力＿＿＿。为了减少钻孔的＿＿＿，应对钻头横刃进行修磨。

6．麻花钻横刃斜角的大小是由＿＿＿决定的，横刃斜角一般为＿＿＿。

7．钻塑性材料孔时，切削速度一般为＿＿＿；钻脆性材料时，切削速度一般为＿＿＿。

8．钻小直径孔时，为了保证钻头准确定位，应先钻一个＿＿＿；为了防止钻头晃动导致钻偏，可在刀架上夹一个＿＿＿用于顶住。

9．当孔快要钻通时，进给速度应＿＿＿。

10．用硬质合金铰刀铰孔时，孔径尺寸通常比刀具的尺寸＿＿＿；用高速钢铰刀铰孔时，孔径尺寸通常比刀具的尺寸＿＿＿。

11．铰孔的切削速度一般为＿＿＿，进给量一般为＿＿＿。

12. 铰孔时，采用乳化液做切削液，铰出的孔径尺寸通常比铰刀尺寸_____；不加切削液铰削时，铰出的孔径尺寸通常比铰刀尺寸_____。

13. 铰孔不能修正孔的_____精度，所以铰孔前一定要_____。

14. 通孔车刀的主偏角一般为___。车削台阶孔或盲孔时，主偏角一般为_____。

15. 检查一般尺寸精度的孔可用_____；检查尺寸精度要求较高的孔可用_____或_____；综合检验孔的精度时一定要用_____。

二、选择题

1. 在车床上钻孔，容易出现（　　）。
   A．孔径扩大　　　　　　　　　　B．孔轴线偏斜
   C．孔径缩小　　　　　　　　　　D．孔轴线偏斜+孔径缩小

2. 车外圆时，若主轴转速调高，则进给量（　　）。
   A．按比例变大　　B．不变　　　C．按比例变小

3. 车轴件外圆时，若前后顶针偏移而不重合，车出的外圆会出现（　　）。
   A．椭圆　　　　B．锥度　　　　C．不圆度　　　　D．鼓形

4. 一般而言，工件的表面粗糙度 Ra 值越小，则工件的尺寸精度（　　）。
   A．越高　　　　B．越低　　　　C．不一定　　　　D．不变

5. 车削外圆采用试切法，目的是（　　）。
   A．检查表面质量是否合格　　　　B．检查尺寸是否合格
   C．检查外圆是否圆　　　　　　　D．检查吃刀量与车削尺寸是否正确

三、综合题

1. 根据如图 1-91 所示榔头柄，制订榔头柄的车削加工工艺卡，填入表 1-19。

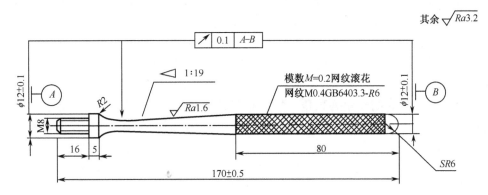

图 1-91　榔头柄零件图

表 1-19　榔头柄车削加工工艺卡

图号		零件名称	榔头柄	材料		工时	
车削加工工艺卡							
工序	工种	加工内容	加工简图	刀具	量具	装夹方法	设备

2. 请按照图 1-92 所示中转轴零件，完成车削实训并编写车削加工工序过程，填入表 1-20。

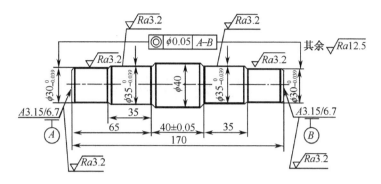

图 1-92　中转轴零件图

表 1-20　车削加工工序过程

作品名称	
画出作品零件图	
加工工序及工艺内容	

图号		作品名称		材料		工时	
加工工序卡							

序号	工步简图	加工内容	装夹方法	刀具、量具

铣工操作训练

学习目标

知识目标	了解普通卧式铣床的名称、型号、主要组成部分及作用、使用方法,制订铣削加工工艺流程,工件的装夹和刀具的安装方法,铣削工艺知识、刀具材料知识以及量具的使用方法。
能力目标	懂得工件的装夹和刀具的安装方法,能安全、正确地操作铣床,使用量具检测工件,会按照图纸和工艺要求铣削垫板、压板等零件。
素质目标	培养学生分工协助、合作交流、解决问题的能力,形成自信、谦虚、勤奋、诚实的品质,学会观察、记忆、思维、想象,培养创造能力、创新意识,养成勤于动脑、探索问题的习惯。

考证要求

技 能 要 求	相 关 知 识
能铣矩形工件和连接面并达到以下要求: 1. 尺寸公差等级达到 IT9 2. 垂直度和平行度达到 IT7 3. 表面粗糙度为 $Ra3.2\mu m$ 4. 斜面的尺寸公差等级为 IT12、IT11,角度公差为 ±15'	平面和连接面的铣削方法
能铣台阶和直角沟槽、键槽、特形沟槽,并达到以下要求: 1. 表面粗糙度为 $Ra3.2\mu m$ 2. 尺寸公差等级为 IT9 3. 平行度为 IT7,对称度为 IT9 4. 特形沟槽尺寸公差等级为 IT11	1. 台阶和直角沟槽的铣削方法 2. 键槽的铣削方法 3. 工件的切断及铣窄槽的方法 4. 特形槽的铣削方法
能铣角度面或在圆柱、圆锥和平面上刻线,并达到以下要求: 1. 铣角度面时,尺寸公差等级为 IT9;对称度为 IT8;角度公差为 ± 5' 2. 刻线要求线条清晰、粗细相等、长短分清、间距准确	1. 分度方法 2. 铣角度面时的尺寸计算和调整方法 3. 利用分度头进行刻线的方法
能用单刀或组合铣刀粗铣花键,并达到以下要求: 1. 键宽尺寸公差等级为 IT10,小径公差等级为 IT12 2. 平行度为 IT7,对称度为 IT9 3. 表面粗糙度为 $Ra6.3 \sim Ra3.2\mu m$	外花键的铣削知识

学习任务 2.1　认识铣床及常用刀具，掌握铣刀的安装方法

任务描述

认识铣床的型号及加工范围，了解铣床的主要部件和性能、各类铣刀的作用以及安装铣刀的方法，为学习铣削加工零件奠定良好的基础。

任务准备

实施本任务教学所使用的实训设备及工具材料可参见表 2-1 所示。

表 2-1　学习资源表

序　号	分　类	名　　称	数　量
1	工具	扳手、铜棒等	1 套/组
2	量具	钢直尺、深度游标卡尺、磁座百分表、塞规等	1 把/组
3	刀具	直齿圆柱铣刀、螺旋齿圆柱铣刀、锥柄立铣刀、直柄立铣刀、键槽铣刀、T 形槽铣刀、燕尾槽铣刀、锯片铣刀、单角铣刀、双角铣刀等	各 1 把/组
4	设备	X6132 卧式升降台铣床、X52W 立式铣床、龙门铣床、数控铣床、平口虎钳、回转工作台、万能分度头等	各 1 台/组
5	资料	任务单、零件图、零件机械加工工艺卡、金属加工工艺手册、铣工速查手册、国家标准公差手册、企业规章制度	1 套/组
6	材料	Q235 钢圆棒料，直径为 $\phi40mm$	1 根/组
7	其他	工作服、工作帽等劳保用品、油壶	1 套/人

任务分析

铣削是用铣刀旋转做主运动，工件或铣刀做进给运动的切削加工方法。其加工效率较高，被广泛应用在机械制造行业中。在铣床上使用各种不同的铣刀，可以加工平面（平行面、垂直面、斜面）、台阶、直角沟槽、特形槽（V 形槽、T 形槽、燕尾槽等）、特形面等。铣削加工有什么特点？铣床有哪些主要部件和性能？为了让学生对铣床有初步的认识，首先介绍不同铣床加工的特点及应用的相关知识。

相关知识

铣削有较高的加工精度，其经济加工精度一般为 IT9～IT7，表面粗糙度 Ra 值一般为 12.5～1.6μm。精细铣削精度可达 IT5，表面粗糙度 Ra 值可达到 0.02μm。铣床广泛应用在机械制造行业中。

2.1.1　铣床的种类和型号

铣床的种类很多，有卧式铣床（图 2-1）、立式铣床（图 2-2）、仿形铣床、工具铣床、龙门铣床（图 2-3）和数控铣床（图 2-4）等。常用的铣床有卧式铣床和立式铣床。

图 2-1　卧式铣床

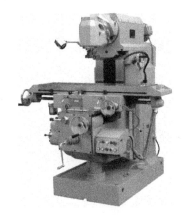

图 2-2　立式铣床

图 2-3　龙门铣床

图 2-4　数控铣床

1. 卧式铣床

卧式铣床的主轴与工作台平行。为扩大机床的应用范围，有的卧式铣床的工作台可以在水平面内旋转一定角度，故称为万能卧式铣床。

在生产中应用最广泛的是 X62W 卧式升降台铣床。加工时，工件安装在工作台上，铣刀装在铣刀心轴上，在机床主轴的带动下旋转。工件随工作台做纵向进给运动；滑座沿升降台上部的导轨移动，实现横向进给运动。升降台可沿车身导轨升降，以便调整工件与刀具的相对位置。横梁的前端可安装吊架，用来支承铣刀心轴的外伸端，以提高心轴刚性。横梁可沿床身顶部水平导轨移动，调整其伸出长度。进给变速箱可变换工作台、滑座和升降台的进给速度。

2. 立式铣床

立式升降台铣床与卧式铣床的主要区别是：立式铣床的主轴与工作台垂直，如图 2-2 所示。有些立式铣床为了加工需要，可以将立铣头旋转一定的角度，其他部分与卧式升降台相同。

卧式及立式铣床都是通用机床，常适用于单件及成批生产中。

3. 铣床的主要部件及性能

（1）X6132 卧式升降台铣床的主要部件

X6132 卧式升降台铣床的主要部件，如图 2-5 所示，包括：
①主轴变速机构；②床身；③横梁；④主轴；⑤挂架；⑥工作台；⑦横向溜板；⑧升降台；⑨进给变速机构；⑩底座。

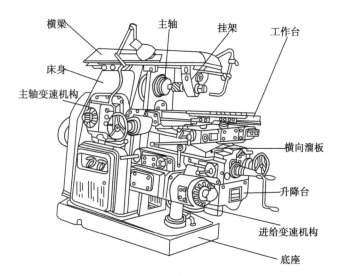

图 2-5　X6132 卧式升降台铣床的主要部件

（2）X6132 卧式升降台铣床的性能

X6132 卧式升降台铣床的性能：功率大、转速高、变速范围宽、刚性好、操作方便、灵活、通用性强；它可以安装万能立铣头，使铣刀在任意角度完成立式铣床的工作。该铣床的加工范围广，能加工中小型平面、特形面、各种沟槽、齿轮、螺旋槽和小型箱体上的孔等。

2.1.2　铣床附件

1. 平口虎钳

铣削加工中常用平口虎钳夹紧工件。它具有结构简单、夹紧可靠和使用方便等特点，广泛用于装夹矩形工件。生产中常用的是可调整的回转式平口虎钳。

2. 回转工作台

回转工作台主要用来加工带有内外圆弧面的工件及对工件分度，分为手动进给和机动进给两种。如图 2-6 所示为机动回转工作台，传动轴可与铣床的传动装置相连接，以实现机动进给。扳动离合器手柄可以接通或断开机动进给。调整挡铁的位置，可以使转盘自动停止在预定位置上。

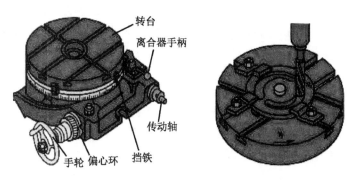

图 2-6　回转工作台

回转工作台用来装夹需要加工圆弧形表面的工件，借助它可以铣削比较规则的内、外圆弧面的直角沟槽。

直角沟槽有敞开式、半封闭式和封闭式三种。敞开式直角沟槽通常用三面刃铣刀加工；封闭式直角沟槽一般采用立铣刀或键槽铣刀加工；半封闭直角沟槽则须根据封闭端的形式，采用不同的铣刀进行加工。

敞开式、半封闭式直角沟槽的铣削方法与铣削台阶基本相同。三面刃铣刀特别适宜加工较窄和较深的敞开式或半封闭式直角沟槽。对于槽宽尺寸精度较高的沟槽，通常选择小于槽宽的铣刀，采用扩大法，分两次或两次以上铣削至尺寸要求。由于直角沟槽的尺寸精度和位置精度要求一般都比较高，因此在铣削过程中应注意以下几点。

（1）要注意铣刀的轴向摆差，以免造成沟槽宽度尺寸超差。

（2）在槽宽须分几刀铣至尺寸时，要注意铣刀单面切削时的让刀现象。

（3）若工作台零位不准，铣出的直角沟槽会出现上宽下窄的现象，并使两侧面呈弧形凹面。

（4）在铣削过程中，不能中途停止进给，也不能退回工件。因为在铣削中，整个工艺系统的受力是有规律和方向性的，一旦停止进给，铣刀受到的铣削力发生变化，必然使铣刀在槽中的位置发生变化，从而使沟槽的尺寸发生变化。

（5）铣削与基准面呈倾斜角度的直角沟槽时，应将沟槽校正到与进给方向平行的位置再加工。

3. 万能分度头

万能分度头是铣床上最常用的标准附件，常用万能分度头的规格有 FW250、FW320、FW100、FW500 等多种。规格代号中的 F 表示分度头，W 表示万能，数字表示分度头能加工的最大直径。

（1）万能分度头的结构

图 2-7　万能分度头

万能分度头如图 2-7 所示，工作时，将分度头固定在铣床的纵向工作台上，并利用纵向工作台中间一条 T 形槽和一个长导向键，保证分度头主轴与纵向工作台的方向一致。主轴前端有莫氏锥孔，以便插入顶尖支承工件。主轴外部有螺纹是为了旋装卡盘以装夹工件。球形扬头可带动主轴在-5°至 95°范围内任意回转。分度盘上有多圈数目不同的准确等分的孔，摇动分度手柄，通过分度头内部的蜗杆和齿轮机构带动主轴旋转，并利用与分度手轮一同旋转的定位销将分度手柄固定在分度盘的某一孔的位置上。定位销每次在同一孔圈上转过相同的孔数，则主轴转过相同角度，从而实现对工件进行分度。扇形板的作用是保证分度手柄每次转过相同的孔数。

（2）万能分度头的功用

① 把工件安装成需要的角度，松开球形扬头的紧固螺钉，可调整主轴的角度，如铣斜面时及铣圆锥齿轮时。

② 利用分度头可进行等分与不等分分度，以加工键槽、齿轮轮齿等。

③ 铣螺旋槽时，将工作台旋转一个螺旋升角的角度，在工作台上固定一个分度头，将分度头与纵向工作台的丝杠利用挂轮进行连接，即可实现铣削螺旋槽。

2.1.3　铣刀的种类

铣刀按用途分为：铣平面用铣刀、铣直角沟槽用铣刀、铣特形沟槽用铣刀和铣特形面用铣刀。

铣刀由刀齿和刀体两部分组成。刀齿分布在刀体圆周面上的铣刀称圆柱铣刀，它又分为直齿和螺旋齿两种（图 2-8）。由于直齿圆柱铣刀切削不平稳，现一般用螺旋齿圆柱铣刀。端铣刀是用端面和圆周面上的刀刃进行切削的，它又分为整体式端铣刀和镶齿式端铣刀两种（图 2-9）。镶齿式端铣刀刀盘上装有硬质合金刀片，加工平面时可进行高速切削，生产上广泛应用，如图 2-10 所示。

（a）直齿圆柱铣刀　　　（b）螺旋齿圆柱铣刀

图 2-8　圆柱铣刀

 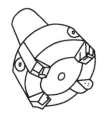

（a）整体式端铣刀　　（b）镶齿式端铣刀

图 2-9　端铣刀

1. 带柄铣刀

带柄铣刀主要有立铣刀（图 2-10）、槽铣刀（图 2-11）、指形齿轮铣刀（图 2-12）和玉米铣刀（图 2-13）。

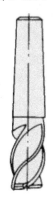 　　　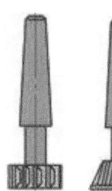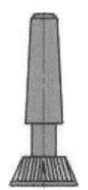

（a）锥柄立铣刀　（b）直柄立铣刀　　　（a）键槽铣刀　（b）T形槽铣刀　（c）燕尾槽铣刀

图 2-10　立铣刀　　　　　　　　　　图 2-11　槽铣刀

图 2-12　指形齿轮铣刀　　　　　　图 2-13　玉米铣刀

2. 带孔铣刀

带孔铣刀的种类如图 2-14 所示。铣刀的每个刀齿相当于一把车刀，其切削部分几何角度及其作用与车刀相同。

（a）圆柱平面铣刀　　（b）盘形槽铣刀　　（c）切口铣刀　　（d）两面刃铣刀

（e）直齿三面刃铣刀　　（f）错齿三面刃铣刀　　（g）单角铣刀　　（h）双角铣刀

（i）锯片铣刀　　（j）凸圆弧铣刀　　（k）凹圆弧铣刀　　（l）模数铣刀

图 2-14　带孔铣刀的种类

2.1.4　安装铣刀的方法

铣刀柄的左端是 7∶24 的圆锥，用来与铣床主轴锥孔配合，锥体尾端有内螺纹孔，通过拉紧螺杆将铣刀杆拉紧在主轴锥孔内。

铣刀杆主轴的直径与带孔铣刀的孔径相对应，有多种规格，常用的有 22mm，27mm 和 32mm 三种。

1. 带孔铣刀的安装步骤

（1）擦干净铣刀杆、垫圈和铣刀，确定铣刀在铣刀杆上的位置。

（2）将垫圈和铣刀装入刀杆，适当分布垫圈，确定铣刀在铣刀杆上的位置，用手旋入紧刀螺母。

（3）擦净挂架轴承孔和铣刀杆的支承轴颈，将挂架装在横梁导轨上，并注入适量的润滑油。

（4）将铣床主轴锁紧或调整在最低的转速上，用扳手将铣刀杆紧刀螺母旋紧，使铣刀被夹紧在铣刀杆上。

2. 铣刀和刀杆的拆卸

（1）将铣床主轴转速调到最低。

（2）用扳手将锁紧螺母旋松，松开铣刀。

（3）将挂架间隙调大，松开取下挂架。

（4）取下垫圈和铣刀。

（5）用扳手松开拉紧螺杆上的背紧螺母，再将其旋出 1 周。用锤子轻轻敲击拉紧螺杆的部位，使铣刀杆锥柄从主轴孔中松脱。右手握铣刀杆，左手旋出拉紧螺杆，取下铣刀杆。

（6）将铣刀杆擦净、涂油，然后垂直放置在专用的支架上。

3. 套式端铣刀的安装

套式端铣刀有内孔带键槽和端面带槽的两种结构形式。安装时分别采用带纵键的铣刀杆和带端键的铣刀杆，铣刀杆的安装方法与前面介绍的相同。

4. 带柄铣刀的装卸

带柄铣刀分为锥柄和直柄铣刀两种。直柄为圆柱形，锥柄铣刀柄部一般用莫氏锥度，有 1 号、2 号、3 号、4 号、5 号。

（1）锥柄铣刀的装卸

当锥柄铣刀柄部的锥度与铣床主轴的锥度相同时，将铣刀柄直接装入，然后旋入拉杆，用专用扳手扳紧。当锥度不同时，需要借助中间锥套安装铣刀，安装时，先将铣刀插入中间锥套，然后拉紧，紧固铣刀。如图 2-15 所示。

拆卸时，将主轴转速放到最低，用扳手松开螺母，取下铣刀。

（2）直柄铣刀的装卸

直柄铣刀一般通过弹簧夹头来安装，安装时，用勾头扳手拧紧螺母，使弹簧套做径向收缩，从而将铣刀的圆柱柄夹紧。如图 2-16 所示。

拆卸时，将主轴转速放到最低，用勾头扳手松开螺母，取下铣刀。

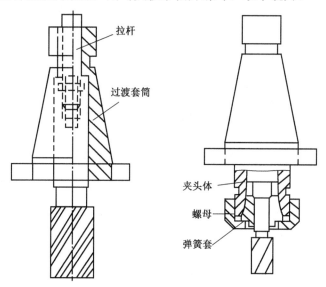

图 2-15　锥柄铣刀的安装　　　　图 2-16　直柄铣刀的安装

5. 圆柱铣刀等带孔铣刀的安装

带孔铣刀的安装方法如图 2-17 所示。

（1）"主轴"和"吊架"属于卧式铣床上的部件。

（2）在卧式铣床上都使用刀杆安装带孔铣刀。刀杆一端安装在卧式铣床的刀杆支架上，刀杆穿过铣刀孔，通过套筒将铣刀定位，然后将刀杆的锥体装入机床主轴锥孔，用拉杆将刀杆在主轴上拉紧。

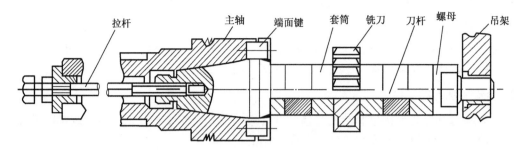

图 2-17　带孔铣刀的安装方法

（3）主轴的动力通过锥面前端的键带动刀杆旋转。

（4）铣刀应尽可能地靠近主轴，以减少刀杆的变形，提高加工精度。

（5）套筒的端面和铣刀的端面必须擦干净，以减小铣刀的跳动。

（6）拧紧刀杆的压紧螺母时，必须先装上吊架，以防止刀杆受力弯曲。

6．面铣刀的安装

面铣刀一般中间带有圆孔，先将铣刀装在短刀轴上，再将刀轴装入机床的主轴，并用拉杆拉紧，如图 2-18 所示。

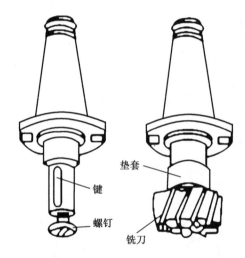

图 2-18　面铣刀的安装

2.1.5　装夹工件的方法

在铣床上装夹工件时，最常用的两种方法是用平口虎钳或用压板装夹工件。对较小型的工件，一般常用平口虎钳装夹，对于大、中型的工件则多是在铣床工作台上用压板装夹。

 任务实施

1．在教师的带领下，参观机械加工车间和金工实训场。认知职业场所，感知企业生产环境和生产流程，教师现场讲解车间的安全生产要求、规章制度和铣削加工技术发展趋势等。了解各种不同类型铣床的名称和作用。

2．教师现场讲解铣床结构与铣刀的安装要领，展示各种常用刀具、铣床附件，演示铣削加工操作。

3．安排到一体化教室或多媒体教室上课，教师在课堂上结合 PPT 课件、微课、视频等讲述铣床加工的特点及应用的基本知识。

4．学生小组成员之间共同研究、讨论、完成以下工作任务并做好记录。

（1）铣床各部分的名称和用途；

（2）常用铣刀的种类及用途；

（3）铣刀的安装步骤；

（4）探讨使用平口虎钳、回转工作台、万能分度头装夹工件的方法；

（5）分析影响工件表面粗糙度的因素。

5．小组代表上台阐述讨论结果。

6．学生依据表 2-2"学生综合能力评价标准表"进行自评、互评。

7．教师评价并对任务完成的情况进行总结。

 注意事项

安装铣刀杆操作要求

1．注意挂架轴承孔与铣刀杆、轴承颈的配合间隙是否合适。

2．安装铣刀杆时，注意保持各接触部位的清洁。

 任务评价

教师对学生任务实施的完成情况进行检查，并对各项重要环节进行赋值评分，同时对学生综合能力进行评价，并将结果填入表 2-2 所示的评价标准表内。

表 2-2　学生综合能力评价标准

评价项目		考核评价要求	项目分值	自我评价	小组评价	教师评价
评价项目	专业能力 60%	工作准备	（1）工具、刀具、量具的数量是否齐全； （2）材料、资料准备的是否适用，质量和数量如何； （3）工作周围环境布置是否合理、安全； （4）能否收集和归纳派工单信息并确定工作内容； （5）着装是否规范并符合职业要求； （6）小组成员分工是否明确、配合默契等方面	10			
		工作过程各个环节	（1）能否查阅相关资料，识别区分直齿圆柱铣刀、螺旋齿圆柱铣刀、锥柄立铣刀、直柄立铣刀、键槽铣刀、T 形槽铣刀、燕尾槽铣刀、锯片铣刀、单角铣刀、双角铣刀的种类； （2）能否说明铣削加工的特点； （3）是否认识铣床的常用附件； （4）能否遵守劳动纪律，以积极的态度接受工作任务； （5）安全措施是否做到位	20			
		工作成果	（1）能否正确说明 X6132 铣床的类别代号含义； （2）能否说出铣床的加工工序，并说出工序特点； （3）安装铣刀的方法是否正确； （4）能否对照卧式铣床设备指出各部分的名称； （5）能否清洁、整理设备和现场达到 5S 要求等	30			

续表

评价项目		考核评价要求		项目分值	自我评价	小组评价	教师评价
评价项目	职业核心能力 40%	信息收集能力	能否有效利用网络资源、技术手册等查找相关信息	10			
		交流沟通能力	（1）能否用自己的语言有条理地阐述所学知识； （2）是否积极参与小组讨论，运用专业术语与他人讨论、交流； （3）能否虚心接受他人意见，并及时改正	10			
		分析问题能力	（1）探讨使用平口虎钳、回转工作台、万能分度头装夹工件的方法； （2）分析影响工件表面粗糙度的因素	10			
		解决问题能力	（1）是否具备正确选择工具、量具、夹具的能力； （2）能否根据不同的铣削加工要求正确选择刀具种类； （3）能否根据不同刀具的特点来正确安装刀具	10			
备注	小组成员应注意安全规程及其行业标准，本学习任务可以小组或个人形式完成			总分			
开始时间：			结束时间：				

 知识拓展

2.1.6 铣床夹具

由于铣削加工的切削用量及切削力较大，又是多刃断续切削，加工时易产生振动，因此铣床夹具具有以下特点。

（1）铣床夹具要有足够的夹紧力，并且具有反行程自锁功能和较高的抗震性。

（2）铣床夹具要有足够的强度和刚度，对于重型铣床夹具，夹具体两端要有吊装孔或吊环等以便搬运。

（3）铣床夹具的安装要准确可靠，即安装及加工时要正确使用定向键、对刀装置等。

1. 直线进给式铣床夹具

如图 2-19 所示为轴上铣键槽的直线进给式铣床夹具。工件以外圆和端面在一组 V 形块 2 和支承钉 8 上实现 5 点定位；转动手柄 7 带动偏心凸轮 3，从而推动浮动盘 9、拉杆 10 下移，使两个压板 4 同时夹紧两个工件；用对刀块 5 和塞尺来调整铣刀相对于工件的正确位置；夹具通过定位键 6 在铣床上占有确定位置。这样的夹具可以实现工件的单件、多件平行联动夹紧方式加工，提高了生产效率。

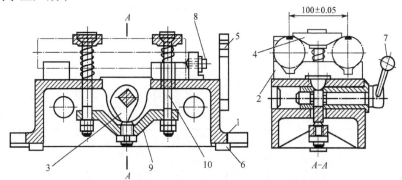

1—夹具体；2—V 形块；3—偏心凸轮；4—压板；5—对刀块；

6—定位键；7—操纵手柄；8—支承钉；9—浮动盘；10—拉杆

图 2-19　直线进给式铣床夹具

2. 圆周进给式铣床夹具

如图 2-20 所示为立式铣床上铣拨叉上下端面的圆周进给式铣床夹具。工件以圆孔、端面及侧面在定位销 2 和挡销 4 上定位；液压缸 6 驱动拉杆 1 通过开口垫圈 3 将工件夹紧，夹具上同时装夹 12 个工件。转台 5 由电动机带动回转，切削区是 *AB* 扇形区，装卸工件区是 *CD* 扇形区。圆周进给铣削在不停车的情况下装卸工件，一般是多工位加工，在有回转工作台的铣床上使用。这种夹具结构紧凑，操作方便，机动时间与辅助时间重叠，是高效的铣床夹具，适用于大批量生产。

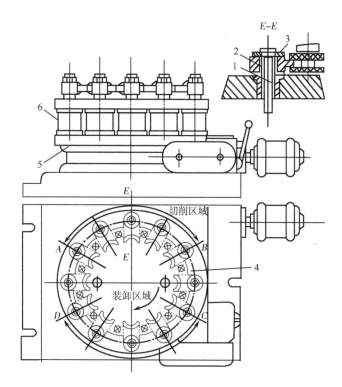

1—拉杆；2—定位销；3—开口垫圈；4—挡销；5—转台；6—液压缸

图 2-20　圆周进给式铣床夹具

学习任务 2.2　学习铣床安全操作知识

 任务描述

铣床的铣刀切削运动是在做高速旋转的运动，具有一定的危险性，为了保障学生的人身安全，在开铣床前必须熟悉机床的结构、性能及传动系统、润滑部位、电气等基本知识和使用维护方法，操作者必须经过考核合格后，方可进行操作。

 任务准备

实施本任务教学所使用的实训设备及工具材料可参见表 2-3 所示。

表 2-3　学习资源表

序　号	分　类	名　称	数　量
1	工具	扳手、铜棒等	1 套/组
2	量具	钢直尺、深度游标卡尺、磁座百分表、塞规等	1 把/组
3	刀具	直齿圆柱铣刀、螺旋齿圆柱铣刀、锥柄立铣刀、直柄立铣刀、键槽铣刀、T 形槽铣刀、燕尾槽铣刀、锯片铣刀、单角铣刀、双角铣刀等	各 1 把/组
4	设备	X6132 卧式升降台铣床、X52W 立式铣床、龙门铣床、数控铣床、平口虎钳、回转工作台、万能分度头等	各 1 台/组
5	资料	任务单、车床机床等设备安全操作规程、企业规章制度	1 套/组
6	其他	工作服、工作帽等劳保用品、油壶	1 套/人

 任务分析

通过学习前面的知识，我们已经了解各种不同类型的车床及附件等设备的特点，通过学习铣床安全操作规程及企业规章制度，掌握铣床安全操作要求。

 相关知识

2.2.1　普通铣床安全操作要求

1. 铣床运转时，禁止徒手或用棉纱清扫机床，人不能站在铣刀的切线方向，更不得用嘴吹切屑。

2. 工作台与升降台移动前，必须将固定螺丝松开；不移动时，将螺母拧紧。

3. 刀杆、拉杆、夹头和刀具要在开机前装好并拧紧，不得利用主轴转动来帮助装卸。

4. 实训完毕应关闭电源，清扫机床，并将手柄置于空位，工作台移至正中。

5. 工作前应穿好工作服，女工要戴工作帽，操作时严禁戴手套。

6. 装夹工件要稳固。装卸、对刀、测量、变速、紧固心轴及清洁机床，都必须在机床停稳后进行。

7. 工作台上禁止放置工量具、工件及其他杂物。

8. 开车时，应检查工件和铣刀相互位置是否恰当。

9. 铣床自动走刀时，手把与丝扣要脱开；工作台不能走到两个极限位置，限位块应安置牢固。

10. 操作前检查铣床各部位手柄是否正常，按规定加注润滑油，并低速试运转 1～2 分钟，方能操作。

11. 铣床工作前要试车，观察油路、冷却、润滑系统是否正常，机床有无异常声音，操作系统是否灵活可靠。

12. 铣床上装夹工件，工具必须牢固可靠，不得有松动，使用平口虎钳时，禁止使用锤头敲打平口虎钳手柄。

13. 高速切削时必须装上防护挡板，操作者应戴防护镜。

14. 铣刀安装好后，应慢速试车，在整个切削过程中，头、手不得接触铣削面。卸取工件时，必须移开刀具，在刀具停稳后方可进行。

15. 对刀时必须满速进刀。刀具接近工件时，需用手摇进刀，不准快速进刀。铣长轴时，轴超出床面时应设动托架。快速进刀时，摘下离合器，防止手柄伤人。

16. 铣床进刀不能过猛，自动走刀必须拉脱工作台上的手轮，不准突然改变进刀速度。

17. 工作台上升、下降时应检查上下部有无障碍物。工作台下降至最底极限位置 50mm 以上时，应停止机动下降，改用手动下降。

18. 人工加冷却液时必须从刀具前方加入，毛刺要离开刀具。

19. 停车时间较长，开动机床时应低速运转 3～5 分钟，确认润滑、液压、电气系统及其他各部分运转正常，再开始工作。

20. 拆、装平铣刀时，所用工具必须适当，用力不可过猛，防止滑脱或滑倒。

21. 对刀或正常工作时，刀具接近工件时必须手动慢速接触，不准快速接触工件。使用机动进给时，手摇柄必须移至空挡。

22. 加工时应正确选择切削用量，自动进刀时应脱开工作台上的手轮；在切削工作进行中不准停车及改变走刀速度；利用限位块工作则应预先调整好。

23. 切削过程中，工作者应站在安全位置，严禁面对铣刀转动方向或头、手接触铣削面。装卸工件必须移开刀具停车后进行。

24. 使用分度头、回转盘或其他工艺装备工作时，应首先检查其动转状况，然后安装牢固，其安装位置要便于工作，保证安全。

25. 变换转速及调整行程位置时，必须停车。

26. 经常注意各部分动转情况，如有异常，应立即停车，排除故障。

2.2.2　铣削加工要领

1. 实训时应穿好工作服，袖口要扎紧或戴袖套，戴好工作帽，留长发者将头发全部塞入帽内，防止衣角或头发被铣床转动部分卷入发生安全事故。

2. 严禁戴手套操作铣床，以免发生事故。

3. 铣床机构比较复杂，操作前必须熟悉铣床性能及其调整方法。

4. 操作时，头不能过分靠近铣削部位，防止切屑烫伤眼睛或皮肤。高速铣削时要戴好防护镜，防止高速切削飞出的铁屑损伤眼睛。若有切屑飞入眼睛，千万不要用手揉擦，应及时请医生治疗。

5. 装拆铣刀时要用布条衬垫铣刀，不要用手直接接触铣刀。

6. 使用扳手时，用力方向尽量避开铣刀，以免扳手打滑时造成不必要的损伤。

7. 合理使用铣床。合理选用铣削用量、铣削刀具及铣削方法，正确使用各种工夹具，熟悉所操作铣床的性能。不能超负荷工作，工件和夹具的重量不能超过机床的载重量。

8. 铣削操作过程中应严格遵守安全操作规程，必须做到以下几点。

（1）开机前

① 开机前必须将导轨、丝杠等部件的表面进行清洁并加上润滑油；工作时不要把工夹量具置放在导轨面或工作台表面上，以防不测。

② 检查自动手柄是否处在“停止”的位置，其他手柄是否处在所需位置。

③ 工件、刀具要夹牢，限位挡铁要锁紧。

（2）开机时

① 不准变速或做其他调整工作，不准用手摸铣刀及其他旋转的部件。

② 不得度量尺寸。

③ 不准离开机床做其他工作或看书报，并应站在适当的位置。

④ 发现异常现象应立即停车，报告指导教师。

⑤ 在切削过程中，不能用手触摸工件和清理切屑，以免被铣刀损伤手指。铣削完毕，要用毛刷清除屑不要用手抓或用嘴吹。

9. 工作完毕后，一定要清除铁屑和油污，擦干净机床，并在各运动部位适当加油，以防生锈。

10. 做好机床交接班工作等。

 任务实施

1. 在教师的带领下，参观机械加工车间和金工实训场。教师现场讲解企业规章制度及安全生产知识。

2. 安排到一体化教室或多媒体教室上课，教师在课堂上结合 PPT 课件、微课、视频等讲述各类铣床的设备安全操作规程。

3. 学生小组成员之间共同讨论并做好记录：

（1）卧式铣床安全操作要点；

（2）立式铣床安全操作要点；

（3）龙门铣床安全操作要点；

（4）分析为何自动进刀时应脱开工作台上的手轮；

（5）探讨铣削加工时碰到什么异常情况时，应立即停车，排除故障。

4. 小组代表上台阐述讨论结果。

5. 学生依据表 2-5 "学生综合能力评价标准表"进行自评、互评。

6. 教师进行评价并对任务完成的情况进行总结。

 任务评价

教师对学生任务实施的完成情况进行检查，并对各项重要环节进行赋值评分，同时对学生综合能力进行评价，并将结果填入表 2-4 所示的评价标准表内。

表2-4 学生综合能力评价标准表

			考核评价要求	项目分值	自我评价	小组评价	教师评价
评价项目	专业能力 60%	工作准备	（1）工具、刀具、量具的数量是否齐全； （2）材料、资料准备的是否适用，质量和数量如何； （3）工作周围环境布置是否合理、安全； （4）能否收集和归纳派工单信息并确定工作内容； （5）着装是否规范并符合职业要求； （6）小组成员分工是否明确、配合默契等方面	10			
		工作过程各个环节	（1）能否查阅相关资料，识别区分 X6132 卧式升降台铣床、X52W 立式铣床、龙门铣床、数控铣床的类型； （2）安全措施是否做到位； （3）是否清楚铣床自动走刀时，手把与丝扣要脱开； （4）能否遵守劳动纪律，以积极的态度接受工作任务	20			

续表

评价项目		考核评价要求		项目分值	自我评价	小组评价	教师评价
专业能力 60%	工作成果	（1）能否正确说明普通铣床安全操作要点； （2）能否正确说明龙门铣床安全操作要点； （3）能否正确说明数控铣床安全操作要点； （4）是否懂得工作台与升降台移动前，必须将固定螺钉松开； （5）能否清洁、整理设备和现场达到5S要求等		30			
职业核心能力 40%	信息收集能力	能有效利用网络资源、技术手册等查找相关信息		10			
	交流沟通能力	（1）能否用自己的语言有条理地阐述所学知识； （2）是否积极参与小组讨论，运用专业术语与他人讨论、交流； （3）能否虚心接受他人意见，并及时改正		10			
	分析问题能力	（1）探讨铣削加工时碰到什么异常情况时，应立即停车，排除故障； （2）分析为何自动进刀时应脱开工作台上的手轮		10			
	解决问题能力	（1）拆、装平铣刀时，是否懂得正确选用适当的工具； （2）能否根据铣削加工工件要求正确选择夹具		10			
备注	小组成员应注意安全规程及其行业标准，本学习任务可以小组或个人形式完成			总分			
开始时间：		结束时间：					

学习任务 2.3　铣削平面零件——垫块

任务描述

了解铣削平面零件时的装夹方法，正确理解铣削加工精度，认识铣床的加工范围，使用游标类量具及外径百分尺测量平面工件时能正确读数，会用手动、自动走刀方式进行铣削平面零件操作。能用铣床加工如图 2-21 所示垫块零件（材料：Q235 钢），加工后的零件达图纸尺寸要求。

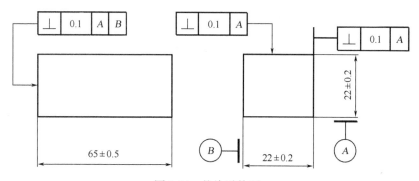

图 2-21　垫块零件图

任务准备

实施本任务教学所使用的实训设备及工具材料可参见表 2-5 所示。

表2-5　学习资源表

序　号	分　类	名　称	数　量
1	工具	扳手、铜棒、划针等	1套/组
2	量具	深度游标卡尺、高度尺、磁座百分表、螺旋千分尺等	1把/组
3	刀具	端面铣刀、ϕ16mm立铣刀等	各1把/组
4	设备	X52W立式铣床、平口虎钳等	各1台/组
5	资料	任务单、零件图、零件机械加工工艺卡、金属加工工艺手册、铣工速查手册、国家标准公差手册	1套/组
6	材料	Q235钢：30 mm×30 mm×70 mm	1件/组
7	其他	工作服、工作帽等劳保用品、油壶	1套/人

 任务分析

在学习本任务时应熟悉铣削平面零件所采用的铣刀，如何根据工件的形状、大小和加工数量合理选择夹具并正确装夹工件，正确安装铣刀，会分析影响工件表面粗糙度的因素，掌握手动、自动两种走刀方式进行铣削平面零件操作。

 相关知识

2.3.1　铣削平面方法

1. 手动走刀铣削平面方法

用手分别摇动纵向工作台、床鞍和升降台手柄，做往复运动，并试用各工作台锁紧手柄。分别顺时针、逆时针转动各手柄，观察工作台的移动方向。控制纵向、横向移动的螺旋传动的丝杠导程为6mm，即手柄每转一圈，工作台移动6mm，每转一格，工作台移动0.05mm。升降台手柄每转一圈，工作台移动2mm，每转一格，工作台移动0.05mm。

2. 自动走刀铣削平面方法

工作台的自动进给必须启动主轴才能进行。工作台纵向、横向、垂直方向的自动进给操纵手柄均为复式手柄。纵向进给操纵手柄有三个位置。横向和垂直方向由同一手柄操纵，该手柄有五个位置。手柄推动的方向即工作台移动的方向，停止进给时，把手柄推至中间位置。变换进给速度时应先停止进给，然后将变速手柄向外拉并转动，带动转速盘转至所需要的转速，对准指针后，再将变速手柄推回原位。转速盘上有23.5～1180 r/min的8种进给速度。自动进给时，按下快速按钮，工作台则快速进给，松开后，快速进给停止，恢复正常进给速度。

 任务实施

1. 在一体化教室或多媒体教室上课，课堂上结合挂图，通过展示PPT课件、播放视频等手段辅助教学。

2. 教师讲解铣削平面零件的方法并演示手动、自动两种走刀方式进行铣削平面零件操作。

3. 学生小组成员之间共同研究、讨论、完成以下工作任务并做好记录。

（1）如何根据工件的形状、大小和加工数量合理选择工件的装夹方法；

（2）如何根据不同的加工精度要求来正确选择铣削速度、进给量、铣削深度；

（3）手动走刀、自动走刀两种方式铣削平面工件表面粗糙度值的大小；

（4）识读垫块零件图，分析、讨论并确定零件的加工方法；

（5）编写垫块零件加工工艺，确定各工序加工余量。

4. 按照垫块工艺卡进行加工，记录加工操作及要点，以及碰到的问题和解决的措施。

在工作过程中，严格遵守安全操作，工作完成后，按照现场管理规范清理场地，归置物品，并按照环保规定处置废弃物。铣削加工完成后对垫块进行检验，填写工作单，写出工作小结。

5. 小组代表上台阐述分组讨论结果及展示小组加工完成的垫块零件。

6. 学生依据表2-7"学生综合能力评价标准表"进行自评、互评。

7. 教师评价并对任务完成的情况进行总结。

 注意事项

1. 在快速或自动进给铣削时，不准把工作台走到两极端，以免挤坏丝杠。

2. 不准用机动对刀，对刀应手动进行。

3. 工作台换向时，须先将换向手柄停在中间位置，然后再换向，不准直接换向。

4. 铣削平面时，必须使用有四个刀头以上的刀盘，选择合适的切削用量，防止机床在铣削中产生振动。

5. 工作后将工作台停在中间位置，升降台落到最低的位置上。

 任务评价

教师对学生任务实施的完成情况进行检查，并对各项重要环节进行赋值评分，同时对学生综合能力进行评价，并将结果填入表2-6所示的评价标准表内。

表2-6 学生综合能力评价标准表

			考核评价要求	项目分值	自我评价	小组评价	教师评价
评价项目	专业能力60%	工作准备	（1）工具、刀具、量具的数量是否齐全； （2）材料、资料准备的是否适用，质量和数量如何； （3）工作周围环境布置是否合理、安全； （4）能否收集和归纳派工单信息并确定工作内容； （5）着装是否规范并符合职业要求； （6）小组成员分工是否明确、配合默契等方面	10			
		工作过程各个环节	（1）能否查阅相关资料，拟定铣削平面零件工艺步骤； （2）能否确定垫块加工工艺路线，编制垫块工艺卡，明确各工序加工余量； （3）能否根据不同的铣削加工要求正确选择刀具种类； （4）能否遵守劳动纪律，以积极的态度接受工作任务； （5）安全措施是否做到位	20			
		工作成果	（1）安装铣刀的方法是否正确； （2）手动走刀、自动走刀铣削平面操作是否正确； （3）铣削加工时铣削速度、进给量、铣削深度是否合理； （4）编制的铣削平面零件工艺是否正确； （5）是否能用铣床完成加工垫块零件，达到图纸尺寸和表面粗糙度要求； （6）能否说出铣削垫块零件加工工序，并说出工序特点； （7）能否清洁、整理设备和现场，按照环保规定处置废弃物	30			

续表

		考核评价要求	项目分值	自我评价	小组评价	教师评价
评价项目	信息收集能力	能否有效利用网络资源、技术手册等查找相关信息	10			
	交流沟通能力	（1）能否用自己的语言有条理地阐述所学知识； （2）是否积极参与小组讨论，运用专业术语与他人讨论、交流； （3）能否虚心接受他人意见，并及时改正	10			
	分析问题能力	（1）探讨使用手动走刀、自动走刀铣削平面工件的方法； （2）分析手动走刀、自动走刀两种方式铣削平面工件表面粗糙度值的大小	10			
	解决问题能力	（1）是否具备正确选择工具、量具、夹具能力； （2）能否根据不同的铣削加工精度要求正确选择刀具种类； （3）能否根据不同加工精度要求正确选择铣削速度、进给量、铣削深度	10			
备注	小组成员应注意安全规程及其行业标准，本学习任务可以小组或个人形式完成		总分			
开始时间：		结束时间：				

（职业核心能力 40%）

 知识拓展

2.3.2 铣床的维护保养

1. 铣床的日常维护保养

对于铣床的润滑系统，按机床说明要求，定期加油；机床启动前，应确保导轨面、工作台面、丝杠等滑动表面洁净并涂有润滑油；发现故障应立即停车，及时排除故障；合理使用铣床，熟悉铣床的最大负荷、极限尺寸、使用范围，不超负荷运转。

2. 铣床的一级保养

铣床在运转 500h 后，通常要进行一级保养。保养作业以操作人员为主，维修人员配合进行。一级保养须对机床进行局部解体和检查，清洗规定部位，疏通油路，更换油线油毡，调整设备各部位配合间隙，紧固设备的规定部位。

学习任务 2.4 铣斜面零件——斜块

 任务描述

了解铣床铣削加工零件时的装夹方法，认知铣削过程中铣刀的应用。通过观察铣刀实物的角度及形状，结合铣斜面零件操作体会刀具的几何角度对加工效率和质量的影响。学会使用游标卡尺、外径百分尺、万能角度尺等测量斜面零件的方法，学会铣斜面零件的三种方法。能用铣床加工如图 2-22 所示斜块零件（材料：Q235 钢），要求加工后的零件达到图纸尺寸和表面粗糙度要求。

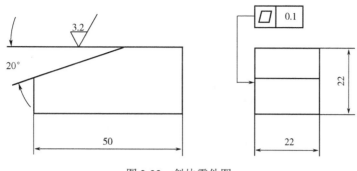

图 2-22 斜块零件图

 任务准备

实施本任务教学所使用的实训设备及工具材料可参考表 2-7 所示。

表 2-7 学习资源表

序　号	分　类	名　称	数　量
1	工具	扳手、铜棒、划针等	1 套/组
2	量具	深度游标卡尺、高度尺、磁座百分表、螺旋千分尺、万能角度尺等	1 把/组
3	刀具	端面铣刀、立铣刀、单角铣刀等	各 1 把/组
4	设备	X52W 立式铣床、平口虎钳等	各 1 台/组
5	资料	任务单、零件图、零件机械加工工艺卡、金属加工工艺手册、铣工速查手册、国家标准公差手册	1 套/组
6	材料	Q235 钢：30 mm ×30 mm ×60 mm	1 件/组
7	其他	工作服、工作帽等劳保用品、油壶	1 套/人

 任务分析

在学习本任务时要求熟悉斜面零件的结构特点，铣削斜面零件所用的铣刀种类，如何根据工件的形状、结构和加工数量合理选择工件的装夹方法，弄懂使用游标卡尺、外径百分尺、万能角度尺等测量斜面零件的方法，掌握铣斜面零件的三种方法。

 相关知识

斜面是指要加工的平面与基准面之间倾斜一定的角度。

2.4.1 铣削斜面的方法

1. 转动工件

先按图样要求在工件上画出斜面的轮廓线，并打上样冲眼，尺寸不大的工件可以用机用虎钳装夹，并用划针盘找正，然后再夹紧。尺寸大的工件，可以直接装在工作台上找正夹紧，按划线铣削斜面如图 2-23 所示。

用机用虎钳装夹工件，夹正工件后，固定钳座，将钳身转动需要的角度，用端铣刀进行铣削即可获得所需倾斜平面，如图 2-24 所示。

使用该方法铣削斜面时，先切去大部分余量，在最后精铣时，应用划针再校验一次，如工件在加工过程中有松动，应重新找正、夹紧。该加工方法划线找正比较麻烦，只适宜单件小批量生产。

用斜垫铁或专用夹具装夹工件，也可铣削倾斜平面。用斜垫铁铣削倾斜平面如图 2-25 所示，这种方法装夹方便，铣削深度也不需要重新调整，适用于批量生产。若大批量生产时，最好采用专用夹具来装夹工件，铣削倾斜平面。

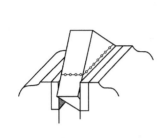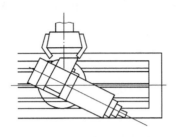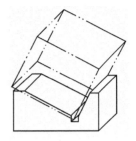

图 2-23　按划线铣削斜面　　　图 2-24　转动钳身铣削斜面　　　图 2-25　用斜垫铁铣削斜面

2. 转动铣刀

转动铣床立铣头从而带动铣刀旋转来铣削倾斜平面，如图 2-27 所示。

这种方法铣削斜面时，工作台必须横向进给，且因受工作台横向行程的限制，铣削斜面的尺寸不能过长。若斜面尺寸过长，可利用万能铣头来进行铣削，因为工作台可以做纵向进给。

3. 用角度铣刀

直接用带角度的铣刀来铣削斜面。由于受到角度铣刀尺寸的限制，这种方法只适用于铣削较窄小的斜面，如图 2-27 所示。

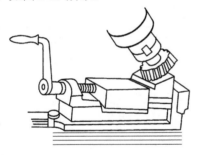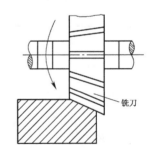

图 2-26　转动铣刀铣斜面　　　图 2-27　用角度铣刀铣斜面

2.4.2　铣削用量的选择方法

影响刀具寿命最显著的因素是铣削速度，其次是进给量，而吃刀量对刀具的影响最小。所以，铣削用量的选择顺序是：①应优先采用较大吃刀量；②其次是较大进给量；③最后才是铣削速度。

1. 吃刀量的选择（表 2-8）

一般根据工件铣削层的尺寸来选择铣刀（如用面铣刀铣削平面时，铣刀直径一般应大于切削层宽度；用圆柱铣刀铣削平面时，铣刀长度一般应大于工件切削层宽度），当加工余量不大时，应尽量一次进给铣去全部加工余量。只有当工件表面加工精度要求较高时，才分粗铣与精铣进行。

表 2-8　吃刀量的选择

工件材料	高速钢铣刀		硬质合金铣刀	
	粗铣（mm）	精铣（mm）	粗铣（mm）	精铣（mm）
铸铁	5～7	0.5～1	10～18	1～2
软钢	<5	0.5～1	<12	1～2
中硬钢	<4	0.5～1	<7	1～2
硬钢	<3	0.5～1	<4	1～2

2. 每齿进给量的选择（表 2-9）

（1）粗加工时，由铣床进给机构的强度、刀杆强度、刀齿强度、机床及夹具的刚度来确定。在允许条件下，应尽量选大一些。

（2）精加工时，为减少机床振动，保证表面粗糙度，一般选较小的进给量。

表 2-9　每齿进给量的选择

刀具名称	高速钢铣刀		硬质合金铣刀	
	铸铁（mm）	钢件（mm）	铸铁（mm）	钢件（mm）
圆柱铣刀	0.12～0.2	0.1～0.15	0.2～0.5	0.08～0.20
立铣刀	0.08～0.15	0.03～0.06	0.2～0.5	0.08～0.20
套式面铣刀	0.15～0.2	0.06～0.10	0.2～0.5	0.08～0.20
三面刃铣刀	0.15～0.25	0.06～0.08	0.2～0.5	0.08～0.20

3. 铣削速度的选择（表 2-10）

（1）粗铣时，必须考虑铣床允许使用的功率。

（2）精铣时，要考虑合理切削速度，以抑制积屑瘤产生。

表 2-10　铣削速度的选择

工件材料	切削速度（m/min）		说　明
	高速钢铣刀	硬质合金铣刀	
20	20～45	150～190	1. 粗铣时取小值，精铣时取大值； 2. 工件材料强度和硬度较高时取小值，反之取大值； 3. 刀具材料耐热性好时取大值，反之取小值
45	20～35	120～150	
40Cr	15～25	60～90	
HT150	14～22	70～100	
黄铜	30～60	120～200	
铝合金	112～300	400～600	
不锈钢	16～25	50～100	

2.4.3　铣刀的基本参数

以"圆柱直齿平面铣刀"（图 2-28）为例，学习铣刀的几个基本概念。

1. 前刀面：刀具上切屑流过的表面。它直接作用于被切屑的金属层，并控制切屑沿其排出。

2. 后刀面：与工件上切削中产生的加工表面相对着的刀面。

3. 前角：前刀面与基面的夹角，用来反映前刀面的空间位置。

注意：前角决定切削的难易程度和切屑在刀具前刀面上的摩擦情况。前角大时，可使切屑变形小，流出顺利，减少了切屑和刀具前刀面之间的摩擦，使切削力降低，切削起来轻快；但是前角太大，会使刀刃变得非常薄弱，粗加工时可能引起崩刃。

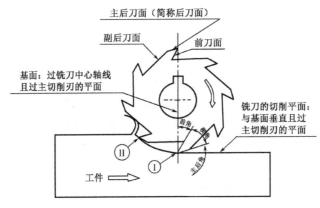

图 2-28 铣刀的基本概念

4. 楔角：前刀面与后刀面的夹角，用来反映铣刀刃的强度。

5. 主后角：后刀面与铣刀主切削面的夹角，用来反映后刀面的空间位置。

6. 基面：用来定义前角的基准面。

7. 铣刀的切削平面：用来定义后角的基准面，且会转动。

8. 螺旋角：切削刃与铣刀轴线间的夹角。其作用能使刀具在切削时受力均衡，工作较为稳定，切削流动顺利。

 任务实施

1. 在一体化教室或多媒体教室上课，教师课堂上结合挂图，通过展示 PPT 课件、播放视频等手段辅助教学。

2. 教师讲解转动工件、转动铣刀、用角度铣刀三种方式铣削斜面工件的方法并演示转动工件、转动铣刀、用角度铣刀三种方式铣削斜面工件的操作。

3. 学生小组成员之间共同研究、讨论、完成以下工作任务并做好记录。

（1）如何根据工件的形状、大小和加工数量合理选择工件的装夹方法；

（2）如何根据铣削不同斜面工件的加工要求正确选择刀具种类；

（3）按照工件精度要求选择合适的量具进行检测；

（4）如何编制铣削斜面工件加工工序；

（5）分析转动工件、转动铣刀、用角度铣刀三种方式铣削斜面工件表面粗糙度值的大小；

（6）分析斜面工件加工时的质量问题及找出相应对策；

（7）识读斜块零件图，分析、讨论并确定零件的加工方法；

（8）编写斜块零件加工工艺，确定各工序加工余量。

4. 按照斜块工艺卡进行加工，记录加工操作和要点，以及碰到的问题和解决措施。

在工作过程中，严格遵守安全操作，工作完成后，按照现场管理规范清理场地，归置物品，并按照环保规定处置废弃物。铣削加工完成后对斜块进行检验，填写工作单，写出工作小结。

5. 小组代表上台阐述分组讨论结果及展示小组加工完成的斜块零件。

6. 学生依据表 2-11 "学生综合能力评价标准表" 进行自评、互评。

7. 教师评价并对任务完成的情况进行总结。

 注意事项

1. 采用角度铣刀加工斜面时，要注意铣刀角度的准确性。

2. 装夹工件时，要注意钳口、钳体导轨和工件表面的清洁。

3. 扳转立铣头时，要注意角度的准确。

4. 按划线装夹工件时，要注意划线的准确性或在加工过程中工件是否发生移动。

 任务评价

教师对学生任务实施的完成情况进行检查，并对各项重要环节进行赋值评分，同时对学生综合能力进行评价，并将结果填入表 2-11 所示的评价标准表内。

表 2-11　学生综合能力评价标准

			考核评价要求	项目分值	自我评价	小组评价	教师评价
评价项目	专业能力 60%	工作准备	（1）工具、刀具、量具的数量是否齐全； （2）材料、资料准备的是否适用，质量和数量如何； （3）工作周围环境布置是否合理、安全； （4）能否收集和归纳派工单信息并确定工作内容； （5）着装是否规范并符合职业要求； （6）小组成员分工是否明确、配合默契等方面	10			
		工作过程各个环节	（1）能否查阅相关资料，拟定铣削斜面零件工艺步骤； （2）能否确定斜块加工工艺路线，编制斜块工艺卡，明确各工序加工余量； （3）能否根据不同的铣削加工要求正确选择刀具种类； （4）能否遵守劳动纪律，以积极的态度接受工作任务； （5）安全措施是否做到位	20			
		工作成果	（1）安装铣刀的方法是否正确； （2）转动工件、转动铣刀、用角度铣刀铣削斜面操作是否正确； （3）铣削加工时铣削速度、进给量、铣削深度是否合理； （4）是否能用铣床完成加工斜块零件，达到图纸尺寸和表面粗糙度要求； （5）能否说出铣削斜块零件加工工序，并说出工序特点； （6）能否清洁、整理设备和现场，按照环保规定处置废弃物	30			
	职业核心能力 40%	信息收集能力	能否有效利用网络资源、技术手册等查找相关信息	10			
		交流沟通能力	（1）能否用自己的语言有条理地阐述所学知识； （2）是否积极参与小组讨论，运用专业术语与他人讨论、交流； （3）能否虚心接受他人意见，并及时改正	10			
		分析问题能力	（1）探讨使用转动工件、转动铣刀、用角度铣刀铣削斜面工件的方法； （2）分析转动工件、转动铣刀、用角度铣刀三种方式铣削斜面工件表面粗糙度值的大小	10			
		解决问题能力	（1）是否具备正确选择工具、量具、夹具的能力； （2）能否根据不同的铣削加工精度要求正确选择刀具种类； （3）能否根据不同加工精度要求正确选择铣削速度、进给量、铣削深度	10			
备注	小组成员应注意安全规程及其行业标准，本学习任务可以小组或个人形式完成			总分			
开始时间：			结束时间：				

学习任务 2.5　铣削台阶零件——垫板

任务描述

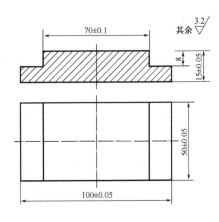

图 2-29　垫板零件图

认知台阶零件的特点，观察三面刃铣刀、立铣刀、端铣刀的构造，识别三面刃铣刀、立铣刀、端铣刀的应用场合。在铣床加工台阶面时正确装夹工件，分别运用三面刃铣刀、立铣刀、端铣刀进行铣削台阶零件，在使用游标卡尺、外径百分尺、深度游标卡尺等量具测量台阶零件时能正确读数，分析铣削台阶工件出现的质量问题。能用铣床加工如图 2-29 所示垫板（材料：Q235 钢），要求加工后的零件达到图纸尺寸和表面粗糙度要求。

任务准备

实施本任务教学所使用的实训设备及工具材料可参考表 2-12 所示。

表 2-12　学习资源表

序　号	分　类	名　称	数　量
1	工具	扳手、铜棒、划针等	1 套/组
2	量具	深度游标卡尺、高度尺、磁座百分表、螺旋千分尺、万能角度尺等	1 把/组
3	刀具	端铣刀、立铣刀、三面刃铣刀等	各 1 把/组
4	设备	X52W 立式铣床、X6132 卧式升降台铣床、平口虎钳等	各 1 台/组
5	资料	任务单、零件图、零件机械加工工艺卡、金属加工工艺手册、铣工速查手册、国家标准公差手册	1 套/组
6	材料	Q235 钢：20 mm ×55 mm ×105 mm	1 件/组
7	其他	工作服、工作帽等劳保用品、油壶	1 套/人

任务分析

在学习本任务时要求了解台阶零件的特点，熟悉常用的三面刃铣刀、立铣刀、端铣刀铣削加工台阶零件的操作要领。学会用铣床加工台阶面时正确装夹工件的方法，学会运用三面刃铣刀、立铣刀、端铣刀铣削台阶零件的方法，做到在使用游标卡尺、外径百分尺、深度游标卡尺等量具测量台阶零件时能正确读数，能正确分析铣削台阶零件出现的质量问题。

相关知识

台阶面是指由两个相互垂直的平面所组成的组合平面，其特点是两个平面是用同一把铣刀的不同部位同时加工出来的；两个平面用同一个定位基准。因此，两个加工平面垂直与否，主要取决于刀具。

铣削台阶面的方法

1．用三面刃铣刀铣台阶面

用一把三面刃铣刀铣台阶面时，如图 2-30（a）所示，铣刀单侧面单边受力会出现"让刀"现象，故应选用有足够宽度的铣刀，以提高刚性。对于零件两侧的对称台阶面，可以用两把三面刃铣刀联合加工，两把铣刀的直径必须相等，如图 2-30（b）所示。装刀时，两把铣刀的刀齿应错开半齿，以减小振动。

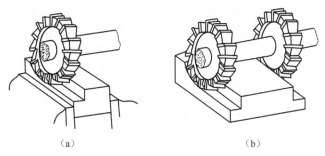

（a）　　　　　　　　　　　　　（b）

图 2-30　用三面刃铣刀铣台阶面

2．用立铣刀铣台阶面

用立铣刀适宜于铣削垂直面较宽、水平面较窄的台阶面，如图 2-31 所示，当台阶处于工件轮廓内部，其他铣刀无法伸入时，此法加工很方便。通常因立铣刀直径小、悬伸长、刚性差，故不宜选用较大的铣削用量。

3．用端铣刀铣台阶面

用端铣刀正好与立铣刀相反，适宜于铣削垂直面较窄，而水平面较宽的台阶面，如图 2-32 所示。因端铣刀直径大、刚性好，可以选用较大的铣削用量，提高生产效率。

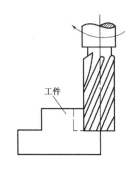

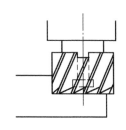

图 2-31　用立铣刀铣台阶面　　　　图 2-32　用端铣刀铣台阶面

 任务实施

1．在一体化教室或多媒体教室上课，课堂上结合挂图，通过展示 PPT 课件、播放视频等手段辅助教学。

2．教师讲解三面刃铣刀、立铣刀、端铣刀进行铣削台阶零件的方法并演示三面刃铣刀、立铣刀、端铣刀进行铣削台阶工件的操作。

3．学生小组成员之间共同研究、讨论、完成以下工作任务并做好记录。

（1）如何根据工件的形状、大小和加工数量合理选择工件的装夹方法；

（2）如何根据铣削不同台阶面零件的加工要求正确选择刀具种类；

（3）按照零件精度要求选择合适的量具进行检测；

（4）铣削加工台阶面零件时如何选择铣削速度、进给量、铣削深度参数；

（5）探讨使用三面刃铣刀、立铣刀、端铣刀三种方式铣削台阶面零件的方法；

（6）分析三面刃铣刀、立铣刀、端铣刀三种方式铣削台阶面零件表面粗糙度值的大小；

（7）如何识读垫板零件图，分析、讨论并确定零件的加工方法；

（8）如何编写垫板零件加工工艺，确定各工序加工余量；

4. 按照垫板工艺卡进行加工，记录加工操作及要点，以及碰到的问题和解决措施。

在工作过程中，严格遵守安全操作，工作完成后，按照现场管理规范清理场地，归置物品，并按照环保规定处置废弃物。铣削加工完成后对垫板进行检验，填写工作单，写出工作小结。

5. 小组代表上台阐述分组讨论结果及展示小组加工完成的垫板零件。

6. 学生依据表 2-13"学生综合能力评价标准表"进行自评、互评。

7. 教师评价并对任务完成的情况进行总结。

 注意事项

立铣刀铣削台阶面零件要求

1. 铣削刚度和强度较差，铣削用量不能过大，否则铣刀容易加大"让刀"导致的变形，甚至折断。

2. 当台阶的加工尺寸及余量较大时，可采用分层铣削，即先分层粗铣掉大部分余量，并预留精加工余量，后精铣至最终尺寸。粗铣时，台阶底面和侧面的精铣余量选择范围通常在 0.5～1.0 mm 之间。精铣时，应首先精铣底面至尺寸要求，后精铣侧面至尺寸要求，这样可以减小铣削力，从而减小夹具、工件、刀具的变形和振动，提高尺寸精度和表面粗糙度。

 任务评价

教师对学生任务实施的完成情况进行检查，并对各项重要环节进行赋值评分，同时对学生综合能力进行评价，并将结果填入表 2-13 所示的评价标准表内。

表 2-13 学生综合能力评价标准表

评价项目	专业能力 60%		考核评价要求	项目分值	自我评价	小组评价	教师评价
		工作准备	（1）工具、刀具、量具的数量是否齐全； （2）材料、资料准备的是否适用，质量和数量如何； （3）工作周围环境布置是否合理、安全； （4）能否收集和归纳派工单信息并确定工作内容； （5）着装是否规范并符合职业要求； （6）小组成员分工是否明确、配合默契等方面	10			

续表

评价项目		考核评价要求		项目分值	自我评价	小组评价	教师评价
评价项目	专业能力60%	工作过程各个环节	（1）能否查阅相关资料，拟定铣削台阶零件工艺步骤； （2）能否确定垫板零件加工工艺路线，编制垫板零件工艺卡，明确各工序加工余量； （3）能否根据不同的铣削加工要求正确选择刀具种类； （4）能否遵守劳动纪律，以积极的态度接受工作任务； （5）安全措施是否做到位	20			
评价项目	专业能力60%	工作成果	（1）安装铣刀的方法是否正确； （2）采用三面刃铣刀、立铣刀、端铣刀三种方式铣削台阶面操作是否正确； （3）铣削加工时铣削速度、进给量、铣削深度选择是否合理； （4）是否能用铣床完成加工垫板零件，达到图纸尺寸和表面粗糙度要求； （5）能否说出铣削垫板零件加工工序，并说出工序特点； （6）能否清洁、整理设备和现场，按照环保规定处置废弃物	30			
评价项目	职业核心能力40%	信息收集能力	能否有效利用网络资源、技术手册等查找相关信息	10			
评价项目	职业核心能力40%	交流沟通能力	（1）能否用自己的语言有条理地阐述所学知识； （2）是否积极参与小组讨论，运用专业术语与他人讨论、交流； （3）能否虚心接受他人意见，并及时改正	10			
评价项目	职业核心能力40%	分析问题能力	（1）探讨使用三面刃铣刀、立铣刀、端铣刀三种方式铣削台阶面零件的方法； （2）分析三面刃铣刀、立铣刀、端铣刀三种方式铣削台阶面零件表面粗糙度值的大小	10			
评价项目	职业核心能力40%	解决问题能力	（1）是否具备正确选择工具、量具、夹具的能力； （2）能否根据不同的铣削加工精度要求正确选择刀具种类； （3）能否根据不同加工精度要求正确选择铣削速度、进给量、铣削深度	10			
备注	小组成员应注意安全规程及其行业标准，本学习任务可以小组或个人形式完成			总分			
开始时间：		结束时间：					

学习任务 2.6　铣削沟槽零件——压板

 任务描述

　　认知直槽、T 形槽、V 形槽、燕尾槽和键槽零件的特点，观察锯片铣刀、半圆键槽铣刀、T 形槽铣刀、角度铣刀、燕尾槽铣刀的构造，识别上述铣刀的应用场合。在铣床加工沟槽零件时正确装夹零件，分别运用锯片铣刀、半圆键槽铣刀、T 形槽铣刀、角度铣刀、燕尾槽铣刀等进行铣削沟槽零件，正确使用游标卡尺、外径百分尺、深度游标卡尺、万能角度尺等量具测量沟槽零件。能用铣床加工如图 2-33 所示的压板零件（材料：Q235 钢），要求加工后的零件达到图纸尺寸要求。

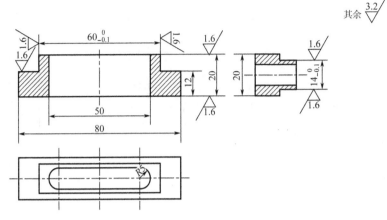

图 2-33　压板零件图

 任务准备

实施本任务教学所使用的实训设备及工具材料可参考表 2-14 所示。

表 2-14　学习资源表

序　号	分　类	名　　称	数　量
1	工具	扳手、铜棒、划针等	1 套/组
2	量具	深度游标卡尺、高度尺、磁座百分表、螺旋千分尺、万能角度尺等	1 把/组
3	刀具	端铣刀、立铣刀、三面刃铣刀、键槽铣刀、T 形槽铣刀、燕尾槽铣刀、半圆键槽铣刀、双角铣刀等	各 1 把/组
4	设备	X52W 立式铣床、X6132 卧式升降台铣床、平口虎钳等	各 1 台/组
5	资料	任务单、零件图、零件机械加工工艺卡、金属加工工艺手册、铣工速查手册、国家标准公差手册	1 套/组
6	材料	Q235 钢：25 mm ×25 mm×85 mm	1 件/组
7	其他	工作服、工作帽等劳保用品、油壶	1 套/人

 任务分析

　　了解直槽、T 形槽、V 形槽、燕尾槽和键槽零件的特点，通过观察锯片铣刀、半圆键槽铣刀、T 形槽铣刀、角度铣刀、燕尾槽铣刀的构造，识别上述铣刀的应用场合。如何根据工件的形状、结构和加工数量来选择工件的装夹方法？如何正确安装铣刀？怎样运用锯片铣刀、半圆键槽铣刀、T 形槽铣刀、角度铣刀、燕尾槽铣刀等铣削沟槽零件？

 相关知识

　　在机械加工中，台阶（图 2-34）、键槽（图 2-35）与直角沟槽（图 2-36）的铣削技术是生产各种零件的重要基础技术，由于这些部件主要应用在配合、定位、支撑与传动等场合，故在尺寸精度、形状和位置精度、表面粗糙度等方面都有着较高的要求。

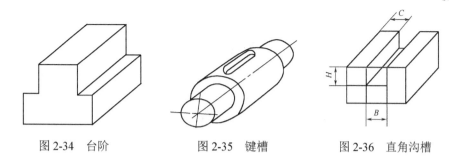

图 2-34 台阶   图 2-35 键槽   图 2-36 直角沟槽

2.6.1 铣削台阶、直角沟槽的技术要求

1．在尺寸精度方面。大多数的台阶和沟槽要与其他零件相互配合，所以对它们的尺寸公差，特别是配合面的尺寸公差，要求都会相对较高。

2．在形状和位置精度方面。如各表面的平面度、台阶和直角沟槽的侧面与基准面的平行度、双台阶对中心线的对称度等要求，对斜槽和与侧面成一夹角的台阶还有斜度的要求等。

3．在表面粗糙度方面。对与零件之间配合的两接触面的表面粗糙度要求较高，其表面粗糙度值一般应不大于 $Ra6.3\mu m$。

零件上的台阶通常可在卧式铣床上采用一把三面刃铣刀或组合三面刃铣刀铣削，或在立式铣床上采用不同刃数的立铣刀铣削。

铣削较深台阶或多级台阶时，可用立铣刀（主要有 2 齿、3 齿、4 齿）铣削。立铣刀周刃起主要切削作用，端刃起修光作用。

当台阶的加工尺寸及余量较大时，可采用分层铣削，如图 2-37 所示，即先分层粗铣掉大部分余量，并预留精加工余量，后精铣至最终尺寸。

铣床能加工的沟槽种类很多，如直槽、T 形槽、V 形槽、燕尾槽和键槽等，选择锯片铣刀可以用来切断工件。

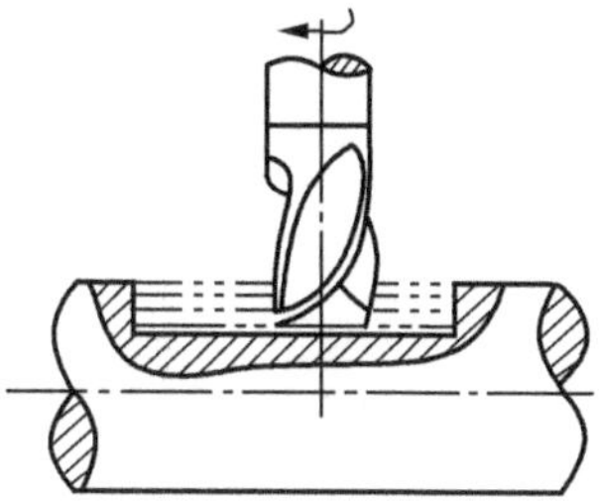

图 2-37 分层铣削法

2.6.2 铣削沟槽零件的方法

1．铣直槽、键槽

直槽分为通槽、半通槽和不通槽，如图 2-38 所示。较宽的通槽常用三面刃铣刀加工，较窄的通槽常用锯片铣刀加工，但在加工前，要先钻略小于铣刀直径的工艺孔。对于较长的不通槽也可先用三面刃铣刀铣削中间部分，再用立铣刀铣削两端圆弧。

键槽的加工与铣直槽一样，只是半圆键槽的加工须用半圆键槽铣刀来铣削，如图 2-39 所示。

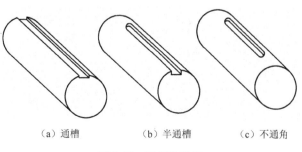

（a）通槽   （b）半通槽   （c）不通角

图 2-38 直槽的种类

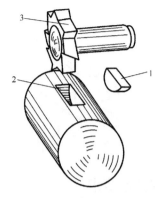

1—半圆键；2—半圆键槽；3—半圆键槽铣刀

图 2-39　半圆键槽的铣削

2．铣 T 形槽

铣 T 形槽通常先用三面刃铣刀铣出直槽，然后用 T 形槽铣刀加工底槽，加工步骤如图 2-40 所示。铣 T 形槽时，由于排屑、散热都比较困难，加之 T 形槽铣刀的颈部较小，容易折断，故不宜选用过大的铣削用量。

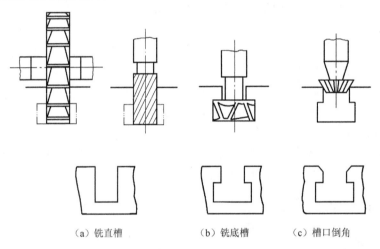

（a）铣直槽　　　　（b）铣底槽　　　　（c）槽口倒角

图 2-40　T 形槽的铣削方法

3．铣 V 形槽

生产中用得较多的是 90°V 形槽，加工时，通常先用锯片铣刀加工出窄槽，然后再用角度铣刀、立铣刀、三面刃铣刀等加工成 V 形槽。

（1）用角度铣刀铣 V 形槽。

根据 V 形槽的角度，选用相应的双角度铣刀，对刀时，将双角度铣刀的刀尖对准窄槽的中间，分次切割，就可以加工出所对应的 V 形槽，如图 2-41 所示。

（2）用立铣刀铣 V 形槽。

先将立铣头转过 V 形槽的半角，加工出 V 形槽的一面，然后，将工件调转，再加工 V 形槽的另一面，如图 2-42 所示。该方法主要适用于 V 形面较宽的场合。

（3）转动工件铣 V 形槽。

先将工件转过 V 形槽的半角固定。用三面刃铣刀或端铣刀加工出 V 形槽的一面，然后，转动工件，再加工工件 V 形槽的另一面，如图 2-43 所示。显然，三面刃铣刀的加工精度要比端铣刀好一些；而端铣刀加工的 V 形槽面要比三面刃铣刀加工的宽一些。

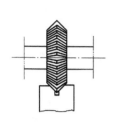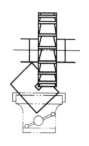

图 2-41　用角度铣刀铣 V 形槽　　图 2-42　转动立铣头铣 V 形槽　　图 2-43　转动工件铣 V 形槽

4．铣燕尾槽

燕尾槽的铣削与 T 形槽的铣削基本相同，先用立铣刀或端铣刀铣出直槽，再用燕尾槽铣刀铣燕尾槽或燕尾块，如图 2-44 所示。

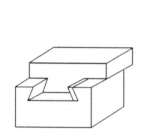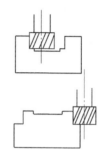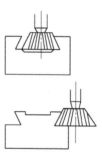

图 2-44　燕尾槽的铣削方法

2.6.3　扩刀铣削法

将选择好的键槽铣刀外径磨小 0.3～0.5 mm（磨出的圆柱度要好）。铣削时，在键槽的两端各留 0.5mm 余量，分层往复走刀铣至深度尺寸，然后测量槽宽，确定宽度余量，用符合键槽尺寸的铣刀由键槽的中心对称扩铣槽的两侧至尺寸，并同时铣至键槽的长度，扩刀铣削法如图 2-45 所示。铣削时注意保证键槽两端圆弧的圆度。这种铣削方法容易产生"让刀"现象，使槽侧产生斜度，所以应分层铣削至深度尺寸后再扩铣两侧。

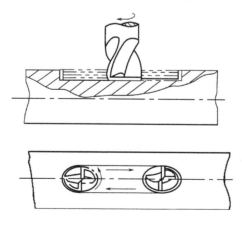

图 2-45　扩刀铣削法

任务实施

1. 在一体化教室或多媒体教室上课，教师在课堂上结合挂图，通过展示 PPT 课件、播放视频等手段辅助教学。

2. 教师讲解铣削不同沟槽零件的加工方法并演示锯片铣刀、半圆键槽铣刀、T 形槽铣刀、角度铣刀、燕尾槽铣刀等进行铣削沟槽零件的操作。

3. 学生小组成员之间共同研究、讨论、完成以下工作任务并做好记录。

（1）观察锯片铣刀、半圆键槽铣刀、T 形槽铣刀、角度铣刀、燕尾槽铣刀实物，找出它们的异同点；

（2）如何根据铣削不同沟槽零件的加工要求正确选择刀具种类；

（3）按照零件精度要求选择合适的量具进行检测；

（4）铣削加工沟槽零件时如何选择铣削速度、进给量、铣削深度参数；

（5）探讨使用锯片铣刀、半圆键槽铣刀、T 形槽铣刀、角度铣刀、燕尾槽铣刀五种方式铣削沟槽零件的方法；

（6）分析锯片铣刀、半圆键槽铣刀、T 形槽铣刀、角度铣刀、燕尾槽铣刀五种方式铣削沟槽零件表面粗糙度值的大小；

（7）如何识读压板零件图，分析、讨论并确定零件的加工方法；

（8）编写压板零件加工工艺，确定各工序加工余量。

4. 按照压板工艺卡进行加工，记录加工操作及要点，以及碰到的问题和解决措施。

在工作过程中，严格遵守安全操作，工作完成后，按照现场管理规范清理场地，归置物品，并按照环保规定处置废弃物。铣削加工完成后对压板进行检验，填写工作单，写出工作小结。

5. 小组代表上台阐述分组讨论结果及展示小组加工完成的压板零件。

6. 学生依据表 2-15 "学生综合能力评价标准表" 进行自评、互评。

7. 教师评价并对任务完成的情况进行总结。

 注意事项

1. 用 T 形槽铣刀铣削时，切削部分埋在工件内，切屑不易排出。应经常退出铣刀，清除切屑。

2. 用 T 形槽铣刀铣削时，切削热不易散发，易使铣刀产生退火而丧失切削能力，所以应充分浇注切削液。

3. 用 T 形槽铣刀铣削时，切削条件差，所以要采用较小的进给量和较低的切削速度。

 任务评价

教师对学生任务实施的完成情况进行检查，并对各项重要环节进行赋值评分，同时对学生综合能力进行评价，并将结果填入表 2-15 所示的评价标准表内。

表2-15　学生综合能力评价标准表

评价项目			考核评价要求	项目分值	自我评价	小组评价	教师评价
评价项目	专业能力60%	工作准备	（1）工具、刀具、量具的数量是否齐全； （2）材料、资料准备的是否适用，质量和数量如何； （3）工作周围环境布置是否合理、安全； （4）能否收集和归纳派工单信息并确定工作内容； （5）着装是否规范并符合职业要求； （6）小组成员分工是否明确、配合默契等方面	10			
		工作过程各个环节	（1）能否查阅相关资料，拟定铣削沟槽零件工艺步骤； （2）能否确定压板零件加工工艺路线，编制压板零件工艺卡，明确各工序加工余量； （3）能否根据不同的铣削加工要求正确选择刀具种类； （4）能否遵守劳动纪律，以积极的态度接受工作任务； （5）安全措施是否做到位	20			
		工作成果	（1）安装铣刀的方法是否正确； （2）采用锯片铣刀、半圆键槽铣刀、T形槽铣刀、角度铣刀、燕尾槽铣刀五种方式铣削沟槽操作是否正确； （3）铣削加工时铣削速度、进给量、铣削深度的选择是否合理； （4）是否能用铣床完成加工压板零件，达到图纸尺寸和表面粗糙度要求； （5）能否说出铣削压板零件加工工序，并说出工序特点； （6）能否清洁、整理设备和现场，按照环保规定处置废弃物	30			
	职业核心能力40%	信息收集能力	能否有效利用网络资源、技术手册等查找相关信息	10			
		交流沟通能力	（1）能否用自己的语言有条理地阐述所学知识； （2）是否积极参与小组讨论，运用专业术语与他人讨论、交流； （3）能否虚心接受他人意见，并及时改正	10			
		分析问题能力	（1）探讨使用锯片铣刀、半圆键槽铣刀、T形槽铣刀、角度铣刀、燕尾槽铣刀五种方式铣削沟槽零件的方法； （2）分析锯片铣刀、半圆键槽铣刀、T形槽铣刀、角度铣刀、燕尾槽铣刀五种方式铣削沟槽零件表面粗糙度值的大小	10			
		解决问题能力	（1）是否具备正确选择工具、量具、夹具的能力； （2）能否根据不同的铣削加工精度要求正确选择刀具种类； （3）能否根据不同加工精度要求正确选择铣削速度、进给量、铣削深度	10			
备注			小组成员应注意安全规程及其行业标准，本学习任务可以小组或个人形式完成	总分			
开始时间：			结束时间：				

课后练习

一、选择题

1. 端铣刀的主要几何角度不包括（　　　）。

    A．前角　　　　　　B．主偏角　　　　　　C．螺旋角　　　　　　D．后角

2. 刀具在切削过程中承受很大的（　　　），因此要求刀具切削部分材料具有足够的强度和韧性。

    A．切削力　　　　　B．切削抗力　　　　　C．冲击力　　　　　　D．振动

3. 硬质合金抗弯强度低、冲击韧性差，切削刃（　　　）刃磨得很锋利。

    A．可以　　　　　　B．容易　　　　　　　C．不易　　　　　　　D．不能

4. 选择好工件铣削的（　　　），对工件的铣削质量有很大影响。

    A．定位基准　　　　B．安装基准　　　　　C．加工基准　　　　　D．第一个面

5. 用端铣加工矩形工件垂直面时，不影响垂直度的因素为（　　　）。

    A．立铣头的"零位"不准　　　　　　　B．铣刀刃磨质量差

    C．铣床主轴轴线与工件基准面不垂直　　D．以上三种因素

6. 平面的技术要求主要是对（　　　）和表面粗糙度的要求。

    A．直线度　　　　　B．平面度　　　　　　C．对称度　　　　　　D．平行度

7. 铣刀刀刃作用在工件上的力在进给方向上的铣削分力与工件的进给方向相同时的铣削方式称为（　　　）。

    A．顺铣　　　　　　B．逆铣　　　　　　　C．对称铣削　　　　　D．非对称铣削

8. 端面铣削时，根据铣刀与工件之间的（　　　）不同，分为对称铣削和非对称铣削。

    A．相对位置　　　　B．偏心量　　　　　　C．运动方向　　　　　D．距离

9. 大多数台阶和沟槽要与其他零件相配合，所以对它们的尺寸精度（　　　），主要是配合尺寸公差。

    A．不作要求　　　　B．要求较低　　　　　C．作一般要求　　　　D．要求较高

10. 用立铣刀铣削穿通的封闭沟槽时，（　　　）。

    A．应用立铣刀垂直进给，铣透沟槽一端

    B．应用立铣刀加吃刀铣削

    C．应用钻头在沟槽长度线一端钻一落刀圆孔，再进行铣削

    D．每次进刀均由落刀孔的一端铣向另一端，并用顺铣扩孔

11. 在整个矩形工件的加工过程中，尽量采用同一基准面，这样可减少或避免（　　　）。

    A．装配误差　　　　B．累积误差　　　　　C．加工误差　　　　　D．定位误差

12. 在轴上铣键槽时，不论用哪一种夹具进行装夹，都必须将工件的轴线找正到与（　　　）一致。

    A．铣刀轴线　　　　B．机床轴线　　　　　C．进给方向　　　　　D．夹具轴线

13. 在立式铣床上用立铣刀加工 V 形槽时，当铣好一侧后应把（　　　），再铣另一侧。

    A．铣刀翻身　　　　　　　　　　　　　B．立铣头反向转动 α 角

    C．工件转过 $180°$　　　　　　　　　　D．工作台转过 $180°$

14. 铣削 T 形槽时，应（　　　）。

    A．先用立铣刀铣出槽底，再用 T 形槽铣刀铣出直角沟槽

    B. 直接用 T 形槽铣刀铣出直角沟槽和槽底

    C. 先用立铣刀铣出直角沟槽，再用 T 形槽铣刀铣出槽底

    D. 先用 T 形槽铣刀铣出直角沟槽，再用 T 形槽铣刀铣出槽底

15. 万能分度头主轴是空心的，两端均为（   ）内锥孔，前端用来安装顶尖或锥柄，后端用来安装交换齿轮心轴。

    A. 莫氏 2 号   B. 莫氏 3 号   C. 莫氏 4 号   D. 莫氏 5 号

16. 在万能分度头上装夹工件时，应先锁紧（   ）。

    A. 分度蜗杆   B. 分度手柄   C. 分度叉   D. 分度头主轴

17. 对大型的六角螺母及大而短的棱柱等多面体，可在（   ）上利用三爪自定心卡盘装夹进行加工。

    A. 万能分度头   B. 直接分度头   C. 简单分度头   D. 回转工作台

18. 特形沟槽质量分析发现尺寸公差超差，其原因不会是（   ）造成的。

    A. 铣刀尺寸不准，使 T 形槽宽度和燕尾槽宽度不准

    B. 工作台移动尺寸不准

    C. 切削液不够充分

    D. 铣 V 形槽时深度不准使槽口尺寸不准

19. 在铣床上单件加工外花键时，大都采用（   ）铣削。

    A. 立铣刀   B. 三面刃铣刀   C. 角度铣刀   D. 成形铣刀

20. 在铣床上锯断一块厚度为 20mm 的工件时，最好采用（   ）mm 的锯片铣刀（垫圈直径 d =40mm）。

    A. 63   B. 100   C. 80   D. 160

二、判断题

1. 台阶与零件其他表面的相对位置一般用游标卡尺、百分表或千分尺来测量。

    （   ）

2. 对零部件有关尺寸规定的允许变动范围，叫该尺寸的尺寸公差。 （   ）

3. 孔、轴公差带是由基本偏差与标准公差数值组成的。 （   ）

4. 在表面粗糙度符号中，轮廓算术平均偏差 Ra 的值越大，则零件表面的光滑程度越高。

    （   ）

5. 铣刀的旋转方向与工件进给方向相反时，称为顺铣。 （   ）

6. 端铣时，根据铣刀与工件之间的相对位置不同，分为对称铣削和不对称铣削两种方法。

    （   ）

7. 铣削过程中所选用的切削用量称为铣削用量，它包括铣削深度、每齿进给量和铣削速度。 （   ）

8. 在铣床上加工外花键，单件生产用一把三面刃铣刀铣削，成批生产时用两把三面刃铣刀组合铣削。 （   ）

9. 铣削带有斜面的工件，应先加工斜面，再加工其他平面。 （   ）

10. 平口虎钳钳口与工作台面不垂直或基准面与固定钳口未贴合均可造成工件垂直度超差。 （   ）

11. 根据夹具的应用范围，可将铣床夹具分为万能夹具和专用夹具。 （   ）

12. 铣刀切削部分常用材料应满足的基本要求是具有足够的硬度韧性和强度。 （   ）

13. W18Cr4V 是钨系高速钢，具有较好的综合性能，所以各种通用铣刀大都采用这种牌号的高速钢材料制造。 （ ）

14. 单件生产以大径定心的外花键时，在铣床上用通用铣刀加工；成批生产时用专用铣刀加工，也可用通用铣刀进行粗加工。 （ ）

15. 以大径定心的外花键，其宽度和大径是主要的配合尺寸，精度要求较高。 （ ）

16. 倾斜度大的斜面，一般采用度数来表示，它是指斜面与基准面之间夹角的度数。

（ ）

17. 根据台阶和沟槽的宽度尺寸精度和件数不同，可用游标卡尺、千分尺和塞规或卡规检验。 （ ）

18. 沟槽深度和长度一般用游标卡尺测量，精度要求高时用深度千分尺测量。 （ ）

19. 沟槽与零件其他表面的相对位置一般用游标卡尺、百分表或千分尺来测量。

（ ）

20. V 形槽的尺寸和 V 形槽的精度一般都用游标卡尺、万能角度尺及角度样板来检测。

（ ）

三、计算题

1. 在立式铣床上加工一条宽 6mm，深 5mm，长 46mm 的键槽，在铣削时若采用 $v=20$m/min，$f_z=0.03/z$，z 为铣刀齿数。试求：

（1）用什么铣刀加工？

（2）铣削时工作台移动的距离。

（3）主轴转速和进给速度各为多少？

2. 如图 2-46 所示是一个斜垫块，斜度为 1:20，小端尺寸 $h=10$mm，长 $L=70$mm，求大端尺寸 H?

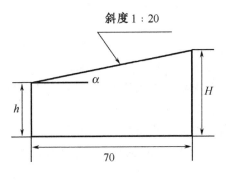

斜度 1:20

图 2-46　斜垫块

项目三

钳工操作训练

 学习目标

知识目标	了解钻床的名称、型号、主要组成部分及作用、使用方法，工件的装夹和刀具的安装方法，钻削工艺知识、刀具的刃磨及砂轮的使用方法。
能力目标	懂得一般零件的平面划线及简单铸件的立体划线，会锯、錾、锉、钻、绞、攻螺纹、套螺纹、刮研操作，会使用量具检测工件。
素质目标	培养学生分工协助、合作交流、解决问题的能力，形成自信、谦虚、勤奋、诚实的品质，学会观察、记忆、思维、想象，培养创造能力、创新意识，养成勤于动脑、探索问题的习惯。

 考证要求

技 能 要 求	相 关 知 识
1. 能进行一般零件的平面划线及简单铸件的立体划线，并能合理借料 2. 能进行锯、錾、锉、钻、绞、攻螺纹、套螺纹、刮研、铆接、粘接及简单弯形和矫正 3. 能制作燕尾块、半燕尾块及多角样板等，并按图样进行检测及精整 4. 能正确使用和刃磨工具钳工常用刀具	1. 一般零件的划线知识 2. 铸件划线及合理借料知识 3. 刮削及研磨知识 4. 铆接、粘接、弯形和矫正知识 5. 样板的制作知识 6. 刀具的刃磨及砂轮知识
能进行简单工具、量具、刀具、模具、夹具等工艺装备的组装、修整及调试	1. 机械装配基本知识 2. 简单工艺装备组装、修整、调试知识 3. 砂轮机、分度头等设备及工具的基本结构、工作原理和使用方法及维护知识 4. 起重设备的使用方法及其安全操作规程

学习任务 3.1 参观钳工实训场，认识钳工常用的设备和工具

 任务描述

现场认知钳工工作特点及基本操作内容，认识钳工常用的设备和工具，了解钻床的功用和分类、麻花钻的作用，以及安装麻花钻的方法，为学习钳工操作奠定良好的基础。

任务准备

实施本任务教学所使用的实训设备及工具材料可参考表 3-1 所示。

表 3-1　学习资源表

序 号	分 类	名　称	数 量
1	工具	扳手、铜棒、划针、锯弓、手锤等	1 套/组
2	量具	游标卡尺、高度尺、磁座百分表、螺旋千分尺、万能角度尺等	1 把/组
3	刀具	麻花钻头、丝攻、板牙、锉刀、整形锉刀等	各 1 把/组
4	设备	Z4116 台钻、摇臂钻床、立式钻床、虎钳、砂轮机等	各 1 台/组
5	资料	任务单、零件图、零件机械加工工艺卡、金属加工工艺手册、国家标准公差手册	1 套/组
6	材料	Q235 钢：45 mm ×70 mm ×20 mm	1 件/组
7	其他	工作服、工作帽等劳保用品、安全生产警示标识	1 套/人

任务分析

钳工工作有什么特点及基本操作内容，钻床有哪些主要部件和性能？为了让学生对钻床、砂轮机有初步的认识，首先介绍不同钻床加工的特点及应用的相关知识。

相关知识

3.1.1　钳工的加工特点

各种零件的孔加工，除去一部分由车、镗、铣等机床完成外，很大一部分是由钳工利用钻床和钻孔工具（钻头、扩孔钻、铰刀等）完成的。钳工加工孔的方法一般指钻孔、扩孔和铰孔。

3.1.2　钳工常用的设备

1. 钻床的功用和分类

钻床主要用于加工尺寸不太大，精度要求不很高的孔，主运动为刀具随主轴的转动；进给运动为刀具沿主轴轴线的运动。加工前调整好被加工工件孔的中心，使它对准刀具的旋转中心。加工过程中工件固定不动。

按 GB/T 15375—1994 的规定，钻床共分为摇臂钻床、台式钻床、立式钻床、卧式钻床、深孔钻床和中心孔钻床等八组二十八个系，而以摇臂钻床应用最为广泛。

2. 摇臂钻床

在一些大而重的工件上加工孔，人们希望工件固定不动，移动钻床主轴，使主轴对准被加工孔，因此就产生了摇臂钻床。如图 3-1 所

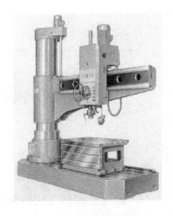

图 3-1　摇臂钻床

示。摇臂钻床的主轴箱可沿着摇臂的导轨横向调整位置，摇臂可沿外立柱的圆柱面上下调整位置。因此工作时，可以方便地调整主轴的位置，这时工件固定不动。摇臂钻床广泛地应用于单件和中、小批量生产中加工大、中型零件。

3. 立式钻床

立式钻床如图 3-2 所示，加工前须调整工件在工作台上的位置，使被加工孔中心线对准刀具的旋转中心，在加工过程中工件是固定不动的。加工时主轴既旋转又做轴向进给运动，同时由进给箱传来的运动通过小齿轮和主轴筒上的齿条，使主轴随着主轴套筒做轴向直线进给运动。进给箱和工作台的位置可沿立柱上的导轨上下调整，以适应加工不同高度的工件需要。

图 3-2　Z5032C 立式钻床

在立式钻床上，加工完一个孔后再加工另一个孔时，需移动工件。这对于大而重的工件，操作很不方便。因此，立式钻床仅适用于加工中、小型工件。

4. 台式钻床

台式钻床简称"台钻"，如图 3-3 所示，实质上是一种加工小孔的立式钻床。钻孔直径一般在 15mm 以下。由于加工的孔径很小，所以台钻的主轴转速往往较高，最高可达到每分钟几万转。台钻小巧灵活，使用方便，适于加工小型零件上的小孔，通常用手动进给。

（1）传动变速

操纵电器转换开关，能使电动机正、反转，启动或停止。电动机的旋转动力分别由装在电动机和头架上的五级 V 带轮（塔轮）和 V 带传给主轴。改变 V 带在两个塔轮五级轮槽的不同安装位置，可使主轴获得五级转速。

图 3-3　Z4116 台钻

钻孔时必须使主轴做顺时针方向转动（正转）。变速时必须先停车。松开螺钉可推动电动机前后移动，借以调节 V 带的松紧，调节后应将螺钉拧紧。主轴的进给运动（即钻头向下的直线运动），由手动操纵进给手柄控制。

（2）钻轴头架的升降调整

头架安装在主轴上，调整时先松开手柄，旋转摇把使头架升降到需要位置，然后再旋转手柄将其锁紧。

（3）钻头的装拆

① 直柄钻头用钻夹头直接夹持。先将钻头柄塞入钻夹三卡爪内，其夹持长度不能短于25mm，然后用钻夹钥匙旋转外套，做夹紧或放松动作。如图 3-4（a）所示。

② 锥柄钻头用柄部的莫氏锥体直接与钻床主轴连接。连接时先将锥柄擦干净，让矩形舌部的长度方向与主轴上的腰形孔中心线方向一致，利用加速度冲力一次装接。当钻头锥柄小于主轴锥孔时，可加过渡套来连接。如拆卸可用斜铁敲入套筒或钻床主轴的腰形孔内，用手锤敲击斜铁，使钻头与套筒或钻床主轴腰形孔分离。如图 3-4（b）所示。

  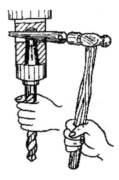

（a）装拆直柄钻头　　　　　　　　　　　　　　（b）装拆锥柄钻头

图 3-4　钻头的装拆

3.1.3　钳工常用的工具

1. 台虎钳

台虎钳又称虎钳，如图 3-5 所示，用于夹持工件的通用夹具。装置在工作台上，用以夹稳加工工件，为钳工车间必备工具。转盘式的钳体可旋转，使工件旋转到合适的工作位置。

台虎钳不仅是钳工必备工具，也是钳工名称由来的原因——钳工的大部分工作都是在台虎钳上完成的，比如锯，锉，錾，以及零件的装配和拆卸。台虎钳以钳口的宽度为标定规格，常见规格从 75mm 到 300mm。

图 3-5　台虎钳

台虎钳由钳体、底座、导螺母、丝杠、钳口体等组成。活动钳身通过导轨与台虎钳固定钳身的导轨做滑动配合。丝杠装在活动钳身上，可以旋转，但不能轴向移动，并与安装在固定钳身内的丝杠螺母配合。当摇动手柄使丝杠旋转，就可以带动活动钳身相对于固定钳身做轴向移动，起夹紧或放松的作用。弹簧借助挡圈和开口销固定在丝杠上，其作用是当放松丝杠时，可使活动钳身及时地退出。在固定钳身和活动钳身上，都装有钢制钳口，并用螺钉固定。钳口的工作面上制有交叉的网纹，使工件夹紧后不易产生滑动。钳口经过热处理淬硬，具有较好的耐磨性。固定钳身装在转座上，并能绕转座轴心线转动，当转到需要的方向时，扳动夹紧手柄使夹紧螺钉旋紧，便可在夹紧盘的作用下将固定钳身紧固。转座上有三个螺栓孔，用以与钳台固定。

2. 钻头

（1）麻花钻是钻孔的主要工具，它由切削部分、导向部分和柄部等组成，如图 3-6 所示。

（2）直径小于 12mm 时一般为直柄钻头，大于 12mm 时为锥柄钻头。锥柄麻花钻种类如图 3-7 所示。

麻花钻有两条对称的螺旋槽，用来形成切削刃，以及做输送切削液和排屑之用。前端的切削部分有两条对称的主切削刃，两刃之间的夹角 2φ 称为锋角。两个顶面的交线叫做横刃。导向部分上的两条刃带在切削时起导向作用，同时又能减小钻头与工件孔壁的摩擦。

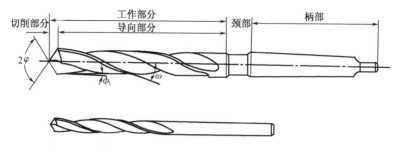

图 3-6　常用麻花钻

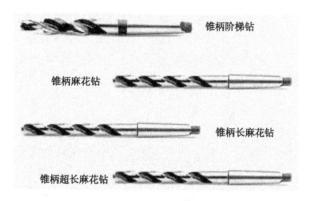

图 3-7　锥柄麻花钻种类

3. 丝锥和板牙

丝锥的外形及结构如图 3-8、图 3-9 所示，它是一段开了槽的外螺纹，由切削部分、标准部分和柄部组成。在钻床上攻丝时，柄部传递机床的扭矩，切削完毕钻床主轴须立即反转，用以退出丝锥。

图 3-8　丝锥

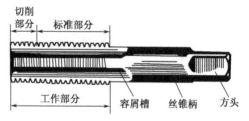

图 3-9　丝锥的结构

用板牙在圆杆表面上切出完整的螺纹，称为套丝。板牙的结构如图 3-10 所示，可任选一面套丝。

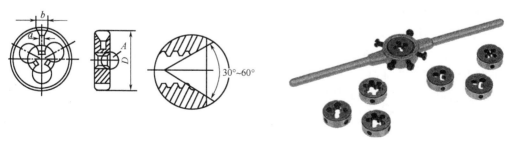

图 3-10　板牙

4. 高度游标卡尺

图 3-11　高度游标卡尺

高度游标卡尺如图 3-11 所示，由划针脚、附尺、主尺（钢直尺）、微调螺母、预紧螺钉、定紧螺钉和底座组成。其精度为 0.02mm，用于精密划线和测量高度。

使用方法：先预调到所需尺寸范围，然后轻轻锁紧预紧螺钉，再调整微调螺母至所需尺寸后锁紧定紧螺钉（注：在锁紧预紧螺钉和定紧螺钉时，一定要注意不要用力太大，以免两螺钉滑牙或扭断）。

划线时，注意底座面要贴紧划线平板平行移动，尺与工件要呈 35°～45° 角度左右，让划针脚尖对准工件划线，在移动底座的同时要让划针脚尖压紧工件划线表面。使用时，要注意保护划刀刃，并严禁在粗糙的表面上划线。

5. 锯弓

锯弓是用来安装和张紧锯条的工具，可分为固定式和可调式两种。

如图 3-12 所示为固定式锯弓，在手柄的一端有一个装锯条的固定夹头，在前端有一个装锯条的活动夹头。

如图 3-13 所示为可调式锯弓，与固定式锯弓相反，装锯条的固定夹头在前端，活动夹头在靠近捏手的一端。固定夹头和活动夹头上均有一个销，锯条就挂在两个销上。这两个夹头上均有方榫，分别套在弓架前端和后端的方孔导管内。旋紧靠近捏手的翼形螺母就可把锯条拉紧。需要在其他方向装锯条时，只需将固定夹头和活动夹头拆出，转动方榫再装入即可。

图 3-12　固定式锯弓

图 3-13　可调式锯弓

6. 锉刀

锉刀是一种表面上有许多细密刀齿、条形、用于锉光工件的手工工具。一般采用碳素钢经轧制、锻造、退火、磨削、剁齿和淬火等工序加工而成。锉刀用的是 t12 钢，经表面淬火后硬度达 62～64HRC。

锉刀的品种很多，分类如下。

① 按用途分有普通钳工锉，用于一般的锉削加工；木锉，用于锉削木材、皮革等软质材料；整形锉（什锦锉），如图 3-14 所示，用于锉削小而精细的金属零件，由许多各种断面形状的锉刀组成一套；刃磨木工锯用锉刀；专用锉刀，如锉修特殊形状的平形和弓形的异形锉（特种锉），有直形和弯形两种。

② 锉刀按剖面形状分有扁锉（平锉）、方锉、三角锉、半圆锉、圆锉、菱形锉和刀形锉等，如图 3-15 所示。平锉用来锉平面、外圆面和凸弧面；方锉用来锉方孔、长方孔和窄平面；三角锉用来锉内角、三角孔和平面；半圆锉用来锉凹弧面和平面；圆锉用来锉圆孔、半径较小的凹弧面和椭圆面。

扁平锉				
方锉				
三角锉				
半圆锉				
圆锉				

图 3-14　整形锉

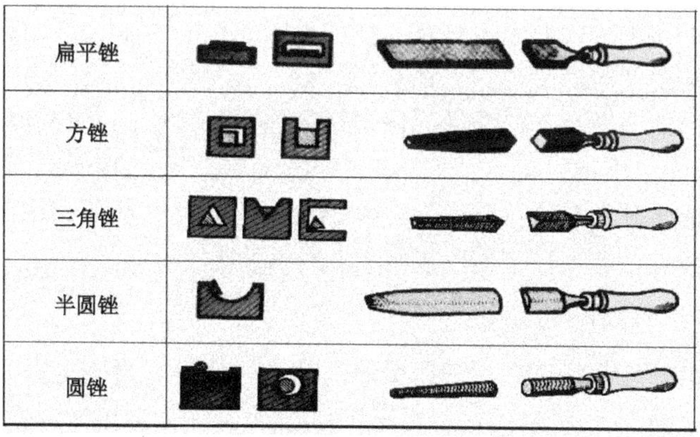

图 3-15　锉刀按剖面形状分类

③ 锉刀按锉纹形式分有单纹锉和双纹锉两种。单纹锉的刀齿对轴线倾斜成一个角度，适于加工软质的有色金属；双纹锉的主、副锉纹交叉排列，用于加工钢铁和有色金属。它能把宽的锉屑分成许多小段，使锉削比较轻快。

④ 锉刀按每 10mm 长度内主锉纹条数分为 Ⅰ～Ⅴ号，其中Ⅰ号为粗齿锉，Ⅱ号为中齿锉，Ⅲ号为细齿锉，Ⅳ号和Ⅴ号为油光锉，分别用于粗加工和精加工。

7. 砂轮机

砂轮机是用于刃磨各种刀具、工具的常用设备。其主要由基座、砂轮、电动机或其他动力源、托架、防护罩和给水器等组成，如图 3-16 所示。

砂轮设置于基座的顶面，基座内部具有供容置动力源的空间，动力源传动给减速器。减速器具有一个穿出基座顶面的传动轴供固接砂轮，基座对应砂轮的底部位

图 3-16　砂轮机

置具有一个凹陷的集水区，集水区向外延伸至流道。给水器置于砂轮一侧上方，其内都具有一个盛装水液的空间，对应砂轮的一侧具有一个出水口。砂轮机的整体传动机构十分精简完善，使研磨过程更加方便顺畅，并且提高了砂轮机的研磨效能。

砂轮较脆、转速很高，使用时应严格遵守安全操作规程。

3.1.4　现代钳工工具

随着科学技术发展的日新月异及新技术的广泛应用，钳工工具也已由手工工具向电动方向发展。目前，钳工常用电动工具主要有金属切削电动工具、研磨电动工具、装配电动工具和铁道用电动工具。

常见的电动工具有电钻、电动扳手、电动螺丝刀、电动砂轮机、电动超声波模具抛光机、电锤和冲击电钻、混凝土振动器及电动抛光机。

1. 电钻

电钻是钻孔用的电动工具，如图 3-17 所示。它是利用电能做动力的钻孔机，是电动工具中的常规产品。电钻工作原

图 3-17　电钻

理是电磁旋转式或电磁往复式小容量电动机的转子通过切割磁场做功运转，通过传动机构驱动作业装置，带动齿轮加大钻头的动力，从而使钻头刮削物体表面，更好地洞穿物体。目前电钻分锂电钻与交流电钻两种，锂电钻更加方便使用，而交流电钻在价格上要优越。电钻主要规格有 4mm、6mm、8mm、10mm、13mm、16mm、19mm、23mm、32mm、38mm、49mm 等，这些数字是指在抗拉强度为 390N/mm^2 的钢材上钻孔的钻头的最大直径。对有色金属、塑料等材料最大钻孔直径可比原规格大 30%～50%。

2．电动扳手

电动扳手就是以电源或电池为动力的扳手，是一种拧紧高强度螺栓的工具，又叫高强螺栓枪，如图 3-18 所示。它主要分为冲击扳手、扭剪扳手、定扭矩扳手、转角扳手、角向扳手。

电动扳手的特点：（1）使用寿命长；（2）手柄和机壳材料散热性好；（3）功率大；（4）耐撞击性强；（5）使用性价比最高。

电动扳手的传动机构由行星齿轮和滚珠螺旋槽冲击机构组成。规格有 M8、M12、M16、M20、M24、M30 等。

3．电动螺丝刀

电动螺丝刀是装有调节和限制扭矩的机构，采用牙嵌离合器传动机构或齿轮传动机构，用于拧紧和旋松螺钉的电动工具，如图 3-19 所示。规格有 M1、M2、M3、M4、M6 等。电动螺丝刀分为直杆式、手枪式、安装式三类。

图 3-18　电动扳手　　　　　图 3-19　电动螺丝刀

4．电动砂轮机

电动砂轮机是用砂轮或磨盘进行磨削的工具，包括直向电动砂轮机和电动角向磨光机，电动角向磨光机简称电动角磨机。

角磨机（angle grinder）如图 3-20 所示，又称研磨机或盘磨机，角磨机是一种利用玻璃钢进行切削和打磨的手提式电动工具，主要用于切割、研磨及刷磨金属与石材等。

电动角磨机利用高速旋转的薄片砂轮及橡胶砂轮、钢丝轮等对金属构件进行磨削、切削、除锈、磨光加工。角磨机作业时不可使用水，切割石材时必须使用引导板。对于配备了电子控制装置的机型，如果安装合适的附件，也可以进行研磨及抛光作业。

角磨机常见型号按照所使用的附件规格划分为 100 毫米（4 寸）、125 毫米（5 寸）、150 毫米（6 寸）、180 毫米（7 寸）及 230 毫米（9 寸）五种，欧美多使用的小规格角磨机为 115 毫米。

图 3-20　角磨机

5. 电动抛光机

电动抛光机由底座、抛光盘、抛光织物、抛光罩及盖等基本元件组成，如图 3-21 所示。电动机固定在底座上，固定抛光盘用的锥套通过螺钉与电动机轴相连。抛光织物通过套圈紧固在抛光盘上，电动机通过底座上的开关接通电源启动后，便可用手对试样施加压力在转动的抛光机上进行抛光。抛光过程中加入的抛光液可通过固定在底座上的塑料盘中的

图 3-21　电动抛光机

排水管流入置于抛光机旁的方盘内。抛光罩及盖可防止灰土及其他杂物在机器不使用时落在抛光织物上而影响使用效果。

6. 电动超声波模具抛光机

电动超声波模具抛光机（又称超声波模具抛光机、超音波研磨机、电子打光机，英文为Ultrasonic Mould Polisher），如图 3-22 所示，诞生于 20 世纪 80 年代末，最早起源于德国和日本，其随着现代工业的不断发展，超声波模具抛光机已成为模具制造领域不可缺少的重要抛光工具之一，超声波模具抛光技术得到了广泛地应用。

超声波模具抛光机抛光的过程其实是一个由电能转换成机械能的过程，主要由超声波主机控制器将超声波电信号经功率放大器处理后输出到超声波换能器工作手柄上，超声波换能器工作手柄再将超声波电信号转换成一个 20kHz 以上的高能高速机械振动，最后经手柄前端的变幅杆传递到工具头的末端，并带动工具头上的研磨材料悬浮液以每秒 20000 次以上的速度高

图 3-22　电动超声波模具抛光机

速冲击被抛光工件的表面，从而快速达到镜面效果。

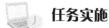

任务实施

1．在教师的带领下，参观机械装配车间和钳工实训场。认知职业场所，感知企业生产环境和生产流程，教师现场讲解车间的安全生产要求、规章制度和钳工技术发展趋势等。了解各种不同类型的钻床、砂轮机的名称和作用。

2．教师现场讲解钻床结构与麻花钻头的安装要领，展示钻床附件、麻花钻头、丝锥、锯弓、锉刀、板牙，演示钻削加工操作。

3．安排到一体化教室或多媒体教室上课，教师在课堂上结合 PPT 课件、微课、视频等讲述钳工加工的特点及应用的基本知识。

4．学生小组成员之间共同研究、讨论、完成以下工作任务并做好记录。

（1）钻床各部分的名称和用途；

（2）常用麻花钻头、丝锥、锉刀、板牙的种类及用途；

（3）钻头的安装步骤；

（4）探讨使用台虎钳装夹工件的方法；

（5）分析根据不同的钻孔加工要求正确选择合适的麻花钻；

（6）分析使用丝锥和板牙进行攻丝的异同点；

（7）探讨使用砂轮机磨削麻花钻的方法。

5．小组代表上台阐述讨论结果。

6. 学生依据表3-2"学生综合能力评价标准表"进行自评、互评。

7. 教师评价并对任务完成的情况进行总结。

 任务评价

教师对学生任务实施的完成情况进行检查，并对各项重要环节进行赋值评分，同时对学生综合能力进行评价，并将结果填入表3-2所示的评价标准表内。

表3-2 学生综合能力评价标准表

			考核评价要求	项目分值	自我评价	小组评价	教师评价
评价项目	专业能力60%	工作准备	（1）工具、刀具、量具的数量是否齐全； （2）材料、资料准备的是否适用，质量和数量如何； （3）工作周围环境布置是否合理、安全； （4）能否收集和归纳派工单信息并确定工作内容； （5）着装是否规范并符合职业要求； （6）小组成员分工是否明确、配合默契等方面	10			
		工作过程各个环节	（1）能否查阅相关资料，识别区分摇臂钻床、台式钻床、立式钻床、卧式钻床、深孔钻床类型； （2）能否说明钻削加工的特点； （3）是否认识钻床的常用附件及刀具； （4）能否遵守劳动纪律，以积极的态度接受工作任务； （5）安全措施是否做到位	20			
		工作成果	（1）是否能正确说明钻床的功用和分类； （2）能否说出钻床的加工工序，并说出工序特点； （3）钻头的装拆方法是否正确； （4）能否说出麻花钻各部分的名称； （5）能否清洁、整理设备和现场达到5S要求等	30			
	职业核心能力40%	信息收集能力	能否有效利用网络资源、技术手册等查找相关信息	10			
		交流沟通能力	（1）能否用自己的语言有条理地阐述所学知识； （2）是否积极参与小组讨论，运用专业术语与他人讨论、交流； （3）能否虚心接受他人意见，并及时改正	10			
		分析问题能力	（1）探讨使用砂轮机磨削麻花钻方法； （2）分析使用丝锥和板牙进行攻丝的异同点	10			
		解决问题能力	（1）是否具有正确选择工具、量具、夹具的能力； （2）能否根据不同的钻孔加工要求正确选择合适的麻花钻； （3）能否根据不同工件要求使用高度游标卡尺进行划线	10			
备注	小组成员应注意安全规程及其行业标准，本学习任务可以小组或个人形式完成			总分			
开始时间：		结束时间：					

学习任务 3.2 学习钻床、砂轮机安全操作知识

任务描述

钻床在加工时，钻头做高速旋转运动，具有一定的危险性，为了保障学生的人身安全，在开钻床前必须熟悉机床的结构、性能及传动系统、电气等基本知识和使用维护方法，操作者必须经过考核合格后，方可进行操作。

实施本任务教学所使用的实训设备及工具材料可参见表 3-3 所示。

 任务准备

表 3-3　学习资源表

序　号	分　类	名　称	数　量
1	工具	扳手等	1 套/组
2	量具	游标卡尺、高度尺等	1 把/组
3	刀具	麻花钻头、丝攻、板牙、錾子等	各 1 把/组
4	设备	Z4116 台钻、摇臂钻床、立式钻床、虎钳、砂轮机等	各 1 台/组
5	资料	任务单、钻床、砂轮机等设备安全操作规程、企业规章制度	1 套/组
6	其他	工作服、工作帽等劳保用品、安全生产警示标识	1 套/人

 任务分析

通过学习前面的知识，我们在了解了各种不同类型的钻床及附件等设备的特点后，还应通过学习钻床安全操作规程及企业规章制度，掌握钻床安全操作要求。

 相关知识

3.2.1 钳工安全操作要求

1. 穿好工作服，戴好安全帽。长发者必须将长发塞入帽中。

2. 工具安放应整齐，取用方便。不用时，应整齐地收藏于工具箱内，以防止损坏。量具应单独放置和收藏，不要与工件或工具混放，以保持精确度。

3. 钳桌周围工作场地必须保持清洁，毛坯和成品应分开并依次排列整齐，尽可能放在安全和拿取方便的地方。图样、工艺卡片应放在便于阅读的地方，并注意保持清洁和完整。

4. 要经常检查所用的工具是否有损坏，发现有损坏不得使用，须修好后再用。

5. 锤子的木柄要安装牢靠，不能松动或损坏，防止锤头脱落时飞出伤人。

6. 用台虎钳装夹工件时，要注意夹牢，手柄要靠端头。

7. 錾削时要注意控制切屑的飞溅方向，以免伤人。

8. 锉屑不得用嘴吹、手抹，应用刷子清扫。

9. 用锯弓锯工件时，锯条应安装得松紧适当。锯削时不可突然用力过猛，以防锯条折断后崩出伤人。

10. 操作钻床时，严禁在开机状态下装卸工件和检验工件。变换主轴转速时，必须在停机

状态下进行。钻床停机时，应让其主轴自然停止，不可用手去刹住。

11. 钻孔时，不得用手接触主轴和钻头，不得戴手套操作，防止衣袖、头发被卷入。

12. 用砂轮机工作时，工作前应先检查砂轮机的罩壳和托架是否稳固，砂轮是否有裂缝。

13. 工作完毕后，所用设备和工具都要按要求进行清理和涂油，工作场地要清扫干净，铁屑、垃圾等要倒在指定位置。

3.2.2 砂轮机安全操作要求

1. 砂轮机的旋转方向要正确，只能使磨屑向下飞离砂轮。

2. 砂轮机启动后，应在砂轮机旋转平稳后再进行磨削。若砂轮机跳动明显，应及时停机修整。

3. 砂轮机托架和砂轮之间应保持 3mm 的距离，以防工件扎入造成事故。

4. 磨削时应站在砂轮机的侧面，且用力不宜过大。

5. 根据砂轮使用说明书，选择与砂轮机主轴转数相符合的砂轮。

6. 新领的砂轮要有出厂合格证，或检查试验标志。安装前如发现砂轮的质量、硬度、粒度和外观有裂缝等缺陷时，不能使用。

7. 安装砂轮时，砂轮的内孔与主轴配合的间隙不宜太紧，应按松动配合的技术要求，一般控制在 0.05～0.10mm。

8. 砂轮两面要装有法兰盘，其直径不得少于砂轮直径的三分之一，砂轮与法兰盘之间应垫好衬垫。

9. 拧紧螺帽时，要用专用的扳手，不能拧得太紧，严禁用硬的东西锤敲，防止砂轮受击碎裂。

10. 砂轮装好后，要装防护罩、挡板和托架。挡板和托架与砂轮之间的间隙，应保持在 1～3mm，并要略低于砂轮的中心。

11. 新装砂轮启动时，不要过急，先点动检查，经过 5～10 分钟试转后，才能使用。

12. 初磨时不能用力过猛，以免砂轮受力不均而发生事故。

13. 禁止磨削紫铜、铅、木头等工件，以防砂轮嵌塞。

14. 磨刀时，人应站在砂轮机的侧面，不准两人同时在一块砂轮上磨刀。

15. 磨刀时间较长的刀具，应及时进行冷却，防止烫手。

16. 经常修整砂轮表面的平衡度，保持良好的状态。

17. 磨刀人员应戴好防护眼镜。

18. 吸尘机必须完好有效，如发现故障，应及时修复，并应停止磨刀。

 任务实施

1. 在教师的带领下，参观机械加工车间和金工实训场。教师现场讲解企业规章制度及安全生产知识。

2. 安排到一体化教室或多媒体教室上课，教师在课堂上结合 PPT 课件、微课、视频等讲述各类钻床的设备安全操作规程内容。

3. 学生小组成员之间共同讨论并做好记录。

（1）钳工安全操作规程要点；

（2）砂轮机安全操作规程要点；

（3）摇臂钻床安全操作规程要点；

（4）立式钻床安全操作规程要点；

（5）台式钻床安全操作规程要点；

（6）探讨钻削加工时碰到什么异常情况时，应立即停车，排除故障；

（7）分析安装砂轮前如何判断砂轮的质量、硬度、粒度和外观是否有裂缝等缺陷。

4. 小组代表上台阐述讨论结果。

5. 学生依据表 3-4 "学生综合能力评价标准表"进行自评、互评。

6. 教师评价并对任务完成的情况进行总结。

任务评价

教师对学生任务实施的完成情况进行检查，并对各项重要环节进行赋值评分，同时对学生综合能力进行评价，并将结果填入表 3-4 所示的评价标准表内。

表 3-4　学生综合能力评价标准表

			考核评价要求	项目分值	自我评价	小组评价	教师评价
评价项目	专业能力 60%	工作准备	（1）工具、刀具、量具的数量是否齐全； （2）材料、资料准备的是否适用，质量和数量如何； （3）工作周围环境布置是否合理、安全； （4）能否收集和归纳派工单信息并确定工作内容； （5）着装是否规范并符合职业要求； （6）小组成员分工是否明确、配合默契等方面	10			
		工作过程各个环节	（1）能否查阅相关资料，识别区分摇臂钻床、台式钻床、立式钻床、卧式钻床、深孔钻床的类型； （2）安全措施是否做到位； （3）是否清楚用锯弓锯工件时，调整锯条松紧适当； （4）能否遵守劳动纪律，以积极的态度接受工作任务	20			
		工作成果	（1）是否能正确说明摇臂钻床安全操作规程要点； （2）是否能正确说明台式钻床安全操作规程要点； （3）是否能正确说明立式钻床安全操作规程要点； （4）是否能正确说明砂轮机安全操作规程要点； （5）是否懂得在安装砂轮时，调整砂轮的内孔与主轴配合的间隙； （6）能否清洁、整理设备和现场达到 5S 要求等	30			
评价项目	职业核心能力 40%	信息收集能力	能否有效利用网络资源、技术手册等查找相关信息	10			
		交流沟通能力	（1）能否用自己的语言有条理地阐述所学知识； （2）是否积极参与小组讨论，运用专业术语与他人讨论、交流； （3）能否虚心接受他人意见，并及时改正	10			
		分析问题能力	（1）探讨钻削加工时碰到什么异常情况时，应立即停车，排除故障； （2）分析安装砂轮前如何判断砂轮的质量、硬度、粒度和外观是否有裂缝等缺陷	10			
		解决问题能力	（1）能否在拆、装钻头时，懂得正确选用适当的工具； （2）能否根据钻削加工工件要求正确选择夹具	10			
备注	小组成员应注意安全规程及其行业标准，本学习任务可以小组或个人形式完成			总分			
开始时间：			结束时间：				

学习任务 3.3 零件的划线——凹模

任务描述

　　划线是钳工操作最重要的一个环节，划线的质量直接影响到零件的精度和质量，所以同学们一定要掌握好划线的基本知识。本任务是要正确理解平面划线和立体划线操作在零件加工过程中的作用及要求；正确选择平面划线基准和立体划线基准。采用划线工具按照如图 3-23 所示凹模零件图纸要求进行平面划线，正确使用样冲在线条上冲眼。

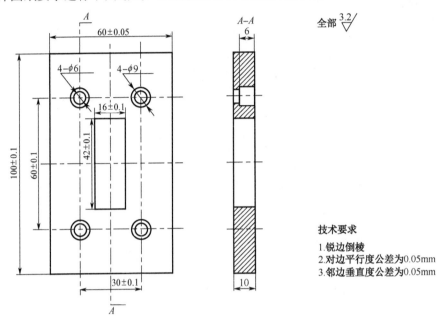

图 3-23　凹模零件图

任务准备

　　实施本任务教学所使用的实训设备及工具材料可参考表 3-5 所示。

表 3-5　学习资源表

序　号	分　类	名　　称	数　量
1	工具	扳手、铜棒、划针、划规、样冲、锉刀等	1 套/组
2	量具	游标卡尺、高度尺、螺旋千分尺、万能角度尺等	1 把/组
3	设备	平板、方箱、虎钳、千斤顶等	各 1 台/组
4	资料	任务单、零件图、零件机械加工工艺卡、金属加工工艺手册、国家标准公差手册	1 套/组
5	材料	T10A 钢：15 mm×65 mm×105 mm、淡金水	1 件/组
6	其他	工作服、工作帽等劳保用品、安全生产警示标识	1 套/人

任务分析

　　在学习本任务时应了解划线工具的特点，弄懂哪些是平面划线基准、哪些是立体划线基准，并能正确选择平面划线基准和立体划线基准，合理运用划线工具完成工件的平面划线和立体划线任务。

 相关知识

根据图样和技术要求，在毛坯或半成品上用划线工具画出加工界线，或画出作为基准的点、线的操作过程称为划线。

3.3.1 划线的作用

1. 确定工件加工表面的加工余量和位置。
2. 检查毛坯的形状、尺寸是否合乎图纸要求。
3. 合理分配各加工面的余量。
4. 在毛坯误差不太大时，可依靠划线的借料法予以补救，使零件加工表面仍符合要求。

3.3.2 划线的种类

1. 平面划线：在工件的一个表面上划线的方法称为平面划线。
2. 立体划线：在工件的几个表面上划线的方法称为立体划线。

3.3.3 划线工具

1. 基准工具：（1）划线平板；（2）划线方箱。
2. 测量工具：（1）高度游标卡尺；（2）钢直尺；（3）直角尺。

钢直尺：是一种简单的尺寸量具。在尺面上刻有尺寸刻线，最小刻线距为 0.5mm，它的长度规格有 150mm、300mm、1000mm 等多种。主要用来量取尺寸、测量工件、也可做划直线时的导向工具，如图 3-24 所示。

3. 划线工具：（1）划针（图 3-25）；（2）划规；（3）划卡；（4）划线盘；（5）样冲等。各种划线工具如图 3-26 所示。

划针：是钳工用来在工件表面划线条的，如图 3-25 所示，常与钢直尺、90°角尺或划线样板等导向工具一起使用。常用弹簧钢丝或高速钢制成的，直径一般为 3～5mm，尖端磨成 10°～20° 的尖角，并经热处理淬火使之硬化。有的划针在尖端部位焊有硬质合金，耐磨性更好。

操作要领：对铸铁毛坯划线时，应使用焊有硬质合金的划针尖，以便保持长期锋利，其线条宽度应在 0.1～0.15mm 范围内。

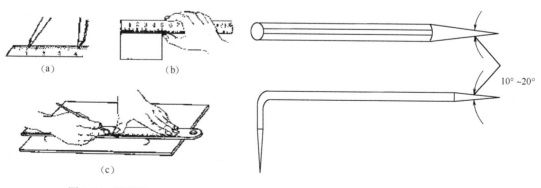

(a)

(b)

(c)

10° ~20°

图 3-24　钢直尺　　　　　　　　　　　图 3-25　划针

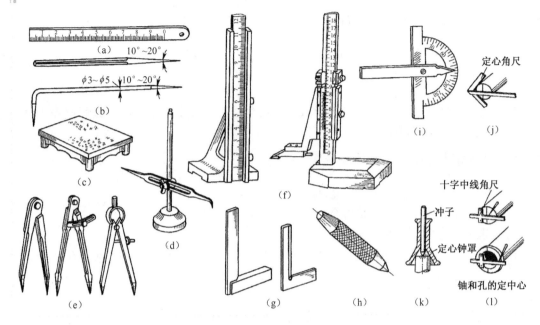

（a）钢直尺；（b）划针；（c）平板；（d）划线盘；（e）划规；（f）高度游标卡尺；（g）90°角尺；（h）样冲；

（i）角度尺；（j）定心角尺；（k）定心钟罩；（l）十字中线角尺

图 3-26　划线工具

平时不使用时应将划针放入笔套，保持划针尖的锐利。划线时划针要紧贴导向工具。划线要尽量一次划成。

4. 夹持工具：（1）V 形铁；（2）千斤顶。

3.3.4　划线的要求

划线的要求：线条清晰匀称，定形、定位尺寸准确。

由于划线的线条有一定宽度，一般要求精度达到 0.25～0.5mm。应当注意，工件的加工精度不能完全由划线来确定，而应该在加工过程中通过测量来保证。

3.3.5　划线的方法及步骤

1. 划线前零件图样分析

根据图纸要求划出零件的加工界限。图样是划线的依据，划线前必须对图样进行仔细分析，才能确定正确的划线工艺。

图样分析方法和步骤如下。

（1）看标题栏。

通过分析图样的标题栏了解零件的名称、比列、材料等，初步了解零件的用途、性质及大致的大小等。

（2）分析视图。

分析视图是对图样进行分析的关键，其目的是要弄清各视图之间的投影配置关系，明确各视图的表达重点。

（3）分析形态。

根据对各视图的分析，想象零件的形状，明确组成零件的各基本简单形状之间的连接关系及一些细小结构，在脑海里想象形成一个完整的零件结构。

（4）分析尺寸。

结合对零件视图和零件的形态分析，找出零件长、宽、高三个方向上的尺寸基准，零件形体的定影、定位尺寸及尺寸偏差。

（5）了解技术要求。

根据图内、图外的文字和符号了解零件的表面粗糙度、公差、热处理等方面的要求。

（6）零件加工工艺的分析。

根据以上零件图样的分析，初步确定零件的基本加工工艺。

2. 划线基准的确定

划线时零件上用来确定其他点、线、面位置的点、线、面称为划线基准。划线基准的确定应遵循以下几点。

（1）根据划线的类型确定基准的个数，在保证划线正常进行的情况下尽量减少基准的个数。

（2）划线时选择的划线基准尽量与设计基准相一致，以减少由于基准不重合产生的基准不重合误差，同时也能方便划线尺寸的确定。

（3）在毛坯上划线时应以已加工表面为划线基准。

（4）确定划线基准时还应考虑零件放置的合理性，当零件的设计基准面不利于零件的放置时，为了保证划线的安全顺利进行，一般选择较大和平直的面作为划线的基准。

（5）划线基准的确定在保证划线质量的同时，还要考虑划线效率的提高。

3. 划线尺寸的计算

划线尺寸的计算是指根据图样要求和划线内容计算出所需划线内容的坐标尺寸。

4. 划线前的准备工作

（1）工件的清理及检查。

（2）工件的涂色。

（3）在工件孔中心装配中心块。

5. 划线步骤

（1）平面划线步骤。

① 研究图纸，确定划线基准，详细了解需要划线的部位，这些部位的作用和需求，以及有关的加工工艺。

② 初步检查毛坯的误差情况，去除不合格毛坯。

③ 工件表面涂色（淡金水）。

④ 正确安放工件和选用划线工具。

⑤ 划线。在用钢直尺和划针划连接两点的直线时，应先用划针和钢直尺定好一点的划线位置，然后调整钢直尺使之与前一点的划线位置对准，再划出两点的连接直线；划线时针尖要紧靠导向工具的边缘，上部向外侧倾斜 15°～20°，向划线移动方向倾斜约 45°～75°，如图 3-27 所示。针尖要保持尖锐，划线要尽量做到一次划成，使划出的线条既清晰又准确。不用时，最好套上塑料管使针尖不外露。

⑥ 详细检查划线的精度以及线条有无漏划。

⑦ 在线条上打样冲眼，如图 3-28 所示。

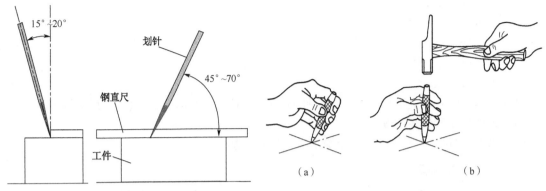

图 3-27　用钢直尺和划针划线方法

图 3-28　打样冲眼

（2）立体划线步骤。

　　立体划线是平面划线的复合运动，与平面划线有许多相同之处，不同之处就是在两个以上有相互关系的面上划线。立体划线的方法及操作如图 3-29、图 3-30 所示。

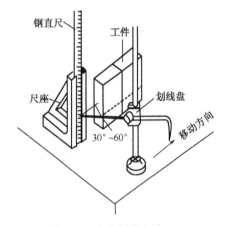

图 3-29　立体划线方法

图 3-30　立体划线操作

　　如划线基准一旦确定，后面的划线步骤与平面划线大致相同。

　　常用有两种立体划线的方法，一种是工件固定不动（大型工件），另一种是工件翻转移动（中小型工件）。对中小型工件，还可利用方箱划线，这样可兼得两种划线方法的优点。

 任务实施

　　1. 在一体化教室或多媒体教室上课，教师在课堂上结合挂图，通过展示 PPT 课件、播放视频、微课等手段辅助教学。

　　2. 教师讲解平面划线基准和立体划线基准的选择方法，演示使用划线工具完成工件的平面划线和立体划线操作。

　　3. 学生小组成员之间共同研究、讨论、完成以下工作任务并做好记录。

　　（1）如何根据不同工件要求选择平面划线基准和立体划线基准；

　　（2）如何根据不同工件要求计算出所需划线内容的坐标尺寸；

　　（3）划线的作用和分类。

　　4. 按照凹模图纸要求进行划线，记录加工操作及要点，以及碰到的问题和解决措施。

（1）对工件毛坯料进行倒棱、四角用锉刀锉成圆角；

（2）使用各种划线工具，在凹模零件上按图纸要求进行划线；

（3）对照凹模零件图检查划线图形、尺寸确认无误后用样冲打冲眼。

在工作过程中，严格遵守安全操作规程，工作完成后，按照现场管理规范清理场地，归置物品，并按照环保规定处置废弃物。划线完成后，填写工作单，写出工作小结。

5. 小组代表上台阐述分组讨论结果及展示小组划线完成的凹模零件。

6. 学生依据表 3-6 "学生综合能力评价标准表"进行自评、互评。

7. 教师评价并对任务完成的情况进行总结。

 注意事项

划线要领

1. 看懂图样，了解零件的作用，分析零件的加工顺序和加工方法。

2. 工件夹持或支承要稳妥，以防滑倒或移动。

3. 在一次支承中应将要画出的平行线全部画全，以免再次支承补画，造成误差。

4. 正确使用划线工具，画出的线条要准确、清晰。

5. 划线完成后，要反复核对尺寸，才能进行机械加工。

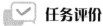 **任务评价**

教师对学生任务实施的完成情况进行检查，并对各项重要环节进行赋值评分，同时对学生综合能力进行评价，并将结果填入表 3-6 所示的评价标准表内。

表 3-6 学生综合能力评价标准表

			考核评价要求	项目分值	自我评价	小组评价	教师评价
评价项目	专业能力 60%	工作准备	（1）工具、量具的数量是否齐全； （2）材料、资料准备的是否适用，质量和数量如何； （3）工作周围环境布置是否合理、安全； （4）能否收集和归纳派工单信息并确定工作内容； （5）着装是否规范并符合职业要求； （6）小组成员分工是否明确、配合默契等方面	10			
		工作过程各个环节	（1）能否查阅相关资料，拟定零件划线的工艺步骤； （2）能否说明划线基准的确定原则； （3）能否根据不同的零件要求正确选择划线工具； （4）能否遵守劳动纪律，以积极的态度接受工作任务； （5）工具摆放整齐合理	20			
		工作成果	（1）是否能正确说明划线的作用和分类； （2）平面划线和立体划线操作是否正确； （3）编制的零件划线的工艺步骤是否正确； （4）凹模零件划线加工后是否能达到图纸要求； （5）能否清洁、整理设备和现场达到 5S 要求等	30			

续表

评价项目		考核评价要求		项目分值	自我评价	小组评价	教师评价
评价项目	职业核心能力 40%	信息收集能力	能否有效利用网络资源、技术手册等查找相关信息	10			
		交流沟通能力	（1）能否用自己的语言有条理地阐述所学知识； （2）是否积极参与小组讨论，运用专业术语与他人讨论、交流； （3）能否虚心接受他人意见，并及时改正	10			
		分析问题能力	（1）探讨平面划线和立体划线基准选择的方法； （2）分析根据图样要求计算所需划线内容的坐标尺寸	10			
		解决问题能力	（1）是否具备正确选择工具、量具、夹具的能力； （2）能否根据不同工件要求选择平面划线基准和立体划线基准； （3）能否根据不同工件要求计算出所需划线内容的坐标尺寸	10			
备注	小组成员应注意安全规程及其行业标准，本学习任务可以小组或个人形式完成			总分			
开始时间：			结束时间：				

学习任务 3.4　锉削平面零件——四方块

 任务描述

　　了解锉刀结构及零件表面锉削成形过程，区分不同种类的锉刀及其使用场合，根据加工工件的要求正确选用锉刀，在锉削时正确装夹工件，结合顺向锉法、交叉锉法、推锉法三种方式锉削平面零件的操作，体会其对加工效率和质量的影响，学会锉削平面零件的三种方法。按照如图 3-31 所示四方块（材料：Q235 钢）零件图纸要求进行锉削加工，加工后的零件达到图纸尺寸和表面粗糙度要求。

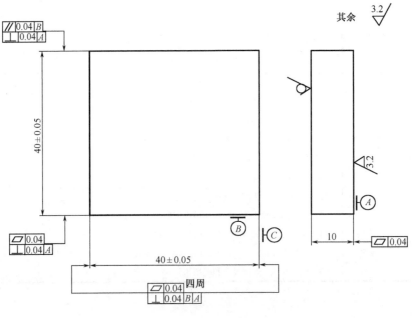

图 3-31　四方块零件图

任务准备

实施本任务教学所使用的实训设备及工具材料可参见表 3-7 所示。

表 3-7　学习资源表

序　号	分　类	名　　称	数　量
1	工具	扳手、铜棒等	1 套/组
2	量具	游标卡尺、高度尺、螺旋千分尺、万能角度尺、刀口直尺等	1 把/组
3	刀具	锉刀、整形锉刀等	各 1 把/组
4	设备	虎钳、砂轮机等	各 1 台/组
5	材料	Q235 钢：45mm×45mm×10mm 四方毛坯料	1 块/组
6	资料	任务单、砂轮机等设备安全操作规程、企业规章制度	1 套/组
7	其他	工作服、工作帽等劳保用品、安全生产警示标识	1 套/人

 任务分析

在学习本任务时应熟悉锉刀结构及零件表面锉削成形过程，弄懂不同种类的锉刀及其使用场合，根据加工零件的要求正确选用锉刀，在锉削前正确装夹工件，理解顺向锉法、交叉锉法、推锉法三种方式锉削操作要领，最后掌握锉削平面零件的三种方法。

 相关知识

用锉刀对工件表面进行切削加工，使它达到零件图纸要求的形状、尺寸和表面粗糙度，这种加工方法称为锉削。锉削加工简便，工作范围广，多用于錾削、锯削之后。锉削可对工件上的平面、曲面、内外圆弧、沟槽及其他复杂表面进行加工，锉削的最高精度可达 IT8～IT7，表面粗糙度可达 Ra1.6～0.8μm。可用于成形样板、模具型腔，以及部件、机器装配时的工件修整，是钳工主要操作方法之一。

3.4.1　锉刀的选用

合理选用锉刀，对保证加工质量、提高工作效率和延长锉刀使用寿命有很大的影响。一般选择锉刀的原则如下。

（1）根据工件形状和加工面的大小选择锉刀的形状和规格。

（2）根据加工材料软硬、加工余量、精度和表面粗糙度的要求选择锉刀的粗细。粗锉刀的齿距大，不易堵塞，适宜于粗加工（即加工余量大、精度等级和表面质量要求低的工件）及铜、铝等软金属的锉削；细锉刀适宜于钢、铸铁及表面质量要求高的工件的锉削；油光锉只用来修光已加工表面，锉刀越细，锉出的工件表面越光，但生产率越低。

3.4.2　锉削操作

1. 工件装夹

工件必须牢固地夹在虎钳钳口的中部，需锉削的表面略高于钳口，不能高得太多，夹持已加工表面时，应在钳口与工件之间垫以铜片或铝片，如图 3-32 所示。

图 3-32　锉削操作时的工件装夹

2. 锉刀的握法

锉刀的握法如图 3-33 所示，右手心抵着锉刀木柄的端头，大拇指放在锉刀木柄的上面，其余四指弯在木柄的下面，配合大拇指捏住木柄，左手则根据锉刀的大小和用力的轻重，可有多种姿势。

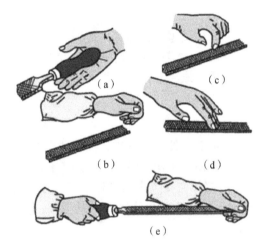

图 3-33　锉刀的握法

3. 锉削的姿势与操作方法

锉削时人站立的位置与錾削相似，锉削时要充分利用锉刀的全长，用全部锉齿进行工作。如图 3-34 所示，开始时身体要向前倾斜 10° 左右，右肘尽可能收缩到后方。最初三分之一行程时，身体逐渐前倾到 15° 左右，使左膝稍弯曲；其次三分之一行程，右肘向前推进，同时身体也逐渐前倾到 18° 左右；最后三分之一行程，用右手腕将锉刀推进，身体随锉刀的反作用力退回到 15° 位置。锉削行程结束后，把锉刀略提起一些，身体恢复到起始位置姿势。锉削时为了锉出平直的表面，必须正确掌握锉削力的平衡，使锉刀平稳。锉削时的力量有水平推力和垂直压力两种，推力主要由右手控制，其大小必须大于切削阻力，才能锉去切屑；压力是由两手控制的，其作用是使锉齿深入金属表面。由于锉刀两端伸出工件的长度随时都在变化，因此两手的压力大小必须随着变化，保持力矩平衡，使两手在锉削过程中始终保持水平。锉刀运动不平直，工件中间就会凸起或产生鼓形面。

锉削速度一般为每分钟 40 次左右。太快，操作者容易疲劳，且锉齿易磨钝；太慢则切削效率低。

回程时同锯削一样双手不施力，快速返回起始位置。

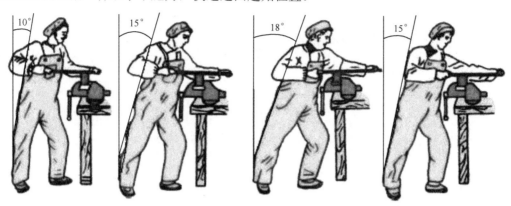

图 3-34　锉削的姿势

3.4.3　锉削加工平面

平面锉削是最基本的锉削操作，常用三种锉削方式如图 3-35 所示，介绍如下。

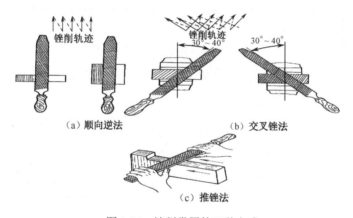

图 3-35　锉削常用的三种方式

1. 顺向锉法：锉刀沿着工件表面横向或纵向移动，锉削平面的锉纹均匀、美观，用于精锉。

2. 交叉锉法：以交叉的两个方向对工件表面进行锉削，锉刀运动方向与工件成 30°～40° 角。交叉锉法易掌握、易锉平。由于锉痕是交叉的，容易判断锉削表面的平整程度，因此也容易把表面锉平，交叉锉法去屑较快，适用于平面的粗锉。

3. 推锉法：两手对称地握着锉刀，用两大拇指推锉刀进行锉削。切削量小、易掌握、较平稳，适用于窄平面、减少表面粗糙度值和精加工。

粗加工时用两个交叉的方向对工件进行锉削，这种交叉锉削方法可以判断锉削面的高低情况，以便把高处锉平，精加工时用锉刀顺着长度方向对工件进行锉削，锉削后可得到正、直的锉痕，比较整齐美观；修正平面或修正尺寸可用推锉，以提高精度或降低表面粗糙度。在锉削平面时，要经常检查工件的锉削表面是否平整，一般用刀口直尺或直角尺通过透光法检查，将尺紧贴在工件表面，沿纵向、横向、两对角线方向多处检查，如图 3-36 所示。

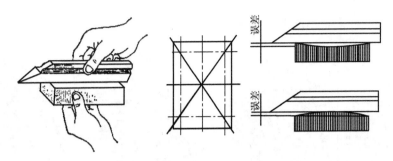

图 3-36　用刀口直尺检查平面度的方法

 任务实施

1. 在一体化教室或多媒体教室上课，教师在课堂上结合挂图，通过展示 PPT 课件、播放视频、微课等手段辅助教学。

2. 教师讲解顺向锉法、交叉锉法、推锉法三种方式锉削平面零件的方法，并演示顺向锉法、交叉锉法、推锉法三种方式锉削平面零件的操作。

3. 学生小组成员之间共同研究、讨论、完成以下工作任务并做好记录。

（1）如何根据加工材料软硬、加工余量、精度和表面粗糙度的要求选择锉刀的粗细；

（2）如何正确选择透光法检查工件的锉削表面是否平整；

（3）分析粗加工、精加工时一般采用什么锉削平面的方法比较合理；

（4）探讨采用顺向锉法、交叉锉法、推锉法三种不同方式锉削平面零件方法的异同点；

（5）分析不同种类的锉刀的特点及使用场合。

4. 按照四方块图纸要求进行锉削加工。

（1）对工件毛坯料进行倒棱、四角用锉刀锉成圆角。

（2）将四方块坯料正确装夹在台虎钳中间，要求锉削面高出钳口面约 15mm。

（3）锉削加工 A 基准面：用粗扁锉（300mm Ⅰ 号锉纹）、交叉锉法对其进行粗加工，加工过程中经常用刀口直尺进行平面度检测，再用中扁锉（250mm Ⅱ 号锉纹）、顺向锉法对其进行精加工，使其表面粗糙度达到 $Ra \leqslant 3.2\mu m$。

（4）锉削加工 B 基准面：用粗扁锉（300mm Ⅰ 号锉纹）、交叉锉法对其进行粗加工，加工过程中经常用刀口直尺进行平面度检测，再用中扁锉（250mm Ⅱ 号锉纹）、顺向锉法对其进行精加工，使其表面粗糙度达到 $Ra \leqslant 3.2\mu m$。

（5）划线：以 B 基准面为基准用高度游标卡尺划出尺寸为 45mm×45mm 的加工尺寸线。

（6）以 A、B 平面为基准锉削加工 C 面：用粗扁锉（300mm Ⅰ 号锉纹）、交叉锉法对其进行粗加工，加工过程中经常用刀口直尺和直角尺进行检测，再用中扁锉（250mm Ⅱ 号锉纹）、顺向锉法对其进行精加工，使其表面粗糙度达到 $Ra \leqslant 3.2\mu m$。

（7）锉削加工其余 2 个平面时，以 B、C 面为基准对其余 2 个平面进行锉削加工，达到图纸要求。

在工作过程中，严格遵守安全操作规程，记录加工操作及要点，以及碰到的问题和解决措施。工作完成后，按照现场管理规范清理场地，归置物品，并按照环保规定处置废弃物。填写工作单，写出工作小结。

5. 小组代表上台阐述分组讨论结果及展示小组加工完成的四方块零件。

6. 学生依据表 3-8 "学生综合能力评价标准表" 进行自评、互评。

7. 教师评价并对任务完成的情况进行总结。

 注意事项

锉削力的运用

锉削时有两个力，一个是推力，一个是压力，其中推力由右手控制，压力由两手控制。并且，在锉削中，要保证锉刀前后两端所受的力矩相等，即随着锉刀的推进，左手所加的压力由大变小，右手的压力由小变大，否则锉刀不稳易摆动。

锉刀只在推进时进行切削加工，返回时不加力、不切削，将锉刀返回即可，否则易造成锉刀过早磨损；锉削时利用锉刀的有效长度进行切削加工，不能只用局部某一段，否则局部磨损过重，造成寿命降低。

锉削速度：一般为 30～40 次/分，速度过快，易降低锉刀的使用寿命。

 任务评价

教师对学生任务实施的完成情况进行检查，并对各项重要环节进行赋值评分，同时对学生综合能力进行评价，并将结果填入表 3-8 所示的评价标准表内。

表 3-8　学生综合能力评价标准表

			考核评价要求	项目分值	自我评价	小组评价	教师评价
评价项目	专业能力60%	工作准备	（1）工具、刀具、量具的数量是否齐全； （2）材料、资料准备的是否适用，质量和数量如何； （3）工作周围环境布置是否合理、安全； （4）能否收集和归纳派工单信息并确定工作内容； （5）着装是否规范并符合职业要求； （6）小组成员分工是否明确、配合默契等方面	10			
		工作过程各个环节	（1）能否利用网络资源、技术手册等查找锉削的最高精度和表面粗糙度； （2）能否说明不同种类的锉刀的特点及其使用场合； （3）能否根据工件形状和加工面的大小选择合适的锉刀形状和规格； （4）能否遵守劳动纪律，以积极的态度接受工作任务； （5）安全措施是否做到位	20			
		工作成果	（1）工件装夹的方法是否正确； （2）顺向锉法、交叉锉法、推锉法三种方式锉削平面零件的操作是否正确； （3）锉刀的握法、锉削的姿势是否正确； （4）锉削加工后的零件是否能达到图纸要求； （5）能否清洁、整理设备和现场达到 5S 要求等	30			
	职业核心能力40%	信息收集能力	能否有效利用网络资源、技术手册等查找相关信息	10			
		交流沟通能力	（1）能否用自己的语言有条理地阐述所学知识； （2）是否积极参与小组讨论，运用专业术语与他人讨论、交流； （3）能否虚心接受他人意见，并及时改正	10			
		分析问题能力	（1）探讨采用顺向锉法、交叉锉法、推锉法三种不同方式锉削平面零件的方法； （2）分析粗加工、精加工时一般采用什么锉削平面的方法比较合理	10			

评价项目	职业核心能力 40%	考核评价要求	项目分值	自我评价	小组评价	教师评价
	解决问题能力	（1）是否具备正确选择工具、量具、夹具的能力； （2）能否根据加工材料软硬、加工余量、精度和表面粗糙度的要求选择锉刀的粗细； （3）能否根据不同加工精度要求正确选择透光法检查工件的锉削表面是否平整	10			
备注	小组成员应注意安全规程及其行业标准，本学习任务可以小组或个人形式完成		总分			
开始时间：		结束时间：				

学习任务 3.5　锯削垫铁

任务描述

认识锯弓和锯条的构造，理解锯削原理和方法，根据加工工件厚度及材质正确选择锯条，学会常见材料的锯削加工方法。按照如图 3-37 所示垫铁（材料：Q235 钢）零件图纸要求进行锯削加工，加工后的零件达到图纸尺寸要求。

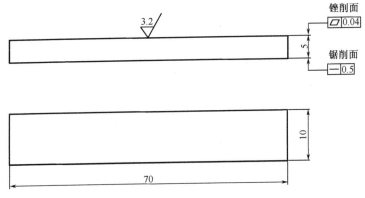

图 3-37　垫铁零件图

任务准备

实施本任务教学所使用的实训设备及工具材料可参见表 3-9 所示。

表 3-9　学习资源表

序　号	分　类	名　称	数　量
1	工具	划针、划规、扳手、手锤、锯弓等	1 套/组
2	量具	游标卡尺、高度尺、螺旋千分尺、万能角度尺等	1 把/组
3	刀具	锯条、锉刀等	1 把/组
4	设备	虎钳等	各 1 台/组
5	资料	任务单、零件图、金属加工工艺手册、国家标准公差手册	1 套/组
6	材料	Q235 钢：10mm×20mm×75mm、圆管、棒料、扁钢、薄板	1 件/组
7	其他	工作服、工作帽等劳保用品、安全生产警示标识	1 套/人

任务分析

在学习本任务内容时，应了解锯弓和锯条的构造以及锯削原理和方法，如何根据加工工件厚度及材质来选择锯条的方法，最终学会常见材料的锯削加工方法。

 相关知识

用锯弓锯断金属材料或在工件上锯出沟槽的操作称为锯削。

3.5.1　锯削工作范围

1．分割各种材料或半成品。
2．锯掉工件上的多余部分。
3．在工件上锯槽。

3.5.2　锯削工具

1．锯弓：是用于安装和张紧锯条的工具，分为固定式和可调式两种，详见 3.1.3 节内容。

2．锯条是用于直接锯削型材或工件的刃具，锯削时起切削作用。一般用渗碳软钢冷轧而成，也可以用经过热处理淬硬的碳素工具钢或金刚制作。其规格参数为两端安装孔的中心距，常用的长度为 300mm。

3．锯条的应用：

根据锯削材料，正确选用锯齿的粗细及锯条，见表 3-10 所示。

表 3-10　锯条的应用

类　别	每 25mm 长度内的齿数	应　用
粗	14～18	锯削软钢、黄铜、铝、紫铜、人造胶质材料
中	22～24	锯削中等硬度钢、厚壁的钢管、铜管
细	32	锯削薄片金属、薄壁管子

3.5.3　锯削操作

1．锯条的安装：安装锯条时，锯齿要朝前，不能反装。锯条安装松紧要适当，太松或太紧在锯削过程中锯条容易折断，太松还会在锯削时使锯缝容易歪斜，一般松紧程度以两手指的力旋紧为止。

2．工件安装：一般用虎钳夹紧。

3．起锯方法：（1）近起锯；（2）远起锯。

4．锯削速度：20～40 次/分钟

3.5.4　常见锯削形式

常见锯削形式如图 3-38 所示。

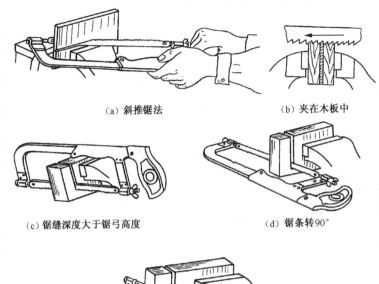

(a) 斜推锯法　　　　　　　(b) 夹在木板中

(c) 锯缝深度大于锯弓高度　　　　(d) 锯条转90°

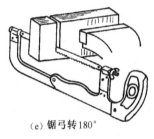

(e) 锯弓转180°

图 3-38　锯削形式

3.5.5　常见材料的锯削加工方法

1. 扁钢

从扁钢较宽的面下锯，这样可使锯缝的深度较浅而整齐，锯条不致卡住。

为了能准确地切入所需的位置，避免锯条在工件表面打滑，起锯时，要保持小于 15° 的起锯角，并用左手的大拇指挡住锯条，往复行程要短，压力要轻，速度要慢。起锯好坏直接影响断面锯削质量。

2. 圆管、棒料

（1）圆棒锯削：圆棒锯削有两种方法，一种是沿着圆棒从上至下锯削，断面质量较好，但较费力；另一种是锯下一段截面后转一角度再锯削。这样可避免通过圆棒直径锯削，减少阻力，效率高，但断面质量一般较差。

（2）薄管锯削：为防止管子夹在两块木制的 V 形槽垫块里，锯削时，不断沿锯条推进方向转动。不能从一个方向锯到底，否则锯齿容易崩裂。

（3）圆管锯削：直径较大的圆管，不可一次从上到下锯断，应在管壁被锯透时，将圆管向推锯方向转动，边锯边转，直至锯断。

3. 槽钢

槽钢与扁钢、角钢的锯削方法相同。

4. 锯薄板

锯削薄板时，为了防止工件产生振动和变形，可用木板夹住薄板两侧进行锯削，以防卡住锯齿，损坏锯条。

5. 锯深缝

锯削深缝时，应将锯条在锯弓上转动 90°角，操作时使锯弓放平，平握锯柄，进行推锯。

 任务实施

1. 在一体化教室或多媒体教室上课，教师在课堂上结合挂图，通过展示 PPT 课件、播放视频、微课等手段辅助教学。

2. 教师讲解锯弓和锯条的构造并演示锯削扁钢、圆管、棒料、薄板操作。

3. 学生小组成员之间共同研究、讨论、完成以下工作任务并做好记录。

（1）如何根据工件的形状、大小和加工数量合理选择工件的装夹方法；

（2）不同种类锯齿的粗细、特点及应用场合；

（3）如何根据加工工件厚度及材质正确选择锯条；

（4）探讨锯削薄板时，防止工件产生振动和变形的方法；

（5）分析锯削扁钢、圆管、棒料、薄板时的方法。

4. 按照垫铁图纸要求进行锯削加工。

（1）对工件毛坯料进行倒棱、四角用锉刀锉成圆角；

（2）根据垫铁图纸要求，使用划线工具进行划线；

（3）采用锉削加工方法加工零件的上表面，达到平面度 0.04mm（采用刀口直尺测量平面度）、$Ra \leq 3.2\mu m$ 要求（此表面作为锯削时划线的基准面）；

（4）划线：以零件上表面为基准按图样要求用高度游标卡尺划出 5mm 厚的尺寸线；

（5）按划出的 5mm 尺寸线进行锯削加工，达到直线度为 0.5mm（检测直线度也可用刀口直尺进行）；

（6）其他四条边均按以上方法进行锯削加工。

在工作过程中，严格遵守安全操作规程，记录加工操作及要点，以及碰到的问题和解决措施，工作完成后，按照现场管理规范清理场地，归置物品，并按照环保规定处置废弃物。填写工作单，写出工作小结。

5. 小组代表上台阐述分组讨论结果及展示小组锯削加工完成的垫铁零件。

6. 学生依据表 3-10"学生综合能力评价标准表"进行自评、互评。

7. 教师评价并对任务完成的情况进行总结。

 注意事项

1. 锯条松紧要适度。

2. 工件快要锯断时，施给锯弓的压力要轻，以防突然断开砸伤人。

 任务评价

教师对学生任务实施的完成情况进行检查，并对各项重要环节进行赋值评分，同时对学生综合能力进行评价，并将结果填入表 3-11 所示的评价标准表内。

表 3-11 学生综合能力评价标准表

评价项目		考核评价要求		项目分值	自我评价	小组评价	教师评价
评价项目	专业能力60%	工作准备	（1）工具、锯条、量具的数量是否齐全； （2）材料、资料准备的是否适用，质量和数量如何； （3）工作周围环境布置是否合理、安全； （4）能否收集和归纳派工单信息并确定工作内容； （5）着装是否规范并符合职业要求； （6）小组成员分工是否明确、配合默契等方面	10			
		工作过程各个环节	（1）能否利用网络资源、技术手册等查找常见材料的锯削加工方法； （2）能否说明不同种类锯齿的粗细、特点及应用场合； （3）能否根据加工工件厚度及材质正确选择锯条； （4）能否遵守劳动纪律，以积极的态度接受工作任务； （5）安全措施是否做到位	20			
		工作成果	（1）工件装夹的方法是否正确； （2）锯削扁钢、圆管、棒料、薄板操作是否正确； （3）锯弓的握法、锯削的姿势是否正确； （4）锯削加工后的垫铁零件是否能达到图纸要求； （5）能否清洁、整理设备和现场达到 5S 要求等	30			
	职业核心能力40%	信息收集能力	能否有效利用网络资源、技术手册等查找相关信息	10			
		交流沟通能力	（1）能否用自己的语言有条理地阐述所学知识； （2）是否积极参与小组讨论，运用专业术语与他人讨论、交流； （3）能否虚心接受他人意见，并及时改正	10			
		分析问题能力	（1）探讨锯削薄板时，防止工件产生振动和变形的方法； （2）分析锯削扁钢、圆管、棒料、薄板的方法	10			
		解决问题能力	（1）是否具备正确选择工具、量具、夹具的能力； （2）能否根据不同零件厚度及材质正确选择锯条	10			
备注		小组成员应注意安全规程及其行业标准，本学习任务可以小组或个人形式完成		总分			
开始时间：			结束时间：				

学习任务 3.6 钻、铰加工矩形凹模

任务描述

认知钻孔切削过程及钻孔应用，识别标准麻花钻头各组成部分的作用，观测钻头的刃磨角度，判断钻头的切削性能，学会在常用材料上钻孔、扩孔、铰孔的加工方法。根据如图 3-39 所示的矩形凹模（材料：Q235）零件图纸要求钻、铰加工 $\phi 5^{+0.03}_{0}$ 孔，要求加工后的零件达到图纸尺寸和表面粗糙度要求。

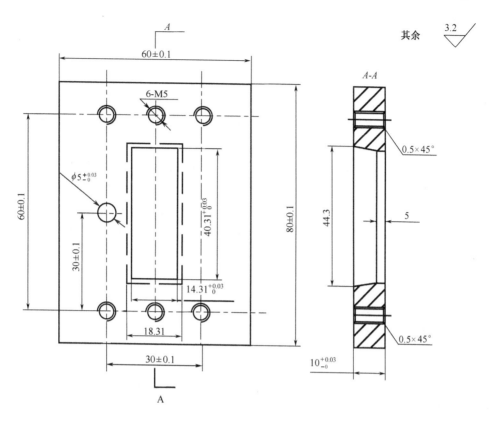

图 3-39　矩形凹模零件

 任务准备

实施本任务教学所使用的实训设备及工具材料可参见表 3-12 所示。

表 3-12　学习资源表

序 号	分 类	名 称	数 量
1	工具	扳手、划针、划规、样冲、手锤、铰手等	1 套/组
2	量具	游标卡尺、高度尺、螺旋千分尺等	1 把/组
3	刀具	ϕ5mm 麻花钻、ϕ5H7 铰刀等	各 1 把/组
4	设备	Z4116 台钻、摇臂钻床、立式钻床、虎钳、砂轮机等	各 1 台/组
5	资料	任务单、钻床、砂轮机等设备安全操作规程、企业规章制度	1 套/组
6	材料	Q235：65mm×85mm×15mm	1 件/人
7	其他	工作服、工作帽等劳保用品、油壶、安全生产警示标识	1 套/人

任务分析

在学习本任务内容时要理解钻孔切削过程，熟悉标准麻花钻各组成部分的作用及钻孔时的应用，通过观测钻头的刃磨角度来判断钻头的切削性能，最后掌握在常用材料上钻孔、扩孔、铰孔的加工方法。

相关知识

3.6.1 钻孔

各种零件的孔加工，除去一部分由车、镗、铣等机床完成外，很大一部分是由钳工利用钻床和钻孔工具（钻头、扩孔钻、铰刀等）完成的。钳工加工孔的方法一般指钻孔、扩孔和铰孔。

用钻头在实体材料上加工孔的方法叫做钻孔。在钻床上钻孔时，一般情况下，钻头应同时完成两个运动：主运动，即钻头绕轴线的旋转运动（切削运动）；辅助运动，即钻头沿着轴线方向对着工件的直线运动（进给运动）。钻孔时，主要由于钻头结构上存在的缺点，影响加工质量，加工精度一般在 IT10 级以下，表面粗糙度为 $Ra12.5\mu m$ 左右，属于粗加工。

1. 钻孔前的准备工作

（1）工件打孔处划线及打样冲眼。

打样冲眼方法：样冲斜着，冲尖对准冲眼处，扶正样冲后轻击，查看位置是否准确，不准确须适当调整，准确后则再将冲眼孔冲大些，如图 3-40 所示。

打孔定位要求高时，可轻击后，在冲眼处划 1～3 个不同直径的同心圆，以便钻孔时检查判断用。

（2）选择所需钻头。钻大孔时，须选用小钻头先钻（直径为加工孔径的 0.5～0.7），如图 3-41 所示。

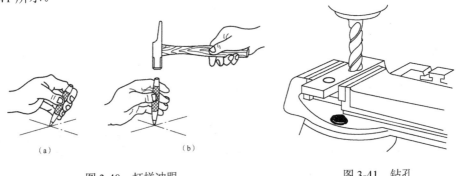

（a） （b）

图 3-40　打样冲眼　　　　　　图 3-41　钻孔

2. 钻孔操作（图 3-42）

（1）将选用的钻头装在钻夹头上，钻头伸入长度一般不小于 15mm，用钻夹头钥匙（顺时针转动）夹紧。

（2）将工件用平口钳等夹紧，并保持水平。

（3）钻尖对准样冲眼后，开动钻床，先试钻一浅坑，位置正确后可继续钻入。位置有偏差，可用工件"借"过一些即可；偏离较多时，可用样冲再冲或用錾子錾几条槽再钻。

（4）钻通孔时，在将要钻穿前，必须减少走刀量。

（5）一般钻进深度达到钻头直径的 3 倍时，钻头必须退出排屑。

图 3-42　钻孔加工操作

（6）钻削时的冷却润滑：钻削钢件时常用机油或乳化

液；钻削铝件时常用乳化液或煤油；钻削铸铁时则用煤油。

3. 钻削的应用范围

如图 3-43 所示，在钻床上可完成以下切削加工：用麻花钻钻孔；用扩孔钻扩孔；用铰刀铰孔；用丝锥攻螺纹孔；用锪钻（划钻）锪锥面、锪沉孔、锪端面。虽然钻床可完成以上各种加工，但主要是用来钻孔、扩孔和铰孔。

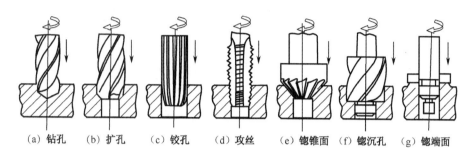

(a) 钻孔　(b) 扩孔　(c) 铰孔　(d) 攻丝　(e) 锪锥面　(f) 锪沉孔　(g) 锪端面

图 3-43　钻床加工的几种典型工艺

4. 钻孔加工的特点

（1）钻孔时麻花钻深埋孔中，处于封闭状态，排削困难，故散热条件极差。再加上冷却润滑液很难到达切削区，使得刀具（在不加冷却润滑液时）吸收的热量达到总热量的一半以上，容易引起刀具磨损。

（2）钻头是定尺寸刀具，直径受加工孔径的限制，因而钻头的强度和刚度较低。加之仅靠两条棱边导向，导向作用较差。因此，容易造成加工孔的歪斜、孔径扩大及孔不圆等弊病。故钻孔精度低，粗糙度大，其经济精度一般在 IT10 以下，表面粗糙度 Ra 为 6.3～25μm。

（3）钻削时轴向力较大，主要是由横刃产生的。因为钻头切削刃上各点的前角随半径的减小变化很大。在横刃处前角约为-540°，实际上是刮削，所以产生了很大的轴向力。

（4）由于上述三个特点，钻孔时只能选用较小的切削用量，所以生产率低，另外受钻头直径等多种因素限制，钻孔直径一般不超过 100mm。

3.6.2　扩孔

扩孔是对已钻出、铸出或锻出的孔用扩孔钻进一步加工的方法。扩孔有以下特点。

（1）因为扩孔时切削深度较小，再加上扩孔钻相当于具有 3～4 个刃齿的麻花钻，且无横刃，其钻尖处前角较大，在切削深度较小时仅靠钻尖处一小段主切削刃切削，故扩孔时切削力小，发热也就很少，动力消耗及因热效应引起的刀具磨损均较小。

（2）由于有预加工的孔，故排削方便，冷却润滑条件好。

（3）扩孔钻钻芯粗、刚性好，再加上有 3～4 个导向棱带，故切削平稳，可纠正孔的轴线歪斜。

（4）受扩孔钻直径的限制，扩孔一般只适用于直径在 100mm 以下的孔的加工。

（5）由于以上原因，扩孔时可采用较大的切削用量，同时能得到较高的加工精度和较小的表面粗糙度。一般扩孔经济精度为 IT9～IT10 级，表面粗糙度 Ra 为 3.2～6.3μm。

3.6.3 铰孔

用铰刀从工件的孔壁上切除微量金属层，以得到精度较高的孔的加工方法，称为铰孔。

1. 铰刀的种类及结构特点

（1）铰刀的种类

按使用方式不同，铰刀可分为机铰刀和手铰刀；按所铰孔的形状不同又可分为圆柱形铰刀和圆锥形铰刀；按容屑槽的形状不同，可分为直槽铰刀和螺旋槽铰刀；按结构组成不同可分为整体式铰刀和可调式铰刀。铰刀常用高速钢（手铰刀及机铰刀）或高碳钢（手铰刀）制成。

（2）铰刀的结构及参数

铰刀由工作部分、颈部和柄部组成。工作部分由切削部分、校准部分和倒锥部分组成。铰刀的结构如图 3-44 所示。

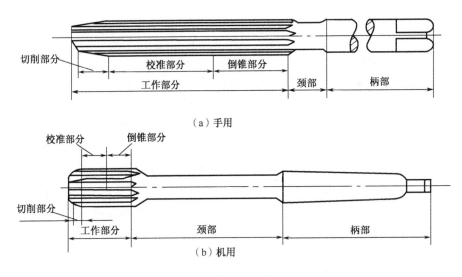

（a）手用

（b）机用

图 3-44　铰刀的结构

（3）铰孔的特点

铰孔属于孔的精加工，这主要是因为铰刀的主、副偏角都很小。切削刃又多，使残留面积极小，再加上铰削深度很小（精铰时 $a_p=0.05\sim0.25$mm）、铰削速度很低，使切削力、切削热量均很小，不产生积屑瘤。同时，铰刀上很长的刮光刃对孔壁有修刮和挤光的作用，故可以得到很高的尺寸精度和很小的表面粗糙度，使机铰的经济精度达 IT8～IT7 级，表面粗糙度 Ra 为 3.2～0.8μm。手铰更高，分别为 IT7～IT6 级、$Ra=0.8\sim0.4$μm，但它不能校正孔的轴线，而且一般只能加工直径在 80mm 以下的孔。

2. 铰削参数和切削液的选择

（1）铰削余量的选择

铰削余量应根据铰孔精度、表面粗糙度、孔径大小、材料硬度和铰刀类型来选择，参见表 3-13 所示。

表 3-13　铰削余量

铰刀直径（mm）	铰削余量（mm）
<6	0.05～0.1
>6～18	一次铰：0.1～0.2 二次铰、精铰：0.1～0.15
>18～30	一次铰：0.2～0.3 二次铰、精铰：0.1～0.15
>30～50	一次铰：0.3～0.4 二次铰、精铰：0.15～0.25

（2）切削速度和进给量的选择

选用普通标准高速钢铰刀铰铸铁孔时，切削速度≤10m/min，进给量为 0.8mm/r 左右；铰钢料孔时，切削速度≤8 m/min，进给量为 0.4 mm/r 左右。

（3）切削液的选择

在铰孔时加入适当的切削液，可降低切削热量，减小变形，延长刀具使用寿命，提高铰孔质量。切削液的选择可参见表 3-14 所示。

表 3-14　铰削切削液

加 工 材 料	切 削 液
钢	（1）10%～20%乳化液 （2）铰孔要求高时，采用 30%菜油加 70%肥皂水 （3）铰孔要求更高时，可采用茶油、柴油、猪油等
铸铁	（1）煤油（但会引起孔径缩小，最大收缩量为 0.02～0.04 mm） （2）低浓度乳化液（也可不用）
铝	煤油
铜	乳化液

 任务实施

1. 在一体化教室或多媒体教室上课，教师在课堂上结合挂图，通过展示 PPT 课件、播放视频等手段辅助教学。

2. 教师讲解观测钻头的刃磨角度、判断钻头切削性能的方法并演示钻孔、扩孔、铰孔加工操作。

3. 学生小组成员之间共同研究、讨论、完成以下工作任务并做好记录。

（1）观测钻头的刃磨角度、判断钻头切削性能的方法；

（2）标准麻花钻各组成部分的作用；

（3）按照零件精度要求选择合适的量具进行检测；

（4）钻削加工零件时如何选择钻削速度、进给量参数；

（5）探讨钻孔、扩孔、铰孔加工的特点；

（6）分析如何根据零件精度要求来选择使用手铰或机铰进行铰孔；

（7）识读矩形凹模零件图，分析、讨论并确定零件的加工方法；

（8）编写矩形凹模零件加工工艺，确定各工序加工余量。

4. 按照矩形凹模工艺卡进行加工，记录加工操作及要点，以及碰到的问题和解决措施。

在工作过程中，严格遵守钻床安全操作规程，工作完成后，按照现场管理规范清理场地，归置物品，并按照环保规定处置废弃物。加工完成后对矩形凹模进行检验，填写工作单，写出工作小结。

5. 小组代表上台阐述分组讨论结果及展示小组加工完成的矩形凹模零件。

6. 学生依据表 3-15"学生综合能力评价标准表"进行自评、互评。

7. 教师评价并对任务完成的情况进行总结。

✅ 任务评价

教师对学生任务实施的完成情况进行检查，并对各项重要环节进行赋值评分，同时对学生综合能力进行评价，并将结果填入表 3-15 所示的评价标准表内。

表 3-15　学生综合能力评价标准表

评价项目			考核评价要求	项目分值	自我评价	小组评价	教师评价
评价项目	专业能力60%	工作准备	（1）工具、钻头、量具的数量是否齐全； （2）材料、资料准备的是否适用，质量和数量如何； （3）工作周围环境布置是否合理、安全； （4）能否收集和归纳派工单信息并确定工作内容； （5）着装是否规范并符合职业要求； （6）小组成员分工是否明确、配合默契等方面	10			
		工作过程各个环节	（1）能否利用网络资源、技术手册等查找钻孔、扩孔、铰孔加工的加工精度和表面粗糙度要求； （2）能否确定矩形凹模零件加工工艺路线，制订矩形凹模零件工艺卡，明确各工序加工余量； （3）是否认识钻床的常用附件； （4）能否遵守劳动纪律，以积极的态度接受工作任务； （5）安全措施是否做到位	20			
		工作成果	（1）是否能正确认知钻床的功用和分类； （2）能否说出钻孔、扩孔、铰孔加工顺序； （3）能否完成加工矩形凹模零件，达到图纸尺寸和表面粗糙度要求； （4）能否清洁、整理设备和现场达到 5S 要求等	30			
	职业核心能力40%	信息收集能力	能否有效利用网络资源、技术手册等查找相关信息	10			
		交流沟通能力	（1）能否用自己的语言有条理地阐述所学知识； （2）是否积极参与小组讨论，运用专业术语与其他人讨论、交流； （3）能否虚心接受他人意见，并及时改正	10			
		分析问题能力	（1）探讨钻孔、扩孔、铰孔加工达到的精度等级； （2）分析钻孔、扩孔、铰孔加工方法的异同点	10			
		解决问题能力	（1）是否具备正确选择工具、量具、夹具的能力； （2）能否根据不同的钻孔加工要求正确选择合适的麻花钻； （3）能否根据工件精度要求选择使用手铰或机铰进行铰孔	10			
备注			小组成员应注意安全规程及其行业标准，本学习任务可以小组或个人形式完成	总分			
开始时间：				结束时间：			

学习任务 3.7 连接板的螺纹加工

任务描述

认知攻、套丝工具的特点，学会计算攻丝前钻孔直径及钻孔深度、会计算套丝前圆杆直径。按照图 3-45 所示连接板（材料：45 钢）零件图加工 4-M8 螺孔，加工后的零件达到图纸尺寸和表面粗糙度要求。

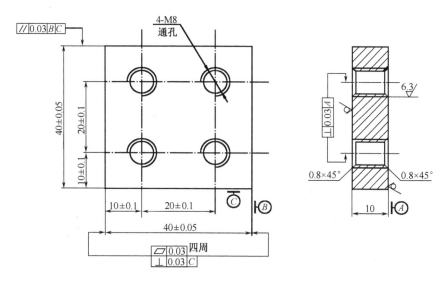

图 3-45 连接板零件图

任务准备

实施本任务教学所使用的实训设备及工具材料可参见表 3-16 所示。

表 3-16 学习资源表

序 号	分 类	名 称	数 量
1	工具	扳手、丝锥铰手、板牙架等	1 套/组
2	量具	游标卡尺等	1 把/组
3	刀具	麻花钻、丝锥、板牙等	各 1 把/组
4	设备	Z4116 台钻、虎钳等	各 1 台/组
5	资料	任务单、零件图、零件机械加工工艺卡、金属加工工艺手册、国家标准公差手册	1 套/组
6	材料	Q235 钢：45mm×45mm×15 mm	1 件/人
7	其他	工作服、工作帽等劳保用品、油壶、安全生产警示标识	1 套/人

任务分析

在学习本任务内容时，应了解攻丝、套丝工具的特点，计算攻丝前钻孔直径及钻孔深度、能计算套丝前圆杆直径，掌握攻螺纹、套螺纹方法。

 相关知识

3.7.1 攻丝工具及操作方法

用丝锥在工件内孔中加工螺纹的过程叫做攻丝。

1. 攻丝刀具——丝锥

丝锥（一般由三支组成一套，分别为头锥、二锥、三锥）由工作部分和柄部组成，如图3-46所示。工作部分包括切削部分和校准部分；切削部分有一定的锥度，一般头锥有5～7牙，二锥有3～4牙，三锥有1～2牙，校准部分齿形完整，主要起修整、光滑和校准作用。柄部是方头，用来传递扭矩。

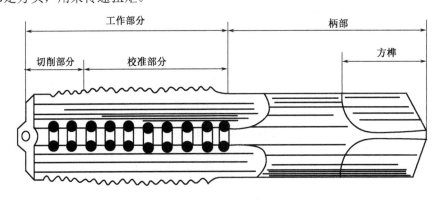

图3-46 丝锥

2. 攻丝前孔径的确定

攻丝前需要钻孔，根据不同的材料，孔径的大小也不同，可根据经验公式计算：

韧性金属（铜、钢等） $d = d_0 - 1.1t$

脆性金属（铸铁、青钢等） $d = d_0 - 1.2t$

式中 d——钻孔直径（mm）；

d_0——螺纹外径（mm）；

t——螺距（mm）。

3. 攻丝方法

（1）攻丝分2～3次逐步切削：先用头攻，再用二攻，最后用三攻。开始攻时，丝锥必须垂直放在孔内（可用直角尺检查），然后施加一定压力使丝锥切入孔内，当形成几圈螺纹后，不需加压，只均匀地转动，每转一周倒转1/4周，以便使切屑断落，后再往下攻。加工钢件螺纹时需加机油润滑，既能提高工件表面光洁度又能延长丝锥寿命。攻铸铁螺纹时可加煤油。

（2）二攻和三攻：先将丝锥放入孔内，旋上几圈后，再用绞杠转动。搬旋绞杠时不需加压。

3.7.2 套丝工具及操作方法

由板牙在圆杆上加工外螺纹的过程叫做套丝。

1. 套丝刀具板牙

板牙由工作部分和校准部分组成，板牙两端有 60° 的锥度是板牙的切削部分，中间是校准部分。圆板牙结构如图 3-47 所示。

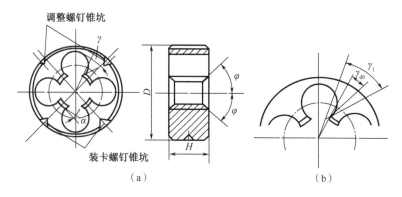

图 3-47 圆板牙结构

2. 套丝前圆杆直径的选择

套丝与攻丝一样，是靠刀具挤压进行切削的，若圆杆直径太大不易切入，太小螺纹又不完整，圆杆直径可由下述经验公式计算

$$圆杆直径 = 螺纹外径 - 0.2t（t 为螺距）$$

3. 套丝的方法

（1）套丝前圆杆头部要倒 60° 角，使板牙容易切入。

（2）工件必须装夹牢固，板牙端面和工件轴线必须垂直。

（3）开始时要施加一定的压力，切入几扣后即只转动不加压，为了帮助断屑，时常反转 1/4 圈。

（4）套钢件时须加油润滑。

3.7.3 钻底孔及孔口倒角

1. 底孔直径的确定

丝锥在攻螺纹的过程中，切削刃主要是切削金属，但还有挤压金属的作用，因而造成金属凸起并向牙尖流动的现象，所以攻螺纹前，钻削的孔径（即底孔）应大于螺纹内径。底孔的直径可查手册或按下面的经验公式计算：

$$d_{钻} = d - 1.08t$$

式中 $d_{钻}$——内螺纹内径，即底孔应选用的钻头；

d——外径，即螺纹的名义直径；

t——螺距。

图 3-48 孔口倒角操作

2. 孔口倒角

攻螺纹前要在钻孔的孔口进行倒角，以利于丝锥的定位和切入。倒角的直径大于螺纹的外径。

 注意事项

攻螺纹的操作要点

1. 根据工件上螺纹孔的规格，正确选择丝锥，先头锥后二锥，不可颠倒使用。

2. 工件装夹时，夹紧工件，并保持水平，要使孔中心垂直于钳口，防止螺纹攻歪。

3. 将丝锥放正，施加适当的压力和扭力（顺时针）。先旋入 1～2 圈后，检查丝锥是否与孔端面垂直（可目测或用直角尺在互相垂直的两个方向检查）。当切削部分切入工件后，每转 1～2 圈应反转 1/2 圈左右，以便切屑断落；同时不能再施加压力（即只转动不加压），以免丝锥崩牙或攻出的螺纹齿较瘦。

4. 攻钢件上的内螺纹，要加机油润滑，可使螺纹光洁、省力和延长丝锥使用寿命；攻铸铁上的内螺纹可不加润滑剂，或者加煤油；攻铝及铝合金、紫铜上的内螺纹，可加乳化液。

5. 不要用嘴直接吹切屑，以防切屑飞入眼内。

 任务实施

1. 在一体化教室或多媒体教室上课，教师在课堂上结合挂图，通过展示 PPT 课件、播放视频、微课等手段辅助教学。

2. 教师讲解计算攻丝前钻孔直径及钻孔深度、套丝前圆杆直径的方法并演示攻丝、套丝加工操作。

3. 学生小组成员之间共同研究、讨论、完成以下工作任务并做好记录。

（1）攻丝前钻孔直径、套丝前圆杆直径的计算方法；

（2）丝锥各组成部分的作用；

（3）探讨头攻、二攻和三攻加工达到的精度等级；

（4）探讨攻丝、套丝加工的特点；

（5）识读连接板零件图，分析、讨论并确定零件 4-M8 螺孔的加工方法；

（6）编写连接板零件加工工艺，确定各工序加工余量。

4. 按照连接板零件工艺卡进行加工，记录加工操作及要点，以及碰到的问题和解决措施；

在工作过程中，严格遵守安全操作规程，工作完成后，按照现场管理规范清理场地，归置物品，并按照环保规定处置废弃物。

5. 小组代表上台阐述分组讨论结果及展示小组加工完成的连接板零件。

6. 学生依据表 3-17 "学生综合能力评价标准表" 进行自评、互评。

7. 教师评价并对任务完成的情况进行总结。

 任务评价

教师对学生任务实施的完成情况进行检查，并对各项重要环节进行赋值评分，同时对学生综合能力进行评价，并将结果填入表 3-17 所示的评价标准表内。

表 3-17　学生综合能力评价标准表

评价项目		考核评价要求		项目分值	自我评价	小组评价	教师评价
专业能力60%	工作准备	（1）工具、刀具、量具的数量是否齐全； （2）材料、资料准备的是否适用，质量和数量如何； （3）工作周围环境布置是否合理、安全； （4）能否收集和归纳派工单信息并确定工作内容； （5）着装是否规范并符合职业要求； （6）小组成员分工是否明确、配合默契等方面		10			
	工作过程各个环节	（1）能否利用网络资源、技术手册等查找钻削韧性金属（铜、钢等）和脆性金属（铸铁、青钢等）的加工精度和表面粗糙度要求； （2）能否说明丝锥、板牙加工的特点； （3）是否认识钻床的常用附件； （4）能否遵守劳动纪律，以积极的态度接受工作任务； （5）安全措施是否做到位		20			
	工作成果	（1）是否能正确说明计算攻丝前钻孔直径的公式； （2）能否正确按照头攻、二攻和三攻顺序进行攻丝； （3）套丝前圆杆直径的选择是否正确； （4）经过钻孔、攻丝加工后的连接板是否达到图纸要求； （5）能否清洁、整理设备和现场达到 5S 要求等		30			
职业核心能力40%	信息收集能力	能否有效利用网络资源、技术手册等查找相关信息		10			
	交流沟通能力	（1）能否用自己的语言有条理地阐述所学知识； （2）是否积极参与小组讨论，运用专业术语与他人讨论、交流； （3）能否虚心接受他人意见，并及时改正		10			
	分析问题能力	（1）探讨头攻、二攻和三攻加工达到的精度等级； （2）分析攻丝与套丝加工方法的异同点		10			
	解决问题能力	（1）是否具备正确选择工具、量具、夹具的能力； （2）是否具备正确计算攻丝前钻孔直径的能力； （3）是否具备正确计算套丝前圆杆直径的能力		10			
备注	小组成员应注意安全规程及其行业标准，本学习任务可以小组或个人形式完成			总分			
开始时间：			结束时间：				

学习任务 3.8　刮削、研磨零件

任务描述

　　了解刮削刀具结构和研磨工具，理解零件表面刮削成形过程和研磨的原理，区分不同种类的刮刀及其使用场合，根据加工零件的要求正确选用刮刀，学会平面刮削、曲面刮削的方法，能对完成刮削后的零件进行精度的检查工作。学会研磨平面和研磨外圆柱面。

任务准备

实施本任务教学所使用的实训设备及工具材料可参见表 3-18 所示。

表 3-18　学习资源表

序　号	分　类	名　称	数　量
1	工具	扳手、平板、研磨工具等	1 套/组
2	量具	游标卡尺、高度尺、螺旋千分尺、万能角度尺、水平仪、方框等	1 把/组
3	刀具	刮刀、锉刀等	1 把/组
4	设备	车床、钻床、虎钳等	各 1 台/组
5	资料	任务单、零件图、金属加工工艺手册、国家标准公差手册	1 套/组
6	材料	研磨膏、油石、红丹粉	1 件/组
7	其他	工作服、工作帽等劳保用品、安全生产警示标识	1 套/人

 任务分析

本任务主要是要理解零件表面刮削成形过程和研磨的原理，区分不同种类的刮刀及其使用场合，根据加工零件的要求来选用刮刀，掌握平面刮削、曲面刮削的方法，要探讨三种平面刮削方法（粗刮、细刮、精刮）加工精度的差异，按图纸要求对刮削后的零件进行精度的检查工作。

 相关知识

3.8.1　刮削

刮削就是用刮刀在工件表面刮去一层很薄的金属的操作，刮削在机械加工后进行，刮削后工件表面的精度及光洁度都很高，因此刮削属于精密加工，常用在机床导轨滑动轴承等方面。刮削在机械制造和修理中都占有重要的地位。刮削效果是机械加工所不能达到的，它能消除机械加工留下的刀纹，表面细微的不平，工件的扭曲及凹凸不平。刮刀的刀花形成了存油空隙，可储存润滑油，减少摩擦，提高耐磨性，还能使工件表面美观。

1．刮削刀具——刮刀

（1）刮刀一般采用工具钢或轴承钢制成，刀头须经热处理淬火。

（2）刮刀一般分为三种：粗刮刀、细刮刀、精刮刀。

（3）刮刀顶角分别为：粗刮刀顶角为 90°～92.5°，刀刃平直；细刮刀顶角为 95° 左右，刀刃略带圆弧；精刮刀顶角为 97.5° 左右，刀刃带圆弧，刃磨后须用油石修光。

2．刮削方法

刮削分平面刮削和曲面刮削。平面刮削又分三种：粗刮、细刮、精刮。粗刮时，刮刀与工件上机械加工刀痕成 45° 角，将其表面全部刮去一层，使表面较为平滑，以免研点时划伤平板。各次刮削方向应交叉进行，刀痕刮去后，即可研点，其操作是在已刮表面涂上红丹粉，用标准平板对研，工件上即会出现高点，将按显示的高点刮削。刮削时必须保持工件表面及显示剂的清洁，以免出现不真实的高点和损坏平板。粗刮时用较长的刮刀，当工件表面贴合点增至每（25×35mm^2）面积 4 个点时，可开始细刮，细刮用较短的刮刀，经反复刮削后，点数逐渐增多，直至达到要求。

（1）平面刮削方法

① 挺刮法：将刮刀柄部放在小腹下侧胯骨处，双手握住刀身（左手离刀刃 80mm 左右），刮削时利用腿和臀部的力量使刮刀向前推刮，双手加压和引导刮削方向，推动后瞬间，立即将刮刀抬起。

② 手刮法：右手握刀柄，左手握住刮刀的头部 50mm 处，刮削时左右臂利用上身摆动向前推，左手下压并引导刮刀方向，推动后立即将刮刀抬起。

（2）曲面刮削方法

曲面刮削主要用于一些要求较高的内孔刮削。曲面刮削的刀具选用三角刮刀，刮削时右手握刀柄。左手掌向下用四指点横握刀杆，刮削时右手做半圆转动，左手顺着曲面方向拉动或推动。

3. 刮削精度的检查方法

（1）方框检查法：主要用于检查平面精度，以贴点的数目来确定，一般在 25mm^2 内点数越多精度越高。

一般机床导轨面为 8～15 点，为 2 级精度。平板、直尺和精密度高的机器导轨为 16～24 点，为 1 级精度，对于一个平面来说应以点数少的地方评定。

（2）水平仪检查法：用水平仪的气泡位置来确定精度，一般用于检查工件平面大范围内的波形及机床导轨的平面度。

3.8.2 研磨

用研具及研磨剂从工件表面上磨掉一层极薄的材料的加工方法叫做研磨。研磨后工件表面的表面粗糙度 Ra 可达 0.63～0.01μm，尺寸精度可达 IT5～IT01，几何形状更加准确。

1. 研磨的原理

用比工件软一些的材料做研磨工具，在研磨工具上放些研磨剂，在工件和研具之间的压力作用下，部分磨料嵌入研具表面，使研具像砂轮一样有了无数切削刃，研磨时工件和研具之间做复杂的相对运动，由于磨料的切削、滑动、滚动和挤压作用，使工件表面被切除一层极薄的材料。

2. 研磨剂

研磨剂是由磨料和研磨液混合而成的。磨料的粗细用粒度表示。

研磨液在研磨剂中起稀释、润滑与冷却作用。常用的研磨液有机油、煤油（用于一般工件表面研磨）、猪油（用于精密表面研磨）和水（用于玻璃、水晶研磨）。

3. 研磨工具

研磨工具是使工件研磨成形的工具，简称研具。

（1）研具的材料。研具是研磨剂的载体，硬度应低于工件的硬度，又有一定的耐磨性，常用灰铸铁制成。

（2）研具的形状。研具的表面形状依被研磨工件的表面形状而定。

4. 研磨方法

（1）研磨平面，在研磨平板上进行，如图 3-49 所示。

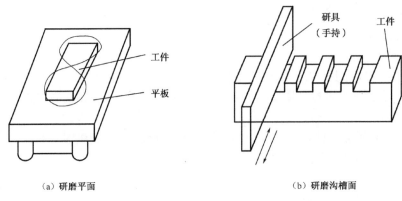

（a）研磨平面　　　　　　　　　　　（b）研磨沟槽面

图 3-49　研磨平面

（2）研磨圆柱面。

研磨外圆柱面在车床或钻床上研磨；研磨内圆柱面用手工与机械相配合的方法进行研磨，如图 3-50 所示。

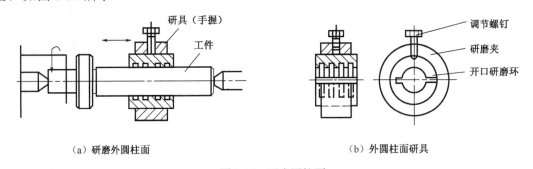

（a）研磨外圆柱面　　　　　　　　　　（b）外圆柱面研具

图 3-50　研磨圆柱面

5. 研磨要求

（1）工件相对研具的运动，要尽量保证工件上各点的研磨行程长度相近。

（2）工件运动轨迹均匀地遍及整个研具表面，以利于研具均匀磨损。

（3）运动轨迹的曲率变化要小，以保证工件运动平稳。

（4）工件上任一点的运动轨迹尽量避免过早出现周期性重复。

6. 研磨的特点及应用

（1）设备简单，精度要求不高。

（2）加工质量可靠。可获得很高的精度和很低的表面粗糙度值。

（3）可加工各种钢、淬硬钢、铸铁、铜铝及其合金、硬质合金，陶瓷等非金属。

（4）研磨广泛用于单件小批生产中加工各种高精度型面。

 任务实施

1. 在一体化教室或多媒体教室上课，教师课堂上结合挂图，通过展示 PPT 课件、播放视频、微课等手段辅助教学。

2. 教师讲解刮削刀具结构、平面刮削方法、曲面刮削方法并演示平面刮削和曲面刮削加工操作。

3. 学生小组成员之间共同研究、讨论、完成以下工作任务并做好记录。

（1）不同种类的刮刀及其使用场合；

（2）根据加工零件的要求如何正确选用刮刀；

（3）探讨三种平面刮削：粗刮、细刮、精刮加工精度的差异；

（4）根据刮削零件加工精度的要求正确选择检查方法；

（5）分析挺刮法和手刮法的异同点。

4. 小组代表上台展示分组讨论结果。

5. 学生依据表 3-19 "学生综合能力评价标准表" 进行自评、互评。

6. 教师评价并对任务完成的情况进行总结。

 任务评价

教师对学生任务实施的完成情况进行检查，并对各项重要环节进行赋值评分，同时对学生综合能力进行评价，并将结果填入表 3-19 所示的评价标准表内。

表 3-19　学生综合能力评价标准表

		考核评价要求		项目分值	自我评价	小组评价	教师评价
评价项目	专业能力 60%	工作准备	（1）工具、刀具、量具的数量是否齐全； （2）材料、资料准备的是否适用，质量和数量如何； （3）工作周围环境布置是否合理、安全； （4）能否收集和归纳派工单信息并确定工作内容； （5）着装是否规范并符合职业要求； （6）小组成员分工是否明确、配合默契等方面	10			
		工作过程各个环节	（1）能否利用网络资源、技术手册等查找研磨后工件的表面粗糙度和尺寸精度要求； （2）能否说明平面刮削和曲面刮削方法的特点及应用场合； （3）能否根据刮削加工零件要求正确选择刮刀； （4）能否遵守劳动纪律，以积极的态度接受工作任务； （5）安全措施是否做到位	20			
		工作成果	（1）工件装夹的方法是否正确； （2）平面刮削和曲面刮削操作是否正确； （3）挺刮法和手刮法姿势是否正确； （4）研磨加工后的零件是否能达到图纸要求； （5）能否清洁、整理设备和现场达到 5S 要求等	30			
	职业核心能力 40%	信息收集能力	能否有效利用网络资源、技术手册等查找相关信息	10			
		交流沟通能力	（1）能否用自己的语言有条理地阐述所学知识； （2）是否积极参与小组讨论，运用专业术语与他人讨论、交流； （3）能否虚心接受他人意见，并及时改正	10			
		分析问题能力	（1）探讨三种平面刮削：粗刮、细刮、精刮加工精度的差异； （2）分析挺刮法和手刮法的异同点	10			
		解决问题能力	（1）是否具备正确选择工具、量具、夹具的能力； （2）能否根据刮削零件加工精度的要求正确选择检查方法	10			
备注	小组成员应注意安全规程及其行业标准，本学习任务可以小组或个人形式完成			总分			
开始时间：		结束时间：					

学习任务 3.9 装配、拆卸零部件

任务描述

任何一台机器都是由多个零件组成的，一台机器的制造，通常经过毛坯→零件→部件→总装配等过程。本次学习的主要内容就是了解典型连接件的装配、部件装配和总装配方法，学会装配、拆卸机械零部件的工艺步骤。

任务准备

实施本任务教学所使用的实训设备及工具材料可参见表 3-20。

表 3-20 学习资源表

序 号	分 类	名 称	数 量
1	工具	内六角扳手、铜棒、手锤等	1 套/组
2	量具	游标卡尺、高度尺、螺旋千分尺、水平仪、方框等	1 把/组
3	设备	减速箱、虎钳等	各 1 台/组
4	资料	任务单、零件图、金属加工工艺手册、国家标准公差手册	1 套/组
5	材料	滑动轴承、平键、斜键、半圆键、花键、圆柱销、圆锥销	1 件/组
6	其他	工作服、工作帽等劳保用品、安全生产警示标识	1 套/人

任务分析

在学习本任务内容时要理解任何一台机器都是由多个零件组成的，能对机械零件进行归类，理解装配中的轴、孔配合关系，弄懂完全互换法、选配法、修配法的异同点及应用场合，掌握典型连接件的装配、部件装配和总装配方法，学会装配、拆卸机械零部件的工艺步骤。

相关知识

3.9.1 装配特点

任何一台机器都是由多个零件组成的，例如一台中等复杂程度的减速箱就是由几十个零件组成的。将零件按装配工艺过程组装起来，并经过调整试验，使之成为合格产品的过程，称为装配。

组件装配：将若干个零件安装在一个基础零件上构成组件，例如，减速箱的一根轴。

部件装配：将若干个零件、组件安装在另一个基础零件上构成部件（独立机构），例如，减速箱。

总装配：将若干个零件、部件、组件安装在一个较大、较重的基础零件上而构成产品，例如，车床则是由几个箱体等部件安装在床身上而构成的。

装配质量的好坏直接影响机器的寿命、功率损耗、精度高低。例如车床主轴间隙的大小，间隙大产生跳动影响机床精度，间隙小转动不灵活会增加功率损耗。

装配不好的机器，不但不能正常工作，还会造成机器的早期磨损，以至报废。从安全角度来讲，如果零部件间位置不正确，不但影响工作性能，甚至造成生命财产的重大损失。

因此，装配是一项非常重要而细致的工作，千万不可粗心大意，一定要按装配工艺进行。

3.9.2 装配零件种类

1．基本件，如机座、床身箱件、轴类、盘类等。

2．通用件或部件，如各工厂生产的系列零件或部件。

3．标准件，即紧固件。

4．外购件、轴承、电器元件等。

3.9.3 装配工艺规程

装配工艺规程是实际装配工作的指导性文件。即在装配过程中，对经过实践检验比较成熟的装配方案，用文字和图表的形式总结出来作为指导装配的文件称为装配工艺规程。按这样的指导文件进行有步骤、有秩序的装配对提高生产效率和质量会起到保证作用，还可以在大批量的生产中实现流水作业。

3.9.4 装配操作步骤

1．装配前准备

（1）熟悉研究装配图的技术条件，了解产品结构和零件的作用，以及相互连接关系。

（2）确定装配方法、程序和所需的工具。

（3）领取和清洗零件，去除毛刺及整形。

（4）对有的零件还要进行修刮，静、动平衡，密封等试验。

2．装配顺序

（1）组件装配→部件装配→总装。

（2）调整、检验、试车。

（3）喷漆、油，装箱出厂。

3．装配连接种类（表 3-21）

表 3-21　装配连接种类

固 定 连 接		活 动 连 接	
可拆的	不可拆的	可拆的	不可拆的
螺纹、键楔、定位销、螺钉	铆接、焊接、压合、胶合、热压	轴与滑动轴承柱塞与筒、间隙配合零件	任何活动连接的铆合件

3.9.5 装配中的轴孔配合

1．过盈配合：轴径>孔径，轴孔之间形成过盈，不可能产生相对运动，一般为不可拆卸。

2．间隙配合：孔径>轴径，孔轴可以相对运动，可以拆卸。

3．过渡配合：介于以上两种配合之间，轴与孔无相对运动，但可以拆卸。

3.9.6 装配方法

1．完全互换法

零件在制造中保证了精度，在装配时，所装配的同一种零件能互换装入，装配时可以不加选择，不进行调整和修配，装上去就可以满足质量要求。

特点：① 生产效率高，适用于大批量和流水作业。

② 装配质量稳定。

③ 对装配工人的技术水平要求不高。

2．选配法（尺寸分段）

选配法用于批量生产。

特点：① 在装配前按零件尺寸大小进行测量、分组，然后分组装配。

② 对零件制造公差可以放宽，降低成本。

3．修配法

适用于单件小批生产。采用此法，零件加工不必太精确，可留适当余量在装配时修配，保证装配最终精度要求。这种方法比较复杂和困难。

特点：① 工效低，对装配工人的技术水平要求高。

② 可缩短零件加工时间。

4．调整法

装配时通过调整一个或几个零件的位置，以消除零件的积累误差，达到装配要求，如调换垫片、衬套及可调螺丝、镶条丝。此法比修配方法方便，也可达到很高的装配精度，在大批量生产中和小批量生产中均可以采用。

3.9.7 常用零件装配方法

1．键类零件的装配方法

键类零件有平键、斜键、半圆键、花键，以平键居多，用于连接齿轮、皮带轮等，可传递扭矩。例如，减速机轴配键，它的侧面是传递扭矩的表面，装配时通常不应修锉，键的顶部与键槽应有一定的空隙。

2．销类零件的装配方法

销类零件有圆柱销、圆锥销（1∶50）。

装配圆柱销时，在销表面涂润滑油用铜棒敲入。装圆锥销时，大端露出零件的表面或与之平齐，小端应与零件表面平齐或缩进一点。装配前如能用手将销塞进 80%～85%，则表明正常过盈。如为不通孔时，应选用带螺纹的圆柱销。

3.9.8 轴承的装配方法

轴承用于支承旋转的轴，减少相对运动的零件之间的摩擦，在工业中应用广泛。

1．轴承分类

（1）滑动轴承：又分为轴瓦式和铜套式轴承。

（2）滚动轴承：又分为向心轴承、推力轴承和向心推力轴承。

① 向心轴承：主要承受径向载荷；

② 推力轴承：主要承受轴向载荷；

③ 向心推力轴承：同时承受径向及轴向载荷。

2．装配方法

（1）压入法：用压力将轴承压入轴上或孔中，或同时压入孔及轴中。

（2）加热法：当轴承的内圈与轴有较大的过盈时，可采用加热法将轴承放入机油中加热至100℃左右，使轴承膨胀，然后迅速套在轴颈上。用这种方法可以得到较高的装配精度。

3．构造

轴承由后盖壳体、轴套、柱塞、缸体、配油盘、斜盘等组成。

 任务实施

1．在一体化教室或多媒体教室上课，教师在课堂上结合挂图，通过展示 PPT 课件、播放视频、微课等手段辅助教学。

2．教师讲解典型连接件的装配、部件装配和总装配方法并演示典型连接件的装配、部件的装配操作。

3．学生小组成员之间共同研究、讨论、完成以下工作任务并做好记录。

（1）编写装配、拆卸机械零部件的工艺；

（2）典型连接件装配基准确定的原则；

（3）根据不同的零件要求正确选择工具；

（4）根据不同零件要求来选择合适的轴、孔配合；

（5）探讨完全互换法、选配法、修配法、调整法的特点；

（6）分析固定连接、活动连接的应用场合。

4．小组代表上台阐述分组讨论结果。

5．学生依据表 3-22 "学生综合能力评价标准表" 进行自评、互评。

6．教师评价并对任务完成的情况进行总结。

 注意事项

1．对所有需要装配的零件或部件，都必须经过严格的检查和清洗。

2．装配时应按一定的顺序进行，装配顺序与拆卸顺序相反。

3．装配时尽量使用专用工具或设备，以提高装配效率和装配质量。

4．做好零件标号和装配记号的核对工作，保证零件之间正确的相互位置和运动关系。

5．装配某些静配合件时，可采用加热的办法，避免猛敲猛打。

6．装配动配合件时，应在表面涂以润滑油，以免在开始运转时产生干摩擦。

7．装配过程中，要对装配质量随时进行检查，发现问题及时纠正。

任务评价

教师对学生任务实施的完成情况进行检查，并对各项重要环节进行赋值评分，同时对学生综合能力进行评价，并将结果填入表 3-22 所示的评价标准表内。

表 3-22　学生综合能力评价标准表

		考核评价要求	项目分值	自我评价	小组评价	教师评价
评价项目	专业能力 60%	工作准备	（1）工具、量具的数量是否齐全； （2）材料、资料准备的是否适用，质量和数量如何； （3）工作周围环境布置是否合理、安全； （4）能否收集和归纳派工单信息并确定工作内容； （5）着装是否规范并符合职业要求； （6）小组成员分工是否明确、配合默契等方面	10			
		工作过程各个环节	（1）能否查阅相关资料，拟定典型连接件装配的工艺步骤； （2）能否说明典型连接件装配基准确定的原则； （3）能否根据不同的零件要求正确选择工具； （4）能否遵守劳动纪律，以积极的态度接受工作任务； （5）安全措施是否做到位	10			
		工作成果	（1）是否能正确说明轴承的两种装配方法； （2）装配轴瓦式滑动轴承操作是否正确； （3）编制的典型连接件的装配工艺是否正确； （4）能否清洁、整理设备和现场达到 5S 要求等	30			
	职业核心能力 40%	信息收集能力	能否有效利用网络资源、技术手册等查找相关信息	10			
		交流沟通能力	（1）能否用自己的语言有条理地阐述所学知识； （2）是否积极参与小组讨论，运用专业术语与他人讨论、交流； （3）能否虚心接受他人意见，并及时改正	10			
		分析问题能力	（1）探讨完全互换法、选配法、修配法、调整法的特点； （2）分析固定连接、活动连接的应用场合	10			
		解决问题能力	（1）是否具备正确选择工具、量具、夹具的能力； （2）是否具备根据不同零件要求来选择合适的轴、孔配合的能力	10			
备注	小组成员应注意安全规程及其行业标准，本学习任务可以小组或个人形式完成		总分			
开始时间：		结束时间：				

课后练习

一、选择题

1．常用的分度头有 FW100、（　　）、FW160 等几种。

　　A．FW110　　　　B．FW120　　　　C．FW125　　　　D．FW140

2．锉刀共分三种，即普通锉、特种锉和（　　）。

　　A．刀口锉　　　　B．菱形锉　　　　C．整形锉　　　　D．椭圆锉

3．圆锉刀的尺寸规格是以（　　）大小表示的。

　　A．长度　　　　　B．方形尺寸　　　C．直径　　　　　D．宽度

4. 用于最后修光工件表面的锉是（　　　）。
　　A．油光锉　　　　B．粗锉刀　　　　C．细锉刀　　　　D．什锦锉

5. 双齿纹锉刀适用于锉（　　　）材料。
　　A．软　　　　　　B．硬　　　　　　C．大　　　　　　D．厚

6. 交叉锉锉刀的运动方向与工件夹持方向约成（　　　）。
　　A．10°～20°　　B．20°～30°　　C．30°～40°　　D．40°～50°

7. 精锉时必须采用（　　　），使锉痕变直，纹理一致。
　　A．交叉锉　　　　B．旋转锉　　　　C．逆向锉　　　　D．顺向锉

8. 锯路有交叉形，还有（　　　）。
　　A．波浪形　　　　B．八字形　　　　C．鱼鳞形　　　　D．螺旋形

9. 锯条有了锯路后，使工件上的锯缝宽度（　　　）锯条背部的厚度，从而防止夹锯。
　　A．小于　　　　　B．等于　　　　　C．大于　　　　　D．小于或等于

10. 锯条的粗细是以（　　　）mm 长度内的齿数表示的。
　　A．15　　　　　　B．20　　　　　　C．25　　　　　　D．35

11. 锯削硬材料或切面较小的工件，应该用（　　　）锯条。
　　A．硬齿　　　　　B．软齿　　　　　C．粗齿　　　　　D．细齿

12. 锯条安装时，应使齿尖的方向（　　　）。
　　A．朝左　　　　　B．朝右　　　　　C．朝前　　　　　D．朝后

13. 起锯角约为（　　　）。
　　A．10°　　　　　B．15°　　　　　C．20°　　　　　D．25°

14. 刮削中，采用正研往往会使平板产生（　　　）。
　　A．平面扭曲现象　　　　　　　　B．研点达不到要求
　　C．一头高一头低　　　　　　　　D．凹凸不平

15. 刮削机床导轨时，以（　　　）为刮削基准。
　　A．溜板用导轨　　　　　　　　　B．尾座用导轨
　　C．压板用导轨　　　　　　　　　D．溜板燕尾导轨

16. 研磨的基本原理包含着物理和（　　　）的综合作用。
　　A．化学　　　　　B．数学　　　　　C．科学　　　　　D．哲学

二、判断题

1. 零件的加工精度对装配精度无直接影响。　　　　　　　　　　　　　　　（　　）
2. 大型工件划线时，如果没有长的钢直尺，可用拉线代替，没有大的直角尺则可用线坠代替。　　　　　　　　　　　　　　　　　　　　　　　　　　　　　　　　（　　）
3. 划线时，都应从划线基准开始。　　　　　　　　　　　　　　　　　　　（　　）
4. 錾子的切削部分由前刀面、后刀面和它们的交线（切削刃）组成。　　　　（　　）
5. 錾油槽时錾子的后角要随曲面而变动，倾斜度保持不变。　　　　　　　　（　　）
6. 锉刀由锉身和锉柄两部分组成。　　　　　　　　　　　　　　　　　　　（　　）
7. 锉刀粗细的选择取决于工件的形状。　　　　　　　　　　　　　　　　　（　　）
8. 锉刀不可做撬棒或手锤用。　　　　　　　　　　　　　　　　　　　　　（　　）
9. 锯削管子和薄板时，必须用细齿锯条。　　　　　　　　　　　　　　　　（　　）
10. 锯削时，无论是远起锯，还是近起锯，起锯的角度都要大于 15°。　　　　（　　）
11. 麻花钻刃磨时应将主切削刃在略低于砂轮水平中心平面处先接触砂轮。　　（　　）

12. 钻半圆孔时，可用一块与工件材料相同的废料与工件合在一起钻出。　　　（　　）

13. 孔的精度要求较高、表面粗糙度要求较小时应选用主要起润滑作用的切削液。

（　　）

14. 钻小孔时，应选择较大的进给量和较低的转速。　　　　　　　　　　（　　）

15. 在圆杆上套丝时，要始终施以压力，连续不断地旋转，这样套出的螺纹精度高。

（　　）

16. 在圆杆上套 M10 螺纹时，圆杆直径可加工为 9.75～9.85mm。　　　　（　　）

17. 由于被刮削的表面上分布着微浅凹坑，增加了摩擦阻力，降低了工件表面精度。

（　　）

18. 显示剂蓝油常用于有色金属的刮削，如铜合金、铝合金。　　　　　　（　　）

19. 粗刮的目的是刮掉大部分刮削余量，为细刮和精刮奠定基础。　　　　（　　）

20. 研具材料比被研磨的工件硬。　　　　　　　　　　　　　　　　　　（　　）

21. 研磨液在研磨中起着调和磨料、冷却和润滑的作用。　　　　　　　　（　　）

22. 研磨平面时压力大、研磨切削量大、表面粗糙度值小、速度太快引起工件发热，但能提高研磨质量。　　　　　　　　　　　　　　　　　　　　　　　　　　（　　）

23. 装配就是将零件结合成部件，再将部件结合成机器的过程。　　　　　（　　）

24. 产品装配的常用方法有完全互换装配法、选择装配法、修配装配法和调整装配法。

（　　）

25. 装配要点包括部件装配和总装配。　　　　　　　　　　　　　　　　（　　）

26. 产品装配工艺过程包括装配前的准备工作和装配工作。　　　　　　　（　　）

27. 装配工艺过程的内容主要包括装配技术要求和检验方法。　　　　　　（　　）

28. 锉配键是键磨损后常采用的修理方法。　　　　　　　　　　　　　　（　　）

29. 销连接在机械中除起到连接作用外，还起定位作用和保险作用。　　　（　　）

三、简答题

1. 简述曲面锉削的应用。

2. 保证装配精度的方法有哪几种？说明其适用场合。

3. 锯条粗细的选择方法。

4. 锯削操作注意事项。

5. 刮削的特点是什么？

项目四

磨削加工

学习目标

知识目标	了解磨床的名称、型号、主要组成部分及作用、使用方法，制订磨削加工工艺流程，工件的装夹和刀具的安装方法，外圆磨削的方法及锥体工件的磨削知识、量具的使用方法。
能力目标	懂得工件的装夹和砂轮的安装方法，能安全、正确地操作磨床，使用量具检测工件，会按照图纸和工艺要求磨削外圆、外锥体等零件。
素质目标	培养学生分工协助、合作交流、解决问题的能力，形成自信、谦虚、勤奋、诚实的品质，学会观察、记忆、思维、想象，培养创造能力、创新意识，养成勤于动脑、探索问题的习惯。

考证要求

技 能 要 求	相 关 知 识
能进行外圆、外锥体的磨削	外圆磨削的方法及锥体工件的磨削知识
能磨削内孔	内孔磨削的方位
能磨削平面	1. 平面磨削的方法 2. 凹槽的磨削方法
能刃磨铰刀、丝锥等简单刀具	简单刀具的刃磨方法
能磨削梯形丝杠	螺纹的磨削方法及挂轮的计算知识

学习任务 4.1　认识磨床及夹具的作用

任务描述

认识磨床的型号及加工范围，了解磨床的通用夹具和专用夹具的作用，为学习磨削加工零件奠定良好的基础。

任务准备

实施本任务教学所使用的实训设备及工具材料可参考表 4-1 所示。

表 4-1　学习资源表

序　号	分　类	名　称	数　量
1	工具	扳手、铜棒等	1 套/组
2	量具	游标卡尺、磁座百分表、螺旋千分尺等	1 把/组
3	夹具	顶尖、夹头、圆柱心轴、锥度心轴、弹簧夹头、三爪卡盘、四爪卡盘、花盘等	各 1 套/组
4	设备	普通外圆磨床、端面外圆磨床、无心外圆磨床、普通内圆磨床、行星内圆磨床、无心内圆磨床、卧轴矩台平面磨床、立轴矩台平面磨床、卧轴圆台磨床、立轴圆台平面磨床、工具曲线磨床、钻头沟槽磨床、万能工具磨床、车刀刃磨床、滚刀刃磨床等	各 1 台/组
5	资料	任务单、磨床机床等设备安全操作要点、企业规章制度	1 套/组
6	其他	工作服、工作帽等劳保用品	1 套/人

 任务分析

磨削加工有什么特点？磨床有哪些型号及加工范围？为了让学生对磨床有初步的认识，首先介绍不同磨床加工的特点及应用的相关知识。

 相关知识

4.1.1　磨削加工方法

磨削加工是指在磨床上通过高速旋转的砂轮与工件的相对运动，自工件上切去多余的金属，以获得形状、精度、表面粗糙度达到图纸所规定的要求零件的一种加工方法。

在现代机械制造方面，磨削加工是主要加工方法之一。特别对淬硬的加工件来讲，磨削加工是唯一的加工方法。

磨床的类别型号

据不完全统计，目前计有 144 种不同型号的磨床，磨床加工的范围很广，各种成形面和复杂面都可以加工。但是，某一种磨床具有一定的加工范围，如外圆磨床只能加工圆柱面、圆锥面及圆台阶面。

磨床的型号包括类、组、型、基本参数，特性代号及改进次数等，现举例如下：

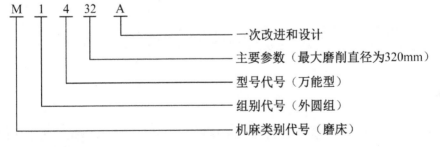

4.1.2　磨床的种类

1. 外圆磨床

外圆磨床有普通外圆磨床、端面外圆磨床、无心外圆磨床等。

M1432A 外圆磨床如图 4-1 所示，主要用于磨削圆柱形或圆锥形的外圆和内孔，也能磨削阶梯轴的轴肩和端面，属于普通精度级，加工精度可达 IT6～IT7 级，表面粗糙度可达 $Ra0.8$～$0.2\mu m$。它的万能性较强，操作方便，但磨削效率不高，自动化程度也较低，适用于工具、机修车间和单件、小批量生产。

2．内圆磨床

内圆磨床包括普通内圆磨床、行星内圆磨床、无心内圆磨床等。如图 4-2 所示为 M2120 内圆磨床。

3．平面磨床

平面磨床包括卧轴矩台平面磨床、立轴矩台平面磨床、卧轴圆台平面磨床、立轴圆台平面磨床等。如图 4-3 所示为 M7180 卧轴矩台平面磨床。

4．工具磨床

工具磨床包括工具曲线磨床、钻头沟槽磨床等。

5．工具刃具磨床

工具刃具磨床包括万能工具磨床、车刀刃磨磨床、滚刀刃磨磨床等。如图 4-4 所示为 MQ6025A 万能工具磨床。

图 4-1　M1432A 外圆磨床

图 4-2　M2120 内圆磨床

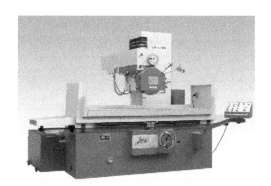

图 4-3　M7180 卧轴矩台平面磨床

图 4-4　MQ6025A 万能工具磨床

4.1.3　磨床的通用夹具

1．顶尖和夹头

顶尖和夹头通常配套使用，用途十分广泛，是磨削各种轴类零件时最常用的且精度较高的装夹方法。顶尖有高速钢顶尖和镶硬质合金顶尖，前者常用于一般硬度的工件，后者常用于淬火后的工件。在单件生产时，一般选用鸡心夹头；在批量生产时，常根据工件被夹持部位的尺寸设计成专用夹头，使用时更便捷。

2. 心轴

心轴常用于外圆磨床或万能外圆磨床上以孔或孔端面为基准的盘类和套筒类工件的外圆及端面，以保证工件外圆与内孔的同轴度及与端面的垂直度要求。心轴两端的中心孔锥面上应等分开出 3 条油槽，锥面需要研磨。

（1）圆柱心轴：适用于加工环形工件。

（2）锥度心轴：心轴的锥度一般为 0.01～0.03mm/100mm，视被磨削工件的精度需要而定。心轴外圆与工件内孔的配合程度以能克服磨削力为宜，不宜过紧而使工件变形。当工件的内孔公差带较宽时，心轴可做成几根为一组，共选配使用。心轴的外圆对中心孔的跳动允许误差一般为 0.003～0.01mm，也视被磨削工件的精度需要而定。心轴的材料一般为低碳合金钢，热处理渗碳淬火。这种心轴常用于单件或小批量生产。

3. 弹簧夹头

弹簧夹头属于机床附件，通常用在外圆磨床和万能磨床上。

4. 卡盘和花盘

三爪卡盘、四爪卡盘和花盘都属于机床附件，通常用在外圆磨床和万能磨床上。

4.1.4 磨床的专用夹具

专用夹具是针对工件的某一工序而专门设计的夹具，由工厂自行设计制造。因其针对性较强，故结构紧凑，操作方便。但它设计制造周期较长，若产品变更时，则往往因无法再使用而报废。它用于产品固定的大批量生产或精度要求很高的单件生产中。

 任务实施

1．在教师的带领下，参观机械加工车间和金工实训场。认知职业场所，感知企业生产环境和生产流程，教师现场讲解车间的安全生产要求、规章制度和磨削加工技术的发展趋势等。认识各种不同类型的磨床名称和作用。

2．教师现场讲解各种磨床结构与磨削加工方法，展示各种磨床通用夹具，演示普通内圆磨床、端面外圆磨床、无心外圆磨床、平面磨床、万能工具磨床、工具刃具磨床加工操作。

3．安排到一体化教室或多媒体教室进行教学，教师在课堂上结合 PPT 课件、微课、视频等讲述磨床加工的特点及应用的基本知识。

4．学生小组成员之间共同研究、讨论、完成以下工作任务并做好记录。

（1）指出 M1432A 外圆磨床各部分的名称；

（2）普通内圆磨床、端面外圆磨床、无心外圆磨床、平面磨床、万能工具磨床、工具刃具磨床的用途；

（3）根据不同的磨削加工要求正确选择磨床种类；

（4）探讨根据不同工件的特点来选择合适的夹具；

（5）分析影响工件表面粗糙度的因素。

5. 小组代表上台阐述讨论结果。
6. 学生依据表 4-2 "学生综合能力评价标准表"进行自评、互评。
7. 教师评价并对任务完成的情况进行总结。

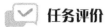 **任务评价**

教师对学生任务实施的完成情况进行检查，并对各项重要环节进行赋值评分，同时对学生综合能力进行评价，并将结果填入表 4-2 所示的评价标准表内。

表4-2　学生综合能力评价标准表

			考核评价要求	项目分值	自我评价	小组评价	教师评价
评价项目	专业能力60%	工作准备	（1）工具、量具的数量是否齐全； （2）材料、资料准备的是否适用，质量和数量如何； （3）工作周围环境布置是否合理、安全； （4）能否收集和归纳派工单信息并确定工作内容； （5）着装是否规范并符合职业要求； （6）分工是否明确、配合默契等方面	10			
		工作过程各个环节	（1）能否查阅相关资料，区分普通内圆磨床、端面外圆磨床、无心外圆磨床、平面磨床、万能工具磨床、工具刃具磨床； （2）能否说明磨削加工的特点； （3）是否认识磨床的常用附件及夹具； （4）能否遵守劳动纪律，以积极的态度接受工作任务； （5）安全措施是否做到位	20			
		工作成果	（1）是否能正确说明 M1432A 磨床的类别代号含义； （2）能否说出磨削的加工工序，并说出工序特点； （3）是否能正确说出磨床通用夹具； （4）能否对照 M1432A 外圆磨床指出各部分的名称； （5）能否清洁、整理设备和现场达到 5S 要求等	30			
	职业核心能力40%	信息收集能力	能否有效利用网络资源、技术手册等查找相关信息	10			
		交流沟通能力	（1）能否用自己的语言有条理地阐述所学知识； （2）是否积极参与小组讨论，运用专业术语与他人讨论、交流； （3）能否虚心接受他人意见，并及时改正	10			
		分析问题能力	（1）探讨普通内圆磨床、端面外圆磨床、无心外圆磨床、平面磨床、万能工具磨床、工具刃具磨床加工精度； （2）分析普通内圆磨床、端面外圆磨床、无心外圆磨床、平面磨床、万能工具磨床、工具刃具磨床磨削工件的异同点	10			
		解决问题能力	（1）是否具备正确选择工具、量具、夹具的能力； （2）能否根据不同的磨削加工要求正确选择磨床种类； （3）能否根据不同工件的特点选择合适的夹具	10			
备注	小组成员应注意安全规程及其行业标准，本学习任务可以小组或个人形式完成			总分			
开始时间：			结束时间：				

学习任务 4.2　学习磨床安全操作及维护保养知识

 任务描述

在磨削过程中，砂轮做高速旋转运动，容易发生因操作不当产生吃刀量过大、工件烧伤的现象，严重者会使工件弹出及砂轮破损，造成机床设备和人身事故，为了保障学生的人身安全，在开磨床前必须熟悉机床的结构、性能及传动系统、润滑部位、电气等基本知识和使用维护方法，操作者必须经过考核合格后，方可进行操作。

任务准备

实施本任务教学所使用的实训设备及工具材料可参见表 4-3 所示。

表 4-3　学习资源表

序　号	分　类	名　称	数　量
1	工具	扳手、铜棒等	1 套/组
2	量具	游标卡尺、磁座百分表、螺旋千分尺等	1 把/组
3	夹具	顶尖、夹头、圆柱心轴、锥度心轴、弹簧夹头、三爪卡盘、四爪卡盘、花盘等	各 1 套/组
4	设备	普通外圆磨床、端面外圆磨床、无心外圆磨床、普通内圆磨床、行星内圆磨床、无心内圆磨床、卧轴矩台平面磨床、立轴矩台平面磨床、卧轴圆台平面磨床、立轴圆台平面磨床、工具曲线磨床、钻头沟槽磨床、万能工具磨床、车刀刃磨磨床、滚刀刃磨磨床等	各 1 台/组
5	资料	任务单、磨床机床等设备安全操作要点、企业规章制度	1 套/组
6	其他	工作服、工作帽等劳保用品	1 套/人

 任务分析

学习本任务内容时，应在了解各种不同类型的磨床及附件等设备的特点后，通过学习磨床安全操作要点及企业规章制度，掌握磨床安全操作要求。

 相关知识

磨床安全操作要求

1. 实训时应穿好工作服，袖口要扎紧或戴袖套，戴好工作帽，长发者将头发全部塞入帽内，防止衣角或头发被磨床转动部分卷入发生安全事故。

2. 新砂轮要用木锤轻轻敲击砂轮的侧面，听砂轮发出的声音是否清脆，若声音暗哑，则该砂轮可能有裂纹，必须经过安全回转试验合格后方可使用；否则，该砂轮应报废。

3．磨削使用前应仔细检查工件的安装是否正确，紧固是否可靠，磁性吸盘是否失灵，以免工件飞出伤人或损坏设备。在磨削窄而高的工件时，工件的前后应放挡铁。

4．磨削前，砂轮应经过 2 分钟的空转试验，才能开始工作。磨削时应站在砂轮侧面，以防砂轮飞出伤人。

5．摇动工作台或确定行程时，要特别注意避免砂轮碰撞夹头或尾座。

6．拆装工件或搬动附件时要当心，勿使物件敲击台面或碰撞砂轮；特别要防止手或手臂碰着砂轮。实训结束或完成一个段落时，应将磨床有关操作手柄置于"空挡"位置上，以免再开机时部件突然运动而发生事故。

7．换新砂轮时，必须做砂轮平衡，砂轮平衡经初次修整后还应再做一次平衡。

8．树脂与橡胶结合剂砂轮存放期为 1 年，超过存放期，必须重新检验后才能使用。

9．磨削时砂轮转速很高，必须正确安装和紧固砂轮并安装防护罩，不允许在不安装防护罩的情况下进行磨削。砂轮线速度不应超过允许线速度。

10．开车前必须调整好换向挡铁的位置并将其紧固。工作台自动进给时，要避免出现砂轮与工件轴肩、夹头或卡盘等相碰撞。

11．不停车测量尺寸时，外圆磨床应将砂轮快速退出，以防砂轮伤手或损坏量具。

12．在加工间断表面时，进给量不得过大，以防工件飞出伤人。

13．禁止用一般砂轮的端面磨削较宽的平面；禁止在无心磨床上磨削弯曲的零件。

14．工件加工完后，必须将砂轮退到安全位置后才能上、下工件。工作结束后，应让砂轮空运转 2 分钟后再关闭砂轮电源。

15．磨床上的所有外露旋转部分都应有罩壳加以保护。

16．操作时必须精力集中，不允许离开机床等违章操作。

17．注意安全用电。出现电气故障时，应请电工进行检查修理，机床操作工人不要打开电气箱和电气设备。

18．工作场地应保持整洁，要文明生产。

 任务实施

1．在教师的带领下，参观机械加工车间和金工实训场。教师现场讲解企业规章制度及安全生产知识。

2．安排到一体化教室或多媒体教室上课，教师在课堂上结合 PPT 课件、微课、视频等讲述各类磨床的设备安全操作要点。

3．学生小组成员之间共同讨论并做好记录。

（1）外圆磨床安全操作要点；

（2）内圆磨床安全操作要点；

（3）平面磨床安全操作要点；

（4）万能工具磨床安全操作要点；

（5）探讨磨削加工时碰到什么异常情况时，应立即停车，排除故障；

（6）分析为何磨削前，砂轮应经过 2 分钟的空转试验。

4．小组代表上台阐述讨论结果。

5．学生依据评价标准进行自评、互评。

6. 教师根据表4-4"学生综合能力评价标准表"进行评价，对任务完成的情况进行总结。

 **任务评价**

教师对学生任务实施的完成情况进行检查，并对各项重要环节进行赋值评分，同时对学生综合能力进行评价，并将结果填入表4-4所示的评价标准表内。

表4-4　学生综合能力评价标准表

			考核评价要求	项目分值	自我评价	小组评价	教师评价
评价项目	专业能力60%	工作准备	（1）工具、量具的数量是否齐全； （2）材料、资料准备的是否适用，质量和数量如何； （3）工作周围环境布置是否合理、安全； （4）能否收集和归纳派工单信息并确定工作内容； （5）着装是否规范并符合职业要求； （6）分工是否明确、配合默契等方面	10			
		工作过程各个环节	（1）能否查阅相关资料，识别普通内圆磨床、端面外圆磨床、无心外圆磨床、平面磨床、万能工具磨床、工具刃具磨床； （2）安全措施是否做到位； （3）是否清楚磨削加工间断表面时，进给量不得过大； （4）能否遵守劳动纪律，以积极的态度接受工作任务	20			
		工作成果	（1）是否能正确说明外圆磨床安全操作要点； （2）是否能正确说明内圆磨床安全操作要点； （3）是否能正确说明平面磨床安全操作要点； （4）是否能正确说明万能工具磨床安全操作要点； （5）能否清洁、整理设备和现场达到5S要求等	30			
	职业核心能力40%	信息收集能力	能否有效利用网络资源、技术手册等查找相关信息	10			
		交流沟通能力	（1）能否用自己的语言有条理地阐述所学知识； （2）是否积极参与小组讨论，运用专业术语与他人讨论、交流； （3）能否虚心接受他人意见，并及时改正	10			
		分析问题能力	（1）探讨如何判断新砂轮质量； （2）分析为何磨削前，砂轮应经过2分钟的空转试验	10			
		解决问题能力	（1）实训结束或完成一个段落时，为何要将磨床的操作手柄置于"空挡"位置上； （2）能否根据磨削加工工件要求正确选择夹具	10			
备注	小组成员应注意安全规程及其行业标准，本学习任务可以小组或个人形式完成			总分			
开始时间：			结束时间：				

学习任务 4.3　磨削外圆零件——光杆

任务描述

了解磨床在外圆磨削时工件的装夹方法，理解磨削加工精度，正确选择合适的外圆磨削砂轮及磨削用量参数，对工件的中心孔进行修研后，分别采用轴向磨削法、径向磨削法、阶段磨削法、深度磨削法磨削工件的外圆。用外圆磨床加工如图 4-5 所示的光杆零件（材料：45钢），磨削加工后的零件达图纸尺寸和表面粗糙度要求。

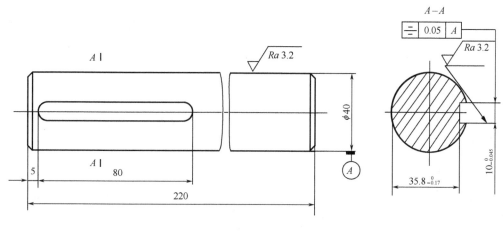

图 4-5　光杆零件图

任务准备

实施本任务教学所使用的实训设备及工具材料可参见表 4-5 所示。

表 4-5　学习资源表

序　号	分　类	名　称	数　量
1	工具	扳手、铜棒等	1 套/组
2	量具	游标卡尺、磁座百分表、螺旋千分尺等	1 把/组
3	夹具	顶尖、夹头、圆柱心轴、锥度心轴、弹簧夹头、三爪卡盘、四爪卡盘、花盘等	各 1 套/组
4	设备	普通外圆磨床、端面外圆磨床、无心外圆磨床等	各 1 台/组
5	资料	任务单、外圆磨床机床等设备安全操作要点、企业规章制度	1 套/组
6	附件	碟形、碗形、筒形、杯形等各类砂轮	各 1 套/组
7	材料	45 钢：ϕ45mm×225mm	1 件/组
8	其他	工作服、工作帽等劳保用品	1 套/人

任务分析

在学习本任务时应熟悉外圆磨削砂轮结构，如何根据工件的形状、大小和加工数量合理选择夹具并正确装夹工件及磨削用量参数，会分析外圆磨削常见缺陷与消除措施，掌握轴向磨削法、径向磨削法、阶段磨削法、深度磨削法磨削工件外圆的操作。

 相关知识

根据工件的形状大小、精度要求、磨削余量的多少和工件的刚性等来选择磨削方法，常用外圆磨削的基本方法有轴向磨削法、径向磨削法、阶段磨削法和深度磨削法四种。

4.3.1 工件的装夹

1．用顶尖装夹工件

用顶尖装夹工件的特点：顶尖装夹是外圆磨床最常用的方法，其特点是装夹迅速方便，定位精度高。工作时，把工件装夹在前、后顶尖间，由头架上的拨盘、拔销、尖头带动工件旋转，其旋转方向与砂轮旋转方向相同。磨床上的后顶尖不随工件旋转，俗称"死顶尖"，这样可以提高工件的加工精度。如采用"活顶尖"与工件一起旋转，由于主轴轴承的制造误差等因素的影响，工件磨削精度将下降。

2．用卡盘装夹工件

两端无中心孔的轴类零件和盘形工件外圆可选用三爪卡盘装夹，外形不规则的工件可用四爪卡盘装夹。

3．用卡盘和顶尖装夹工件

工件比较长且只有一端有中心孔时，可以采用卡盘和顶尖装夹的方法。装夹时先调整头架和尾架顶尖在垂直方向上等高，然后调整头架和尾架顶尖水平方向在同一直线上。

4．用心轴装夹工件

盘套类空心工件，常以内孔定位，磨削外圆，以心轴装卡工件，但心轴必须和卡箍（夹头）、拨盘及拨杆等传动装置一起配合使用。

4.3.2 外圆磨削砂轮的选择

1．砂轮是由磨料和结合剂构成的多孔物体。
2．砂轮的性能主要是由磨料、粒度、硬度、结合剂、组织形状与尺寸等参数决定的。
例如：

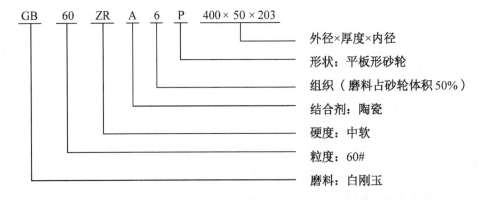

（1）磨料：在磨削中直接担负着切削工件的任务，具有很高的硬度、足够的强度及耐热性的韧性。磨料主要由刚玉和碳化硅制成。

（2）粒度：指磨粒的尺寸，选用原则如下。

① 要求磨削效率高，而工件表面粗糙度要求不高时，可选择粗粒度。

② 砂轮与工件接触面大，应选择粗粒度。

③ 有色金属和软金属，粒度选择粗一些。

④ 高、硬、脆而组织紧密的材料，选用较细的粒度。

⑤ 精磨和成形磨削，不允许有拉毛划伤的工件，选细一些的粒度。

⑥ 高速磨削的砂轮，其粒度相应细一些。

（3）硬度。

① 砂轮硬度：是指砂轮表面的磨粒在外力作用下脱落的难易程度，磨粒容易脱落的，则砂轮硬度就低，反之硬度就高。

② 选用原则：软材料要选用较硬的砂轮，反之则相反。

工件材料相同时，外圆磨床选用的砂轮应当比内圆磨床、平面磨床的砂轮硬度高一些。

（4）结合剂：把磨粒黏合在一起而构成磨具（砂轮）的材料。

（5）组织：磨料与结合剂结合的松紧程度。

（6）形状：碟形、碗形、筒形、杯形等。

（7）尺寸：指砂轮的外径、内径、轮宽。

磨削外圆砂轮的选择如表 4-6 所示。

表 4-6　磨削外圆砂轮的选择

加 工 材 料	磨 削 要 求	磨 料	磨料代号	粒 度	硬 度	结 合 剂
未淬火的碳钢、合金钢	粗磨	棕刚玉	A（GZ）	36～46	M～N	
	精磨			46～60	M～Q	
淬火的碳钢、合金钢	粗磨	白刚玉	WA（GB）	46～60	K～M	
	精磨	铬刚玉	PA（GG）	60～100	L～N	V
铸铁	粗磨	黑碳化硅	C（TH）	24～36	K～L	
	精磨			60	K	
不锈钢	粗磨	单晶刚玉	SA（GD）	36～46	M	
	精磨			60	L	
硬质合金	粗磨	绿碳化硅	GC（TL）	46	K	V
	精磨	人造金刚石	RVD（$JR_{1,2}$）	100		B
高速钢	粗磨	白刚玉	WA（GB）	36～40	K～L	
	精磨	铬刚玉	PA（GG）	60		V
软青铜	粗磨	黑碳化硅	C（TH）	24～36	K	
	精磨			40～60	K～M	
紫铜	粗磨	黑碳化硅	C（TH）	36～60	K～L	B
	精磨	铬刚玉	PA（GG）	60	K	V

4.3.3 磨削用量

磨削过程中,磨削用量的选择是一个很重要的工艺内容,俗称吃刀量。吃刀量过大,造成工件烧伤,严重者会使工件弹出及砂轮破损,造成机床设备和人身事故,所以,合理安排磨削切用量,对安全生产、提高生产效率和加工精度有着重要意义。磨削用量的主要参数如下。

(1)纵向进给量 $S_纵$:工件旋转一周时,砂轮(或工件)沿其轴线移动的距离,单位为 mm/r。一般 $S_纵 = (0.3 \sim 0.6) B$(粗磨),或 $S_纵 = (0.2 \sim 0.3) B$(精磨),其中 B 为砂轮宽度。

(2)横向进给量(又称吃刀深度)t:在一次走刀中所磨金属的层厚(即工作台往复运动一次,工件相对砂轮径向移动的距离)。

粗加工横向进给量一般为 0.015~0.04mm;精加工横向进给量一般为 0.005~0.015mm。

4.3.4 外圆磨削的基本方法

1. 轴向磨削法

轴向磨削法磨削时,砂轮做旋转运动和径向进给运动,工件做低速转动(圆周进给)并和工作台一起做直线往复运动(轴向进给),当每一次轴向行程或往复行程结束时,砂轮按要求的磨削深度做一次径向进给,轴向磨削法如图 4-6 所示。磨削余量要在多次往复行程中磨去,在工件两端磨削时,砂轮要超出工件两端的长度,一般取(1/3~1/2)B(B 为砂轮宽度)。

2. 径向磨削法

径向磨削法磨削时,砂轮做旋转运动且以很慢的速度连续(或断续)向工件做径向进给运动,工作台无轴向往复运动,工件做旋转运动,径向磨削法如图 4-7 所示。当砂轮宽度 B 大于工件磨削长度 L 时,砂轮可径向切入磨削,磨去全部加工余量。

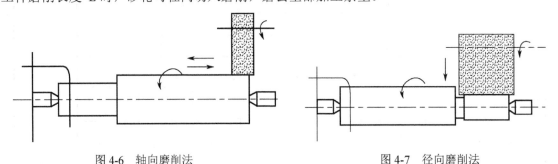

图 4-6 轴向磨削法   图 4-7 径向磨削法

3. 阶段磨削法

将工件分成若干小段,用径向磨削法(即砂轮做旋转运动和径向进给运动,工件做轴向分段进给)逐段进行粗磨,留精磨余量 0.03~0.04mm,再用轴向磨削法(即砂轮做旋转运动和径向进给运动,工件做旋转运动和轴向往复运动)精磨工件至要求尺寸。这种磨削既有径向磨削法生产率高的优点,又有轴向磨削法加工精度高的优点。分段磨削时,相邻两段间应有 5~15mm 的重叠,以保证各段外圆能够衔接好。

4. 深度磨削法

深度磨削法是一种高效率的磨削方法,磨削时,砂轮只做两次垂直进给。第一次垂直进给量等于粗磨的全部余量，当工作台纵向行程终了时，将砂轮或工件沿砂轮轴线方向移动 3/4～4/5 的砂轮宽度，直至切除工件全部粗磨余量；第二次垂直进给量等于精磨余量，其磨削过程与横向磨削法相同。

 任务实施

1. 在一体化教室或多媒体教室上课，教师在课堂上结合挂图，通过展示 PPT 课件、播放视频等手段辅助教学。

2. 教师讲解轴向磨削法、径向磨削法、阶段磨削法、深度磨削法磨削工件外圆的方法，并演示轴向磨削法、径向磨削法、阶段磨削法、深度磨削法磨削工件的外圆零件操作。

3. 学生小组成员之间共同研究、讨论、完成以下工作任务并做好记录。

（1）如何根据工件的形状、大小和加工数量合理选择工件的装夹方法；

（2）如何根据不同加工精度要求来正确选择磨削速度、进给量、磨削深度；

（3）磨削外圆如何选择砂轮；

（4）探讨轴向磨削法、径向磨削法、阶段磨削法、深度磨削法磨削工件外圆操作的异同点；

（5）分析外圆磨削常见缺陷与消除措施；

（6）识读光杆零件图，分析、讨论并确定光杆零件的加工方法；

（7）编写光杆零件加工工艺，确定各工序加工余量。

4. 按照光杆零件工艺卡进行加工，记录加工操作及要点，以及碰到的问题和解决措施。

在工作过程中，严格遵守安全操作要点，工作完成后，按照现场管理规范清理场地，归置物品，并按照环保规定处置废弃物。磨削加工完成后对光杆零件进行检验，填写工作单，写出工作小结。

5. 小组代表上台阐述分组讨论结果及展示小组加工完成的光杆零件。

6. 学生依据表 4-7"学生综合能力评价标准表"进行自评、互评。

7. 教师评价并对任务完成的情况进行总结。

 注意事项

1. 用三爪卡盘夹紧工件时的注意事项

（1）检查卡盘与头架主轴的同轴度，有误差必须找正。

（2）找正时，装夹力适当小些，目测工件摆动情况，用铜棒轻敲工件到大致符合要求，再用百分表准确找正，跳动控制在 0.05mm 左右。

（3）夹持精加工表面时，必须垫铜皮。

2. 用四爪卡盘夹紧工件时的注意事项

必须用划针盘或百分表找正工件右端和左端两点，夹爪的夹紧力应均匀，并要两夹爪对称调整。夹紧后要将 4 个卡爪拧紧一遍，再用百分表校正工件后方可开车磨削。

 任务评价

教师对学生任务实施的完成情况进行检查，并对各项重要环节进行赋值评分，同时对学生综合能力进行评价，并将结果填入表 4-7 所示的评价标准表内。

表 4-7　学生综合能力评价标准表

		考核评价要求	项目分值	自我评价	小组评价	教师评价
评价项目	专业能力 60%	工作准备： （1）工具、量具的数量是否齐全； （2）材料、资料准备的是否适用，质量和数量如何； （3）工作周围环境布置是否合理、安全； （4）能否收集和归纳派工单信息并确定工作内容； （5）着装是否规范并符合职业要求； （6）分工是否明确、配合默契等方面	10			
		工作过程各个环节： （1）能否查阅相关资料，磨削外圆如何选择砂轮； （2）能否确定光杆零件加工工艺路线，编制光杆零件工艺卡，明确各工序加工余量； （3）是否认识磨床的常用附件及夹具； （4）能否遵守劳动纪律，以积极的态度接受工作任务； （5）安全措施是否做到位	20			
		工作成果： （1）是否能正确说明 GB60ZRA6P 400×50×203 的代号含义； （2）是否能用外圆磨床完成加工光杆零件，达到图纸尺寸和表面粗糙度要求； （3）是否能正确说出磨床通用夹具； （4）能否采用轴向磨削法、径向磨削法、阶段磨削法、深度磨削法进行磨削工件外圆的操作； （5）能否清洁、整理设备和现场达到 5S 要求等	30			
	职业核心能力 40%	信息收集能力：能否有效利用网络资源、技术手册等查找相关信息	10			
		交流沟通能力： （1）能否用自己的语言有条理地阐述所学知识； （2）是否积极参与小组讨论，运用专业术语与他人讨论、交流； （3）能否虚心接受他人意见，并及时改正	10			
		分析问题能力： （1）探讨轴向磨削法、径向磨削法、阶段磨削法、深度磨削法磨削工件外圆操作的异同点； （2）分析外圆磨削常见缺陷与消除措施	10			
		解决问题能力： （1）是否具备正确选择工具、量具、夹具的能力； （2）能否根据不同的磨削加工要求正确选择磨削用量； （3）能否根据不同工件的特点来选择合适的夹具	10			
备注	小组成员应注意安全规程及其行业标准，本学习任务可以小组或个人形式完成		总分			
开始时间：		结束时间：				

学习任务 4.4　磨削内圆零件——轴承套

任务描述

了解磨床在内圆磨削时工件的装夹方法，理解磨削加工精度，正确选择合适的内圆磨削砂轮、磨削液、磨削用量参数，分别采用中心内圆磨削、无心内圆磨削、行星式内圆磨削三种方式磨削工件的内圆。用内圆磨床加工如图 4-8 所示的轴承套零件（材料：45 钢），磨削加工后的零件达到图纸尺寸和表面粗糙度要求。

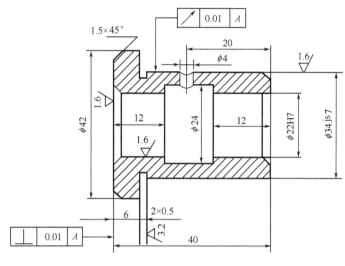

图 4-8 轴承套零件图

 任务准备

实施本任务教学所使用的实训设备及工具材料可参见表 4-8 所示。

表 4-8 学习资源表

序　号	分　类	名　　称	数　量
1	工具	扳手、铜棒等	1 套/组
2	量具	游标卡尺、磁座百分表、螺旋千分尺等	1 把/组
3	夹具	顶尖、夹头、圆柱心轴、锥度心轴、弹簧夹头、三爪卡盘、四爪卡盘、花盘等	各 1 套/组
4	设备	普通内圆磨床、行星式内圆磨床、无心内圆磨床等	各 1 台/组
5	资料	任务单、内圆磨床机床等设备安全操作要点、企业规章制度	1 套/组
6	附件	平形砂轮、双斜边砂轮、单斜边砂轮、单面凸砂轮、单面凹砂轮、双面凹砂轮、筒形砂轮、杯形砂轮、碗形砂轮、碟形砂轮	各 1 套/组
7	材料	45 钢：$\phi45$ mm×55mm	1 件/组
8	其他	工作服、工作帽等劳保用品	1 套/人

任务分析

在学习本任务时应熟悉内圆磨削砂轮结构，如何根据工件的形状、大小和加工数量来合理选择夹具、磨削液、磨削用量参数，正确装夹工件，掌握中心内圆磨削、无心内圆磨削、行星式内圆磨削三种方式进行磨削工件的内圆操作。分析内圆磨削产生废品的原因，列出预防方法。

相关知识

4.4.1 内圆磨削工艺

内圆磨削是内孔的精加工方法，可以加工零件上的通孔、不通孔、台阶孔和台阶断端面等。内圆磨削还能加工淬硬的工件，因此在机械加工中得到广泛应用。内圆磨削的尺寸精度一般可达 IT7～IT6 级，表面粗糙度达 $Ra0.8～0.2\mu m$。如采用高精度磨削工艺，尺寸精度可以控制在 0.005mm 以内，表面粗糙度可达 $Ra0.02～0.01\mu m$。

1．砂轮的选择

砂轮的选择是指选择砂轮的特性，即粒度、磨料、硬度、组织、结合剂的选择。普通内圆磨削砂轮常见的形状如图 4-9 所示。鉴于内圆磨削的特点，与外圆磨削相比，内圆磨削的砂轮硬度低 1～2 级；粒度常选用 36～60 号，其中以 46 号较为多用；组织一般选用中等组织的砂轮（即 4～6 级）。在外圆、内圆磨削都多用中等组织的情况下，内圆磨削要选用大 1～2 号（即疏松 1～2 号）的。砂轮的尺寸一般以砂轮直径或工件孔径的比值来确定，其值取 0.5～0.9 之间，孔小时取大值，反之取小值。

（a）平形砂轮　　　（b）碗形砂轮　　　（c）凹面砂轮

图 4-9　普通内圆磨削砂轮的形状

2．工件的装夹

（1）用三爪自定心卡盘装夹工件。三爪自定心卡盘的精度较低，工件夹紧后的径向圆跳动误差为 0.08mm 左右。三爪自定心卡盘使用时可根据工件直径调换卡爪方向。当工件直径较小时，用正爪装夹；当工件直径较大时，用反爪装夹，如果带有直径较大的内孔，也可以采用反撑的装夹方法。

（2）用四爪单动卡盘装夹工件。用四爪单动卡盘装夹工件可以达到很高的定心精度，但校正比较麻烦。目前，主要用于在小批量生产中装夹尺寸较大或外形不很规则的工件及定心精度要求高的工件。

（3）用花盘装夹工件。花盘是一种铸铁圆盘，在花盘的盘面上有很多径向分布的 T 形槽，可以安插各种螺栓以夹紧工件。工件可以用压板和螺栓直接装夹在花盘上，也可以通过精密角铁装夹在花盘上。花盘主要用于安装各种外形比较复杂的工件，如铣刀、支架、连杆等。

（4）用卡盘和中心架装夹工件。磨削较长的轴套类工件内孔时，可以采用卡盘和中心架组合安装的方法以提高工件安装的稳定性。

4.4.2　磨削方法

1. 中心内圆磨削

在普通内圆磨床、万能外圆磨床上磨孔，这种磨削方法的特点是工件都绕自身轴线回转，砂轮的旋转方向与工件的旋转方向相反。这种磨削方式适用于形状规则、便于回转的零件，如各种套筒、法兰盘、齿轮等，在目前生产中应用广泛。

2. 无心内圆磨削

磨削时，工件支承在滚轮和导轮上，压紧轮使工件紧靠导轮，由导轮带动工件旋转，实现圆周进给运动。

3. 行星式内圆磨削

行星式内圆磨削是指工件不转动，砂轮除绕自身轴线高速旋转外，还绕所磨孔的中心以低速做行星运动的磨削方式。这种磨削方式主要用于磨削体积大、外形笨重或形状不对称及不便于旋转的零件，如发动机上的连杆等，在目前生产中应用较少。

 任务实施

1. 在一体化教室或多媒体教室上课，教师在课堂上结合挂图，通过展示 PPT 课件、播放视频等手段辅助教学。

2. 教师讲解中心内圆磨削、无心内圆磨削、行星式内圆磨削三种方式进行磨削工件内圆的方法，并演示中心内圆磨削、无心内圆磨削、行星式内圆磨削三种方式进行磨削工件内圆的操作。

3. 学生小组成员之间共同研究、讨论、完成以下工作任务并做好记录。

（1）如何根据工件的形状、大小和加工数量合理选择工件的装夹方法；

（2）如何选择合适的内圆磨削砂轮、磨削液、磨削用量参数；

（3）按照工件精度要求选择合适的量具进行检测；

（4）分析内圆磨削常见缺陷与消除措施；

（5）分析中心内圆磨削、无心内圆磨削、行星式内圆磨削三种方式磨削内圆工件表面粗糙度值的大小；

（6）识读轴承套零件图，分析、讨论并确定零件的加工方法；

（7）编写轴承套零件加工工艺，确定各工序加工余量。

4. 按照轴承套零件工艺卡进行加工，记录加工操作及要点，以及碰到的问题和解决措施。

在工作过程中，严格遵守安全操作要点，工作完成后，按照现场管理规范清理场地，归置物品，并按照环保规定处置废弃物。加工完成后对轴承套进行检验，填写工作单，写出工作小结。

5. 小组代表上台阐述分组讨论结果及展示小组加工完成的轴承套零件。

6. 学生依据表 4-9 "学生综合能力评价标准表"进行自评、互评。

7. 教师评价并对任务完成的情况进行总结。

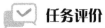 **任务评价**

教师对学生任务实施的完成情况进行检查，并对各项重要环节进行赋值评分，同时对学生综合能力进行评价，并将结果填入表 4-9 所示的评价标准表内。

表 4-9　学生综合能力评价标准表

			考核评价要求	项目分值	自我评价	小组评价	教师评价
评价项目	专业能力60%	工作准备	（1）工具、量具的数量是否齐全； （2）材料、资料准备的是否适用，质量和数量如何； （3）工作周围环境布置是否合理、安全； （4）能否收集和归纳派工单信息并确定工作内容； （5）着装是否规范并符合职业要求； （6）分工是否明确、配合默契等方面	10			
		工作过程各个环节	（1）能否查阅相关资料，确定磨削内圆如何选择砂轮； （2）能否确定轴承套零件加工工艺路线，编制轴承套零件工艺卡，明确各工序加工余量； （3）是否认识内圆磨床的常用附件及夹具； （4）能否遵守劳动纪律，以积极的态度接受工作任务； （5）安全措施是否做到位	20			
		工作成果	（1）是否能正确说明中心内圆磨削的应用场合； （2）是否能用磨床完成加工轴承套零件，达到图纸尺寸和表面粗糙度要求； （3）是否能正确说出磨床通用夹具； （4）能否采用中心内圆磨削、无心内圆磨削、行星式内圆磨削三种方式进行磨削工件内圆的操作； （5）能否清洁、整理设备和现场达到 5S 要求等	30			
	职业核心能力40%	信息收集能力	能否有效利用网络资源、技术手册等查找相关信息	10			
		交流沟通能力	（1）能否用自己的语言有条理地阐述所学知识； （2）是否积极参与小组讨论，运用专业术语与他人讨论、交流； （3）能否虚心接受他人意见，并及时改正	10			
		分析问题能力	（1）探讨中心内圆磨削、无心内圆磨削、行星式内圆磨削三种方式进行磨削工件内圆操作的异同点； （2）分析内圆磨削常见缺陷与消除措施	10			
		解决问题能力	（1）是否具备正确选择工具、量具、夹具的能力； （2）能否根据不同的磨削加工要求正确选择磨削用量； （3）能否根据不同工件的特点选择合适的夹具	10			
备注			小组成员应注意安全规程及其行业标准，本学习任务可以小组或个人形式完成	总分			
开始时间：			结束时间：				

金工实习

学习任务 4.5　磨削平面零件——方箱

任务描述

认识平面磨床的型号及加工范围，了解平面磨床的电磁吸盘的作用，正确选择合适的磨削砂轮、磨削液、磨削用量参数，分别采用磨削平面零件的方法：横向磨削法、切入磨削法、台阶砂轮磨削法三种方式进行磨削平面零件。弄懂平面磨削零件的精度检验步骤和方法。用平面磨床加工如图 4-10 所示的方箱零件，磨削加工后的零件达到图纸尺寸和表面粗糙度要求。

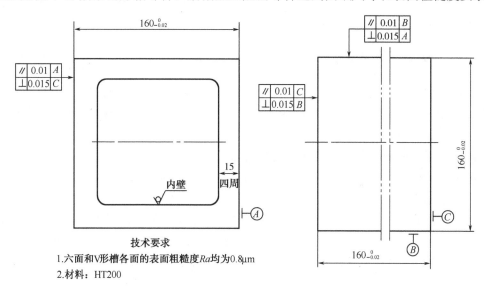

技术要求
1.六面和V形槽各面的表面粗糙度Ra均为0.8μm
2.材料：HT200

图 4-10　方箱零件图

任务准备

实施本任务教学所使用的实训设备及工具材料可参见表 4-10 所示。

表 4-10　学习资源表

序　号	分　类	名　　称	数　量
1	工具	扳手、铜棒等	1套/组
2	量具	游标卡尺、磁座百分表、螺旋千分尺等	1把/组
3	夹具	三爪卡盘、电磁吸盘等	各1套/组
4	设备	卧轴矩台平面磨床、立轴矩台平面磨床、卧轴圆台平面磨床、立轴圆台平面磨床等	各1台/组
5	资料	任务单、平面磨床机床等设备安全操作要点、企业规章制度	1套/组
6	材料	HT200-400：165mm×165 mm×20 mm	1件/组
7	其他	工作服、工作帽等劳保用品	1套/人

任务分析

在学习本任务时应熟悉平面磨床的型号及加工范围，了解平面磨床的电磁吸盘的作用，如何根据工件的形状、大小和加工数量合理选择合适的磨削砂轮、磨削液、磨削用量参数，学会分别采用磨削平面零件的方法——横向磨削法、切入磨削法、阶台砂轮磨削法进行磨削平面工件操作。分析平面磨削零件精度检验的步骤和方法。

 相关知识

平面零件的装夹方法由尺寸和材料而定。电磁吸盘是最常用的夹具之一，凡是由钢、铸铁等铁磁性材料制成的平面零件，都可用电磁吸盘装夹。

4.5.1　电磁吸盘的使用要求

1. 关掉电磁吸盘的电源后，工件和电磁吸盘上仍会保留一部分磁性，这种现象称为剩磁。因此，工件不易取下，这时只要将开关转到退磁位置，多次改变线圈中的电流方向，把剩磁去掉，工件就容易取下。

2. 由于大工件的剩磁及光滑表面间的黏附力较大，因此工件不容易从电磁吸盘上取下，这时可根据工件形状先用木棒将工件扳松后再取下，切忌不能用力硬拖工件，以防工作台面与工件表面拉毛损伤。

3. 装夹工件时，工件定位表面盖住绝磁层的条数应尽可能多，以充分利用磁件吸力。小而薄的工件应放在绝磁层中间，并在其左右放置挡板，以防工件松动。装夹高度较高而定位面较小的工件时，应在工件的四周放上面积较大的挡板。挡板的高度应略低于工件的高度，这样可避免因吸力不够而造成工件翻倒使砂轮碎裂。

4. 电磁吸盘的台面要经常保持平整光洁，如果台面出现拉毛，可用三角油石或细砂纸修光，再用金相砂纸抛光。如果台面使用时间较长，表面上划纹和细麻点较多，或者有某些变形时，可以对电磁吸盘台面做一次修磨。修磨时，电磁吸盘应接通电源，使它处于工作状态。磨削量和进给量要小，冷却要充分，待磨光至无火花出现时即可。应尽量减少修磨次数，以延长其使用寿命。

5. 操作结束后，应将吸盘台面擦干净，以免电磁吸盘锈蚀损坏。

4.5.2　磨削平行面的方法

磨削平行面需要达到的主要技术要求是：平面本身的平面度、表面粗糙度和两平面间的平行度。磨削时应选择大而且较平整的面做定位基准，当定位表面为粗基准时，应用锉刀、砂纸清除工件表面的毛刺和热处理氧化层。粗磨时，要注意使工件两面磨去的余量均匀，精磨时可在垂直进给停止后做几次磨光，以减小工件表面粗糙度。为了获得较高的平行度，可将工件多翻几次身，反复磨削，这样可以把工件两个面上残留的误差逐步减小。平行面常用的磨削方法有以下几种。

1. 横向磨削法

横向磨削法是最常用的一种磨削方法，每当工作台纵向行程结束时，砂轮主轴做一次横向进给，待工件上第一层金属磨去后，砂轮再做垂直进给，直至切除全部余量为止。这种磨削方法适用于磨削长而宽的平面工件，其特点是磨削发热较小、排屑和冷却条件较好，因而容易保证工件的平行度和平面度要求，但生产效率较低。

（1）磨削用量的选择：一般粗磨时，横向进给量 f =（0.1～0.48）B/双行程（B 为砂轮宽度），背吃刀量（垂直进给量）a_p = 0.015～0.05mm；精磨时，f =（0.05～0.1）B/双行程，a_p =0.005～0.01mm。

（2）砂轮的选择：常用平行的陶瓷砂轮。由于平面磨削时砂轮与工件的接触弧较外圆磨削大，所以砂轮的硬度应比外圆磨削时软一些，粒度应比外圆磨削时粗一些。

2. 切入磨削法

当工件磨削面宽度 b 小于砂轮宽度 B 时，可采用切入磨削法。磨削时砂轮不做横向进给，故机动时间缩短，在磨削将结束时，做适当的横向移动，可减小工件表面的粗糙度。

3. 台阶砂轮磨削法

将砂轮厚度的前一半修成几个台阶，粗磨余量由这些台阶分别磨除，砂轮厚度的后一半用于精磨。这种磨削方法生产效率高，但磨削时横向进给量不能过大；由于磨削余量被分配在砂轮的各个台阶圆周面上，磨削负荷及磨损由各段圆周表面分担，故能充分发挥砂轮的磨削性能。由于砂轮修整麻烦，其应用受到一定的限制。

 任务实施

1. 在一体化教室或多媒体教室上课，教师在课堂上结合挂图，通过展示 PPT 课件、播放视频等手段辅助教学。

2. 教师讲解横向磨削法、切入磨削法、阶台砂轮磨削法进行磨削平面零件的方法并演示横向磨削法、切入磨削法、阶台砂轮磨削法进行磨削平面零件的操作。

3. 学生小组成员之间共同研究、讨论、完成以下工作任务并做好记录。

（1）如何根据工件的形状、大小和加工数量合理选择工件的装夹方法；

（2）如何选择合适的磨削砂轮、磨削液、磨削用量参数；

（3）平面磨削零件的精度检验步骤和方法；

（4）分析平面磨床的电磁吸盘的作用；

（5）分析横向磨削法、切入磨削法、阶台砂轮磨削法磨削平面零件表面粗糙度值的大小；

（6）识读方箱零件图，分析、讨论并确定零件的加工方法；

（7）编写方箱零件加工工艺，确定各工序加工余量。

4. 按照方箱零件工艺卡进行加工，记录加工操作及要点，以及碰到的问题和解决措施。

在工作过程中，严格遵守安全操作要点，工作完成后，按照现场管理规范清理场地，归置物品，并按照环保规定处置废弃物。加工完成后对方箱零件进行检验，填写工作单，写出工作小结。

5. 小组代表上台阐述分组讨论结果及展示小组加工完成的方箱零件。

6. 学生依据表 4-11 "学生综合能力评价标准表" 进行自评、互评。

7. 教师评价并对任务完成的情况进行总结。

 **任务评价**

教师对学生任务实施的完成情况进行检查，并对各项重要环节进行赋值评分，同时对学生综合能力进行评价，并将结果填入表 4-11 所示的评价标准表内。

表 4-11　学生综合能力评价标准表

			考核评价要求	项目分值	自我评价	小组评价	教师评价
评价项目	专业能力 60%	工作准备	（1）工具、量具的数量是否齐全； （2）材料、资料准备的是否适用，质量和数量如何； （3）工作周围环境布置是否合理、安全； （4）能否收集和归纳派工单信息并确定工作内容； （5）着装是否规范并符合职业要求； （6）分工是否明确、配合默契等方面	10			
		工作过程各个环节	（1）能否查阅相关资料，确定磨削平面如何选择砂轮； （2）能否确定方箱零件加工工艺路线，编制方箱零件工艺卡，明确各工序加工余量； （3）是否认识平面磨床的常用附件及夹具； （4）能否遵守劳动纪律，以积极的态度接受工作任务； （5）安全措施是否做到位	20			
		工作成果	（1）是否能正确说明中心平面磨削的应用场合； （2）是否能用平面磨床完成加工方箱零件，达到图纸尺寸和表面粗糙度要求； （3）是否能正确说出磨床通用夹具； （4）能否采用横向磨削法、切入磨削法、阶台砂轮磨削法进行磨削零件平面的操作； （5）能否清洁、整理设备和现场达到 5S 要求等	30			
	职业核心能力 40%	信息收集能力	能否有效利用网络资源、技术手册等查找相关信息	10			
		交流沟通能力	（1）能否用自己的语言有条理地阐述所学知识； （2）是否积极参与小组讨论，运用专业术语与他人讨论、交流； （3）能否虚心接受他人意见，并及时改正	10			
		分析问题能力	（1）探讨横向磨削法、切入磨削法、阶台砂轮磨削法磨削工件操作的异同点； （2）讨论平面磨削零件的精度检验步骤和方法； （3）分析平面磨削常见缺陷与消除措施	10			
		解决问题能力	（1）是否具备正确选择工具、量具、夹具的能力； （2）能否根据不同的磨削加工要求正确选择磨削用量和磨削液； （3）能否根据不同工件的特点来选择合适的夹具	10			
备注	小组成员应注意安全规程及其行业标准，本学习任务可以小组或个人形式完成			总分			
开始时间：			结束时间：				

课后练习

一、填空题

1. 磨削就是利用_____旋转的磨具（砂轮、砂带、磨头等）从工件表面切削下_____切屑的加工方法。

2. 磨削可以加工的工件材料很广，既可以加工_____、_____、_____等一般结构材料，也能够加工高硬度的_____、_____、_____等难切削的材料。但不宜精加工塑性较大的工件。

3. 砂轮的磨粒材料通常采用_____、_____、_____等硬度极高的材料制造。磨削用的砂轮是由许多细小坚硬的磨粒用结合剂_____在一起，经_____而成的疏松多孔体。

4. 磨削的切削厚度极薄，每个磨粒的切削厚度可小到微米，故磨削的尺寸公差等级可达_____，表面粗糙度 Ra 值达_____μm。高精度磨削时，尺寸公差等级可达_____，表面粗糙度 Ra 值可达_____μm。

5. 砂轮安装在砂轮架主轴上，由单独的电动机通过皮带传动砂轮做高速旋转，实现切削_____。

6. 在外圆磨床上磨削外圆通常采用_____、_____、_____、_____四种装夹方法。

7. 如图 4-11 所示为 M2120 型内圆磨床的外形结构，填写其各组成部分（序号 1～9）的名称。

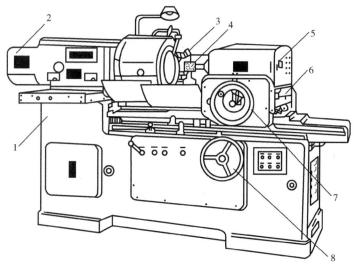

图 4-11 M2120 型内圆磨床的外形结构

1. _____；2. _____；3. _____；4. _____；5. _____；6. _____；
7. _____；8. _____；9. _____。

8. 在外圆磨床上磨削外圆常用的方法有_____、_____和_____。

9. 平面磨削常用两种方法，一种是_____，指在卧轴矩台或卧轴圆台平面磨床上，用砂轮的外圆柱面进行磨削；另一种称为_____，指在立轴圆台或立轴矩台平面磨床上，用砂轮的端面进行磨削。

二、判断题

1. 磨削实际上是一种多刃刀具的超高速切削。 （　　）
2. 砂轮是由磨粒、结合剂和空隙组成的多孔物体。 （　　）
3. 砂轮的硬度就是磨粒的硬度。 （　　）
4. 砂轮的磨粒号越大，磨粒尺寸也越大。 （　　）
5. 平面磨床只能磨削由钢、铸铁等导磁性材料制造的零件。 （　　）
6. 磨削外圆时，工件的转动是主运动。 （　　）
7. 磨削外圆时，磨床的前后顶尖均不随工件旋转。 （　　）
8. 对于淬火后的零件的下一道加工工艺，比较适宜的方法是磨削。 （　　）
9. 为了提高加工精度，外圆磨床上使用的顶尖都是"死顶尖"。 （　　）
10. 内圆磨削时，砂轮和工件的旋转方向应相同。 （　　）
11. 磨床工作台采用液压传动，其优点是工作平稳，无冲击振动。 （　　）
12. 纵向磨削法可以用同一砂轮加工长度不同的工件，适宜于磨削长轴和精磨。 （　　）
13. 如果砂轮硬度太高，磨削时工件表面易产生烧伤。 （　　）
14. 磨削细长轴时，尾座顶尖的顶紧力应大一些，以免工件在两顶尖间轴向窜动。
 （　　）
15. 磨削导热性差的材料或容易发热变形的工件时，砂轮粒度应细一些。 （　　）

三、选择题

1. 具有砂轮做旋转运动、工件做纵向运动、砂轮或工件做横向运动、砂轮做垂直运动的磨削方式是（　　）磨削。
   A．外圆　　　　　　B．内圆　　　　　　C．平面
2. 采用（　　）传动可以使磨床运动平稳，并可实现较大范围内的无级变速。
   A．齿轮　　　　　　B．带　　　　　　　C．链　　　　　　D．液压
3. 目前制造砂轮常用的是（　　）磨料。
   A．天然　　　　　　B．人造　　　　　　C．混合
4. （　　）主要用于磨削高硬度、高韧性、难加工的钢件。
   A．棕刚玉　　　　　B．立方氮化硼　　　C．金刚石
5. 砂轮的粒度对磨削工件的（　　）和磨削效率有很大影响。
   A．尺寸精度　　　　B．表面粗糙度　　　C．几何精度

四、问答题

1. 说明万能外圆磨床工作台和卧式矩台平面磨床工作台的区别。
2. 内圆磨削有哪些特点？
3. 应如何选用接长轴？
4. 如何根据工件的几何形状、加工精度来选择装夹方法和进行找正？
5. 装夹薄壁工件应注意什么？
6. 如何应用纵向磨削法磨内孔？
7. 磨台阶孔时如何正确选择砂轮？
8. 如何确定内孔的磨削余量和磨削用量？
9. 试述磨内圆时砂轮的选择原则。
10. 磨削偏心工件有哪些装夹方法？

电焊操作训练

 **学习目标**

知识目标	了解电焊设备的名称、型号、主要组成部分及作用、使用方法，埋弧焊自动调节原理，埋弧焊、二氧化碳气体保护焊、手工钨极氩弧焊操作要点。
能力目标	能够进行埋弧焊机的操作，正确选择手工钨极氩弧焊工艺；会低碳钢平板对接立焊、横焊的单面焊双面成形操作。
素质目标	培养学生分工协助、合作交流、解决问题的能力，形成自信、谦虚、勤奋、诚实的品质，学会观察、记忆、思维、想象，培养创造能力、创新意识，养成勤于动脑、探索问题的习惯。

 考证要求

焊接种类	技能要求	相关知识
手工电弧焊	1. 能够进行低碳钢平板对接立焊、横焊的单面焊双面成形 2. 能够进行低碳钢平板对接的仰焊 3. 能够进行低碳钢管垂直固定的单面焊双面成形 4. 能够进行低碳钢管板插入式各种位置的焊接 5. 能够进行低碳钢管的水平固定焊接	1. 不同位置的焊接工艺参数 2. 不同位置焊接的操作工艺要点
埋弧焊	1. 能够进行埋弧焊机的操作	1. 埋弧焊工作原理、特点及应用范围 2. 埋弧焊自动调节原理
埋弧焊	2. 能够正确选择埋弧焊工艺参数	埋弧焊工艺参数
埋弧焊	3. 能够进行中、厚板的平板对接双面焊	埋弧焊操作要点
钨极氩弧焊	1. 能够正确选择手工钨极氩弧焊工艺	1. 手工钨极氩弧焊工作原理、特点及应用范围 2. 手工钨极氩弧焊工艺参数
钨极氩弧焊	2. 能够进行管的手工钨极氩弧焊对接单面焊双面成形 3. 能够进行管的手工钨极氩弧焊打底，手工电弧焊填充、盖面	手工钨极氩弧焊操作要点
二氧化碳气体保护焊	能够正确选择半自动二氧化碳气体保护焊工艺	1. 二氧化碳气体保护焊工作原理、特点及应用范围 2. 二氧化碳气体保护焊的熔滴过渡及飞溅 3. 半自动二氧化碳气体保护焊工艺

学习任务 5.1　参观焊工实训场，认识电焊设备及焊条

任务描述

认识常用的交流和直流电焊机设备的型号，理解手弧焊的工作原理，能说明手弧焊的特点与使用方法，了解电焊钳、角磨机、防护面罩、焊工防护手套等焊接辅助用具的作用，理解酸性、碱性焊条的特点，为学习电焊操作奠定良好的基础。

任务准备

实施本任务教学所使用的实训设备及工具材料可参见表 5-1 所示。

表 5-1　学习资源表

序　号	分　类	名　称	数　量
1	工具	扳手、手锤等	1 套/组
2	量具	游标卡尺、钢直尺、螺旋千分尺等	1 把/组
3	材料	酸性焊条与碱性焊条等	各 1 套/组
4	设备	交流弧焊机、直流弧焊机、电焊钳、角磨机等	各 1 台/组
5	资料	任务单、电焊机等设备安全操作规程、企业规章制度	1 套/组
6	其他	工作服、工作帽、防护面罩、焊工防护手套等劳保用品	1 套/人

任务分析

熟悉常用的交流和直流电焊机设备的型号，弄懂手弧焊的工作原理，了解手弧焊具有什么特点与使用方法，清楚电焊条的分类、型号及牌号，如何使用电焊钳、角磨机、防护面罩、焊工防护手套等焊接辅助用具进行电焊操作。

相关知识

焊接是使两部分分离的金属材料，利用局部加热或局部加压并借助于原子间或分子间的联系与质点的扩散作用形成一个整体的过程。焊接具有节省金属、降低劳动强度、减轻结构重量、提高产品质量（强度大、气密性好）等优点。

焊接在各工业领域获得非常广泛的应用，如造船、航空、机械制造等都离不开焊接。

5.1.1　常用的交、直流电焊机

电焊机有交流弧焊机和直流弧焊机两类。

1. 交流弧焊机

交流弧焊机又称弧焊变压器，也即交流弧焊电源，如图 5-1 所示，用以将电网的交流电变成适宜于弧焊的交流电。常见的型号有 BX1-400、BX3-500 等。其中 B 表示弧焊变压器，X 为下降特性电

图 5-1　交流弧焊机

源，1 为动铁芯式，3 为动线圈式，400、500 为额定电流的安培数。其结构原理简单，它由一个变压器和电抗器所组成，变压器的初级线圈接 380V 或 220V 的交流电，次级线圈比初级的少，其输出电压为 60～80V，电抗器线圈串联在次级线圈的电路中，其作用是防止短路电流过大而使焊机烧坏。电流大小的粗调节方法是改变焊机输出端的接线位置，接 I 处电流调节范围为 50～180A；接 II 处为 160～450A。电流大小的细调节方法是用后面的手柄顺时针旋转，使活动铁芯移进主铁芯，增加磁分路使电流减少，反之则铁芯退出，电流增大。交流焊机在一般情况下采用较多，它没有正反接法之分。

2．直流弧焊机

直流弧焊机有两种：发电机式直流弧焊机和整流器式直流弧焊机（又称弧焊整流器），直流弧焊机如图 5-2 所示。发电机式直流弧焊机因结构复杂、价格高、噪声大，我国早在 20 世纪 90 年代初就明文规定不准生产和使用。

整流器式直流弧焊机是一种优良的电弧焊电源，现在被广泛使用。它由大功率整流元件组成整流器，将电流由交流变为直流，供焊接使用。整流器式直流弧焊机的型号含义：如 ZXG-500，其中，Z 为整流弧焊电源，X 为下降特性电源，G 为硅整流式，500 为额定电流的安培数。

图 5-2 直流弧焊机

近年来，逆变式电焊机作为新一代的弧焊电源，其特点是直流输出，具有电流波动小、电弧稳定、焊机质量轻、体积小、能耗低等优点，得到了越来越广泛的应用。例如，ZX7-315、ZX7-160 等，其中 7 为逆变式，315、160 为额定电流的安培数。

5.1.2　焊接辅助用具

手弧焊主要辅助用具有电焊钳、角磨机、防护面罩、焊工防护手套等。

1．电焊钳

电焊钳如图 5-3 所示，其作用是夹持焊条和传导电流，由上、下钳，弯臂，弹簧，直柄，胶布手柄及固定销等组成，使用前应检查电焊钳的导电性能、隔热性能，夹持焊条要牢固，装换焊条要方便。电焊钳的规格有 300 A 和 500 A 两种。

2．角磨机

角磨机又称角向磨光机，即平常所说的手砂轮，如图 5-4 所示，分为气动和电动两大类，电动角磨机利用高速旋转的薄片砂轮以及橡胶砂轮、钢丝轮等对金属构件进行磨削、切削、除锈、磨光加工。角磨机适合用来切割、研磨及刷磨金属与石材，作业时不可使用水。在焊工中主要用来修磨坡口，清除缺陷等。

图 5-3　电焊钳

图 5-4　角磨机

3．防护面罩

电焊防护面罩上有合乎作业条件的滤光镜片，起防止焊接弧光伤害眼睛的作用，如图 5-5 所示。壳体应选用阻燃或不燃的且不刺激皮肤的绝缘材料制成，应遮住脸面和耳部、结构牢靠、无漏光，起防止弧光辐射和熔融金属飞溅物烫伤面部和颈部的作用。在狭窄、密闭、通风不良的场合，还应采用输气式头盔或送风头盔。

4．焊工防护手套

焊工防护手套如图 5-6 所示，一般为牛（猪）绒面革制手套或由棉帆布和皮革合成材料制成，具有绝缘、耐辐射热、耐磨、不易燃和对高温金属飞溅物起反弹等作用。在可能导电的焊接场所工作时，所用手套应经耐电压 3000V 试验合格后方能使用。

图 5-5　防护面罩　　　　　　　　图 5-6　焊工防护手套

5.1.3　电焊条

电焊条如图 5-7 所示，由金属焊芯和药皮组成，其结构如图 5-8 所示。在焊条药皮前端有 45°的倒角，便于引弧。焊条尾部的裸焊芯，便于焊钳夹持和导电。焊条直径（即焊芯直径）通常有 2mm、2.5mm、3.2mm、4mm、5mm、6mm 等规格。其长度 L 一般为 $300\sim450mm$。目前因装潢、薄板焊接等需要，手提式轻小型电焊机在市场上问世，与之相配，出现了直径为 0.8mm 和 1mm 的特细电焊条。

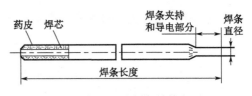

图 5-7　电焊条　　　　　　　　　图 5-8　电焊条结构

1．焊芯

焊芯主要起传导电流和填充焊缝的作用，同时可渗入合金。焊芯由特殊冶炼的焊条钢拉拔制成，与普通钢材的主要区别在于控制硫、磷等杂质含量和严格限制含碳量。焊芯牌号含义：H 为"焊"字汉语拼音首字母，其后的数字表示含碳量，其他合金元素的表示方法与钢号表示相同，如 H08、H08A、H08SiMn 等。

2．药皮

焊芯表面药皮的作用是使焊接过程顺利进行并使焊接接头获得优良的力学性能和合金成

分。药皮由多种矿物质、有机物、铁合金等粉末用黏结剂调和制成，压涂在焊芯上，主要起造气、造渣、稳弧、脱氧和渗合金等作用。

3．电焊条的分类、型号及牌号

电焊条种类繁多，我国现行的焊条主要根据其用途进行分类。原机械工业部《焊接材料产品样本》中将焊条按用途分为十大类。新国标则按用途将其分为七大类，将原结构钢焊条分为碳钢焊条和低合金钢焊条。这七大类焊条分别是碳钢焊条、低合金钢焊条、不锈钢焊条、堆焊焊条、铸铁焊条、铜及铜合金焊条和铝及铝合金焊条。

4．酸性焊条与碱性焊条

根据焊条药皮焊后溶渣中所含酸性氧化物与碱性氧化物的数量不同，焊条分为酸性焊条和碱性焊条。如酸性氧化物大于碱性氧化物的焊条则为酸性焊条；反之为碱性焊条。酸性焊条有良好的工艺性，但抗裂性比碱性焊条差，只适合焊接强度等级一般的结构。碱性焊条因药皮中高温分解出来的 CaO 能去硫，故抗热裂性好，药皮中的萤石（CaF_2）能夺取 H 形成 HF 逸出，使焊缝区域含氢量减小，故抗冷裂性也好。碱性焊条适宜焊接高强度等级的重要结构，但萤石会使电弧不稳定，并产生有毒气体（氟）。此外碱性焊条熔渣的脱渣性差、焊缝成形美观不如酸性。

 任务实施

1．在教师的带领下，参观焊接车间和焊工实训场。认知职业场所，感知企业生产环境和生产流程，教师现场讲解焊接车间的安全生产要求、规章制度和焊接技术发展趋势等。认识不同类型的电焊设备、砂轮机名称和作用。

2．教师现场讲解交流和直流电焊机的工作原理，展示电焊钳、角磨机、防护面罩、焊工防护手套等焊接辅助用具，演示使用交流弧焊机和直流弧焊机进行焊接加工操作。

3．安排到一体化教室或多媒体教室进行上课，教师在课堂上结合 PPT 课件、微课、视频等讲述电焊设备的特点及应用的基本知识。

4．学生小组成员之间共同研究、讨论、完成以下工作任务并做好记录。

（1）电焊设备、砂轮机各部分的名称和用途；

（2）电焊钳、角磨机、防护面罩、焊工防护手套等焊接辅助用具的种类及用途；

（3）探讨如何根据焊接材料选择合适的电焊条；

（4）分析交流和直流电焊机的异同点；

（5）分析酸性焊条与碱性焊条的异同点。

5．小组代表上台阐述讨论结果。

6．学生依据表 5-2 "学生综合能力评价标准表"进行自评、互评。

7．教师评价并对任务完成的情况进行总结。

 **任务评价**

教师对学生任务实施的完成情况进行检查，并对各项重要环节进行赋值评分，同时对学生综合能力进行评价，并将结果填入表 5-2 所示的评价标准表内。

表 5-2   学生综合能力评价标准表

		考核评价要求	项目分值	自我评价	小组评价	教师评价
评价项目	专业能力 60%	工作准备	（1）工具、量具的数量是否齐全； （2）材料、资料准备的是否适用，质量和数量如何； （3）工作周围环境布置是否合理、安全； （4）能否收集和归纳派工单信息并确定工作内容； （5）着装是否规范并符合职业要求； （6）分工是否明确、配合默契等方面	10			
		工作过程各个环节	（1）能否查阅相关资料，区分交流弧焊机、直流弧焊机的特点； （2）能否说明交流、直流弧焊机型号中各代号含义及焊接的特点； （3）是否认识焊接辅助用具； （4）能否遵守劳动纪律，以积极的态度接受工作任务； （5）安全措施是否做到位	20			
		工作成果	（1）是否懂得正确使用交流、直流弧焊机进行实操； （2）能否说出电焊钳的作用； （3）是否能区分酸性焊条与碱性焊条； （4）能根据焊接材料选择电焊条； （5）能否清洁、整理设备和现场达到 5S 要求等	30			
	职业核心能力 40%	信息收集能力	能否有效利用网络资源、技术手册等查找相关信息	10			
		交流沟通能力	（1）能否用自己的语言有条理地阐述所学知识； （2）是否积极参与小组讨论，运用专业术语与他人讨论、交流； （3）能否虚心接受他人意见，并及时改正	10			
		分析问题能力	（1）探讨如何根据焊接材料选择合适的电焊条； （2）分析交流和直流电焊机的异同点	10			
		解决问题能力	（1）是否具备正确选择工具、量具、焊接辅助用具的能力； （2）能根据不同工件的特点选择合适的焊接方法	10			
备注	小组成员应注意安全规程及其行业标准，本学习任务可以小组或个人形式完成		总分			
开始时间：		结束时间：				

学习任务 5.2   学习电焊机安全操作及维护保养知识

任务描述

电焊机功率大，输出电压高，极易发生因操作方法不正确、防护措施不到位、检测维修不及时而导致诸多触电和火灾事故的发生，因此，有必要结合电焊机的工作原理和自身特点及工作环境学习领会电焊机在安装及使用中的安全防护措施，最大限度的避免焊接时发生触电和火灾事故。在使用电焊机前必须熟悉电弧焊、气体保护焊机、气体减压器（减压阀）等设备的结构、性能及使用维护方法，为了保障学生的人身安全，在操作前必须经过考核合格后，方可进行操作。

任务准备

实施本任务教学所使用的实训设备及工具材料可参见表 5-3 所示。

表 5-3　学习资源表

序　号	分　类	名　称	数　量
1	工具	扳手、手锤等	1 套/组
2	量具	游标卡尺、钢直尺、螺旋千分尺等	1 把/组
3	材料	酸性焊条与碱性焊条等	各 1 套/组
4	设备	交流弧焊机、直流弧焊机、电焊钳、角磨机等	各 1 台/组
5	资料	任务单、电焊机等设备安全操作规程、企业规章制度	1 套/组
6	其他	工作服、工作帽、防护面罩、焊工防护手套等劳保用品	1 套/人

 任务分析

在学习本任务内容时，应了解各种不同类型的电弧焊、气体保护焊机、气体减压器（减压阀）等设备的结构和性能，通过学习电焊机安全操作规程及企业规章制度，掌握电焊机的安全操作要求。

 相关知识

电焊机是一种利用电能转换为热能对金属进行加热焊接的熔接设备，由于其体积小、移动方便、价格适中，已成为施工现场最常见、利用率最高的施工机具。它的广泛应用提高了工作效率、加快了施工进度。

5.2.1　电弧焊安全操作要求

1．保证设备安全。工作前应检查线路各连接点及焊机外壳接地是否良好，防止因接触不良发热而损坏设备。

2．操作时做好防护措施。必须穿好绝缘鞋，戴好面罩、手套等防护用品。

3．没有带防护面罩时，不要看电弧光，否则会伤害眼睛（14m 内）及烧灼皮肤（7m 内）。

4．启动直流电焊机以前，启动手柄须停在零位上；启动时，手柄先向前推并略停一下，等电机的转数升足后再扳到后面位置。

5．正在进行焊接时，绝对禁止调节电焊机的电流或拉开配电盘的闸刀，以免烧毁电焊机或闸刀。

6．无论在工作或休息的时候，都禁止将焊钳搁置在工作台上，以免造成短路烧毁焊机。一旦发生故障，应立即切断焊机电源并及时进行检修。

7．焊接时，不可将工件拿在手中或用手扶着工件进行焊接；不准用手接触焊过的焊件，清渣时要注意清渣方向，防止伤害他人和自己。

8．防止焊接烟尘危害人体呼吸器官。

9．用铁榔头敲打或用钢丝刷刷熔渣时，要防止熔渣飞进眼睛里。

10．如发生故障或事故，不要慌乱，首先要镇静地将电源闸刀拉开，然后报告工程训练指导人员。

11．不准用气焊眼镜来代替电焊防护面罩。

12．在下雨、下雪时，不得露天施焊。

13．正确穿戴工作服：穿着工作服时要把衣领和袖子扣扣好，上衣不应系在工作裤里边，工作服不应有破损、孔洞和缝隙，不允许粘有油脂，或穿着潮湿的工作服。

14．在仰焊、切割时，为了防止火星、熔渣从高处溅落到头部和肩上，焊工应在颈部围毛巾，穿着用防燃材料制成的护肩、长套袖、围裙和鞋盖。

15．电焊手套和焊工防护鞋不应潮湿和破损。

16．采用输气式头盔或送风头盔时，应经常使口罩内保持适当的正压，若在寒冷季节，应将空气适当加温后再供人使用。

17．佩戴各种耳塞时，要将塞帽部分轻轻推入外耳道内，使它和耳道贴合，不要用劲太猛或塞得太紧。

18．使用耳罩时，应先检查外壳有无裂纹和漏气，使用时务必使耳罩软垫圈与周围皮肤贴合。

19．电焊机电源线由于其电压较高（220V/380V），除应保证良好绝缘外，一般长度不得超过3m，严禁将电源线拖在地面上。

20．焊机必须平稳地安放在通风、干燥的地方。禁止在焊机上放置任何物件和工具。

21．启动电焊机前，焊钳和焊件不能短接。

22．调节采用连接片改变焊接电流的焊机的焊接电流时，应先切断焊机电源。

23．电焊机必须经常保持清洁，清扫尘埃时必须断电进行，避免触电。

24．经常检查和保持焊机电缆与电焊机接触良好，保持螺帽紧固。

25．工作完毕及时处理焊件，关闭焊机电源，清扫地面。

26．电焊机的接地装置必须保持连接良好，定期检测接地系统的性能，防止触电事故。

27．电焊机的焊接电缆外皮必须完整、绝缘良好，外皮破损时应及时修补完好。

28．电焊机发生故障时，应立即切断焊机电源并报告指导教师进行检修。

29．电焊操作过程中手和身体其他部位不得接触电焊条、焊钳或焊枪的带电部分，避免触电。

30．焊接工作区严禁放置易燃易爆物品，防止电焊火花引燃引爆。

31．电焊钳必须有良好的绝缘性与隔热能力，手柄要有良好的隔热层，电焊钳过热不能用水冷却，以免触电。

5.2.2　气体保护焊机的安全使用和维护

1．使用焊机前应检查供气、供水系统，不得在漏气、漏水的情况下使用。气体流量符合焊接要求。

2．不允许在超过额定焊接电流和负载的条件下使用焊机。

3．应定期检查焊机内的接触器和断电器的工作状态、焊枪夹头的夹紧力，以及焊枪的绝缘性能等。

4．气体保护焊机作业完毕后，禁止立即用手触摸焊枪喷嘴，避免烫伤。

5．对气瓶应该小心轻放，竖立固定，防止倾倒。气瓶与热源距离应保持大于3米。

6. 工作完毕后立即切断电源，关闭气源。

5.2.3 气体减压器（减压阀）的安全使用和维护

1. 各种气瓶都必须安装专用的减压器才可以使用，禁止换用或替用。

2. 减压器接通气源后，如发现表盘指针迟滞不动或有误差，应由当地劳动、计量部门批准的专业部门调试修理，禁止自行调整。减压器（带表）每半年送检一次，定期检查压力表的准确性。

3. 不准在高压气瓶或减压器上挂放任何物品，如焊炬、电焊钳、胶管等。

4. 乙炔减压器最高工作压力禁止超过 147kPa（$1.5kg/cm^2$）表压。

5. CO_2 减压器使用时，必须接通低于 36V 的预热器电源，使气体充分预热，防止减压器堵塞和结水露生锈。

6. 减压器应在气瓶上安装牢固。采用螺扣连接时，应拧足 5 个螺扣以上；采用专用夹具压紧时，装卡应平整牢靠。

7. 减压器卸压时，先关闭高压气瓶的瓶阀，然后放出全部余气，放松压力调节杆使表压降到零。

 任务实施

1. 在教师的带领下，参观焊接车间和焊工实训场。教师现场讲解车间的安全生产知识及各种不同类型的电焊设备、砂轮机的名称和作用。

2. 教师现场讲解交流电焊机和直流电焊机的工作原理，展示电焊钳、角磨机、防护面罩、焊工防护手套等焊接辅助用具，演示使用交流弧焊机和直流弧焊机进行焊接加工操作。

3. 安排到一体化教室或多媒体教室进行上课，教师在课堂上结合 PPT 课件、微课、视频等讲述企业规章制度及安全生产的知识、各类电焊机安全操作要点内容。

4. 学生小组成员之间共同讨论并做好记录。

（1）电弧焊安全操作要点；

（2）气体保护焊机安全操作要点；

（3）气体减压器（减压阀）安全操作要点；

（4）探讨减压器接通气源后，如发现表盘指针迟滞不动或有误差应如何处理；

（5）分析为何气瓶与热源距离应保持大于 3 米；

（6）分析安装砂轮前如何判断砂轮的质量、硬度、粒度和外观是否有裂缝等缺陷。

5. 小组代表上台阐述讨论结果。

6. 学生依据评价标准进行自评、互评。

7. 教师根据表 5-4"学生综合能力评价标准表"进行评价，对任务完成的情况进行总结。

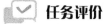 **任务评价**

教师对学生任务实施的完成情况进行检查，并对各项重要环节进行赋值评分，同时对学生综合能力进行评价，并将结果填入表 5-4 所示的评价标准表内。

表 5-4　学生综合能力评价标准表

评价项目		考核评价要求	项目分值	自我评价	小组评价	教师评价
专业能力 60%	工作准备	（1）工具、刀具、量具的数量是否齐全； （2）材料、资料准备的是否适用，质量和数量如何； （3）工作周围环境布置是否合理、安全； （4）能否收集和归纳派工单信息并确定工作内容； （5）着装是否规范并符合职业要求； （6）分工是否明确、配合默契等方面	10			
	工作过程各个环节	（1）能查阅相关资料，区分交流弧焊机、直流弧焊机的特点； （2）安全措施是否做到位； （3）是否清楚启动直流电焊机以前，启动手柄须停在零位上； （4）能否遵守劳动纪律，以积极的态度接受工作任务	20			
	工作成果	（1）是否能正确说明电弧焊安全操作要点； （2）是否能正确说明气体保护焊机安全操作要点； （3）是否能正确说明气体减压器（减压阀）安全操作要点； （4）能否清洁、整理设备和现场达到 5S 要求等	30			
职业核心能力 40%	信息收集能力	能否有效利用网络资源、技术手册等查找相关信息	10			
	交流沟通能力	（1）能否用自己的语言有条理地阐述所学知识； （2）是否积极参与小组讨论，运用专业术语与他人讨论、交流； （3）能否虚心接受他人意见，并及时改正	10			
	分析问题能力	（1）探讨减压器接通气源后，如发现表盘指针迟滞不动或有误差如何处理； （2）分析为何气瓶与热源距离应保持大于 3 米	10			
	解决问题能力	（1）是否具备正确选择工具、量具、焊接辅助用具的能力； （2）能否根据焊接工件要求正确选择电弧焊、气体保护焊机设备	10			
备注	小组成员应注意安全规程及其行业标准，本学习任务可以小组或个人形式完成		总分			
开始时间：		结束时间：				

学习任务 5.3　学会手工电弧焊操作

任务描述

理解焊接原理，正确使用焊接设备及工具，掌握焊接工艺参数的选择原则，让学生反复练习调节焊接电流，增强正确选择焊接电流的能力。掌握焊条电弧焊的引弧操作和运条的基本方法；能够进行焊缝的起头、收尾、接头；能够在钢板上进行平敷焊，焊缝的高度和宽度能符合要求，焊缝表面均匀，无缺陷。掌握板件对接、角接焊缝的平、立、横、仰位置的操作技能及平、立、横位的单面焊双面成形技术。

任务准备

实施本任务教学所使用的实训设备及工具材料可参见表 5-5。

表 5-5　学习资源表

序　号	分　类	名　称	数　量
1	工具	扳手、手锤等	1套/组
2	量具	游标卡尺、钢直尺等	1把/组
3	材料	酸性焊条与碱性焊条等	各1套/组
4	设备	交流弧焊机、直流弧焊机、电焊钳、角磨机等	各1台/组
5	资料	任务单、电焊机等设备安全操作要点、企业规章制度	1套/组
6	其他	工作服、工作帽、防护面罩、焊工防护手套等劳保用品	1套/人

 任务分析

　　了解各种不同类型的焊接设备及工具，弄懂焊接原理，如何根据工件的形状选择焊接工艺参数，进行焊缝的起头、收尾、接头操作；如何在钢板上进行平敷焊，做到焊缝的高度和宽度能符合要求，焊缝表面均匀，无缺陷，掌握板件对接、角接焊缝的平、立、横、仰位置的操作技能。

 相关知识

　　手工电弧焊是一种发展较早的焊接方法，也是目前仍然应用最广泛的一种焊接方法。其特点是设备简单、成本低；工艺灵活、适应性强（适用于多种材料、长距离及不规则的焊缝）；但劳动强度大、效率低（手工操作及不能连续焊接）。

5.3.1　手弧焊设备种类

　　手弧焊的主要设备是弧焊机。弧焊机按其供给的焊接电流性质的不同，可分为交流弧焊机和直流弧焊机两类。

　　1. 交流弧焊机

　　交流弧焊机是一种特殊的降压变压器，供给焊接时的电流是交流电，它具有结构简单、价格便宜、使用可靠、工作噪声小、维护方便等优点，所以焊接时常用交流弧焊机，它的主要缺点是焊接时电弧不够稳定。

　　2. 直流弧焊机

　　直流弧焊机供给焊接时的电流为直流电。它具有电弧稳定、引弧容易、焊接质量较好的优点，但是直流弧焊机结构复杂、噪声大、成本高、维修困难。

5.3.2　焊接原理

　　由弧焊机、焊接电缆、焊钳、焊条、焊件和电弧构成焊接回路，采用接触短路引弧法引燃电弧，在高温作用下，焊条和焊件局部被熔化形成熔池，随着电弧的不断移动，熔池逐渐冷却结晶后便形成了焊缝。如图 5-9 所示为交流弧焊机焊接原理。

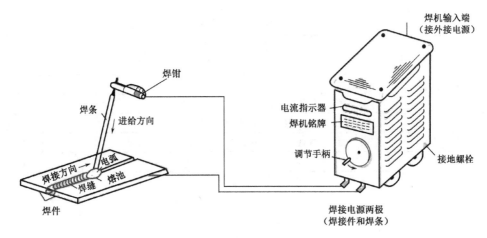

图 5-9　交流弧焊机焊接原理

5.3.3　焊接规范参数的选择

手工电弧焊焊接规范参数包括焊条直径、焊接电流、电弧电压和焊接速度等，而主要的参数通常是焊条直径和焊接电流。至于电弧电压和焊接速度在手工电弧焊中除非特别指明均由焊接人员视具体情况掌握。

1．焊条直径的选择

焊条直径主要取决于焊件厚度、接头形式、焊缝位置和焊接层数等因素。若焊件较厚，则应选用较大直径的焊条。平焊时允许使用较大的电流进行焊接，焊条直径可大些，而立焊、横焊与仰焊应选用小直径焊条。多层焊的打底焊，为防止未焊透缺陷，选用小直径焊条；大直径焊条用于填坡口的盖面焊道。

2．焊接电流

焊接电流主要根据焊条类型、焊条直径、焊件厚度、接头形式、焊缝位置及焊道层次等因素确定。

使用结构钢焊条进行平焊时，焊接电流可根据经验公式：$I = Kd$ 选用。式中，I 为焊接电流（A）；d 为焊条直径（mm）；K 为经验系数（A/mm）。

K 和 d 的关系为：d 在 1～2mm 时，K 为 25～30 A/mm；d 在 2～4mm 时，K 为 30～40 A/mm；d 在 4～6mm 时，K 为 40～60A/mm。

立焊、横焊和仰焊时，焊接电流应比平焊时小 10 %～20 %，对合金钢和不锈钢焊条，由于焊芯电阻大，热膨胀系数高，若电流过大，则焊接过程中焊条容易发红而造成药皮脱落，因此焊接电流应适当减少。

3．焊接层数选择

中厚板开坡口后，应采用多层焊。焊接层数应以每层厚度小于 4～5 mm 的原则确定。当每层厚度为焊条直径的 0.8～1.2 倍时，生产率较高。

5.3.4　手工电弧焊操作方法

1．引弧

引弧是将焊条末端与焊件表面接触，使电流短路，然后再将焊条拉开一段距离（<5mm），

电弧即被引燃，具体操作时有两种方法，接触法（敲打法）和摩擦法。

引弧的操作要领如下。

（1）焊条提起要快，否则易产生粘条。粘条时，只需将焊条左右摇动即可脱离。为了防止粘条和顺利地引燃电弧，应该采取轻击、快提、提起短（<5mm）的方法，摩擦法不易粘条，适于初学者采用。

（2）如焊条与工件接触面不能起弧，往往是焊条端部有药皮防碍导电，这时就应将这些绝缘物清除，以利导电。

2．运条

焊接时，焊条应有三个基本运动：焊条向下送进，送进速度应与焊条的熔化速度相等，以便弧长维持不变；焊条沿焊接方向向前运动，其速度也就是焊接速度；横向摆动，焊条以一定的运动轨迹周期地向焊缝左右摆动，以获得一定宽度的焊缝。这三个运动结合起来称为运条。电弧焊常用运条方法见表5-6。

表5-6 电弧焊常用运条方法

运条方法	轨迹	特点	适用范围
直线形	→	仅沿焊接方向做直线移动，在焊缝横向上不做任何摆动，熔深大，焊道窄	适用于不开坡口对接平焊多层焊打底及多层多道焊
往复直线形		焊条末端沿焊接方向做来回直线摆动，焊道窄、散热快	适用于薄板焊接和接头间隙较大的多层焊的第一层焊缝
锯齿形	WWWW	焊条末端在焊接过程中呈锯齿形摆动，使焊缝增宽	适用于较厚钢板的焊接，如平焊、立焊、仰焊位置的对接及角接
月牙型	MMMM	焊条末端在焊接过程中做月牙型摆动，使焊缝宽度及余高增加	同上，尤其适用于盖面焊
三角形		焊接过程中，焊条末端呈三角形摆动	正三角形适用于开坡口立焊和填角焊，而斜三角形适用于平焊、仰焊位置的角焊缝和开坡口横焊
环形		焊接过程中，焊条末端做圆环形运动	正环形适用于厚板平焊，而斜环形适用于平焊、仰焊位置的角焊缝和开坡口横焊
8字形		焊条末端做8字形运动，使焊缝增宽，焊缝纹波美观	适用于厚板对接的盖面焊缝

3．收弧

收弧时不仅是熄灭电弧，还要将弧坑填满。收弧一般有以下三种方法。

（1）划圈收弧法：焊条焊至焊缝终点时，做圆圈运动，直到填满弧坑再拉断电弧，此法适用于厚板收弧，用于薄板则有烧穿的危险。

（2）反复断弧收弧法：焊条焊至焊缝终点时，在弧坑上做数次反复熄弧引弧。直到填满弧坑为止。此法适用于薄板和大电流焊接。碱性焊条不宜使用此法，否则易产生气孔。

（3）回焊收弧法：焊条移至焊道收尾处即停止，但不熄弧，此时适当改变焊条角度，此法适用于碱性焊条。

5.3.5 电弧焊接的基本形式

1．平焊

特点：焊缝处于水平位置。焊接时，熔滴主要靠自重自然过渡。操作容易，便于观察，可以使用较大直径的焊条和较高的焊接电流，生产率高，容易获得优质焊缝。因此，应尽可能使焊件处在平焊位置焊接，平焊如图 5-10 所示。

2．立焊

特点：立焊是对在垂直平面上垂直方向的焊缝的焊接。立焊时，由于熔渣和熔化金属受重力作用容易下淌，使焊缝成形困难。立焊有两种方式，一种是由下而上施焊，即立向上焊法，这是生产中应用最广的操作方法，因为易掌握焊透情况。另一种是由上向下施焊，即立向下焊法，此法要求有专用的立向下焊的焊条施焊才能保证成形。立焊时焊条的角度如图 5-11 所示。

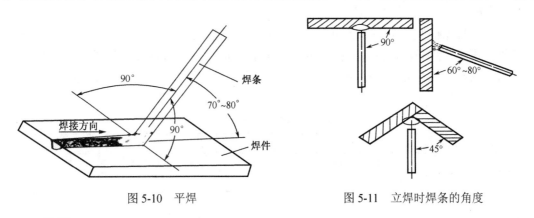

图 5-10　平焊　　　　　　　图 5-11　立焊时焊条的角度

3．横焊

焊接在垂直平面上水平方向的焊缝为横焊，如图 5-12 所示。焊接时，由于熔化金属受重力作用容易下淌而产生咬边、焊瘤及未焊透等缺陷。因此，应采用短弧焊、小直径焊条、适当的焊接电流和运条方法。

4．仰焊

仰焊是焊工仰头向上施焊的方法，如图 5-13 所示。仰焊最大的困难是焊接熔池倒悬在焊件下面，熔化金属因自重易下坠，熔滴过渡和焊缝成形困难。为了减小熔池面积，使焊缝容易成形，所用焊条直径和焊接电流均比平焊小。此外，要保持最短的电弧长度，以使熔滴在很短时间内过渡到熔池中去，并充分利用焊接时气体吹力、电磁力和流体金属表面张力，使其起到有利于熔滴过渡的作用，促使焊缝成形良好。熔池宜薄不宜厚，熔池温度过高时，可以抬弧降温。

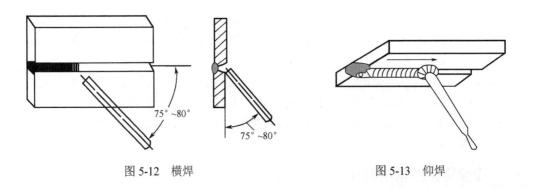

图 5-12　横焊　　　　　　　图 5-13　仰焊

任务实施

1．在一体化教室或多媒体教室上课，教师在课堂上结合挂图，通过展示 PPT 课件、播放视频、微课等手段辅助教学。

2．教师现场讲解交流和直流电焊机的工作原理和手工电弧焊操作要领，演示分别使用交流弧焊机和直流弧焊机进行手工电弧焊的操作。

3．学生小组成员之间共同研究、讨论、完成以下工作任务并做好记录。

（1）探讨如何根据焊接材料选择合适的电焊条；

（2）交流、直流弧焊机型号中各代号的含义及其焊接的特点；

（3）酸性焊条与碱性焊条的作用和分类；

（4）分析平、立、横、仰位置的焊接操作技能特点；

（5）探讨如何保证焊缝的高度和宽度能符合要求、焊缝表面均匀、无缺陷。

4．小组代表上台展示分组讨论结果。

5．学生依据表 5-7 "学生综合能力评价标准表"进行自评、互评。

6．教师评价并对任务完成的情况进行总结。

 注意事项

平焊操作要求

水平位置的堆焊是最简单的基本操作。开始练习时，主要掌握好"三度"，即电弧长度、焊条角度和焊接速度。

1．电弧长度

焊接时焊条送进不及时，电弧就会拉长，影响质量，电弧的合理长度约等于焊条直径。

2．焊条角度

焊条与焊缝两侧工件平面的夹角应当相等，如平板焊接时，焊条与平板的两边夹角均应等于 90°，而焊条与焊缝末端的夹角为 70°～80°。这样就可以使工件深处熔深、熔透，电弧吹力还有小部分朝已焊方向吹，阻碍熔渣向未焊部分流，防止形成夹渣而影响焊缝质量。初学操作时，特别在焊条从长变短的过程中，焊条的角度易随之改变，必须特别注意。

3．焊接速度

起弧以后熔池形成，焊条就要均匀地沿焊缝向前运动，运动速度（焊接速度）应当均匀而适当。太快和太慢都会降低焊缝的外观质量和内部质量。焊速适当时，焊道的熔宽均等于焊条直径的 2～3 倍，表面平整波纹细密，焊速太快时，焊道窄面高，波纹粗糙，熔化不良，速度太慢，熔宽过大，工件易被烧穿。

 任务评价

教师对学生任务实施的完成情况进行检查，并对各项重要环节进行赋值评分，同时对学生综合能力进行评价，并将结果填入表 5-7 所示的评价标准表内。

表 5-7　学生综合能力评价标准表

			考核评价要求	项目分值	自我评价	小组评价	教师评价
评价项目	专业能力 60%	工作准备	（1）工具、量具的数量是否齐全； （2）材料、资料准备的是否适用，质量和数量如何； （3）工作周围环境布置是否合理、安全； （4）能否收集和归纳派工单信息并确定工作内容； （5）着装是否规范并符合职业要求； （6）分工是否明确、配合默契等方面	10			
		工作过程各个环节	（1）能否查阅相关资料，区分交流弧焊机、直流弧焊机的特点； （2）能否说明交流、直流弧焊机型号各代号的含义及其焊接的特点； （3）是否认识焊接辅助用具； （4）能否遵守劳动纪律，以积极的态度接受工作任务； （5）安全措施是否做到位	20			
		工作成果	（1）是否懂得正确使用交流、直流弧焊机进行实操； （2）能否说出电焊钳的作用； （3）是否能区分酸性焊条与碱性焊条； （4）能否根据焊接材料选择电焊条； （5）能否清洁、整理设备和现场达到 5S 要求等	30			
	职业核心能力 40%	信息收集能力	能否有效利用网络资源、技术手册等查找相关信息	10			
		交流沟通能力	（1）能否用自己的语言有条理地阐述所学知识； （2）是否积极参与小组讨论，运用专业术语与他人讨论、交流； （3）能否虚心接受他人意见，并及时改正	10			
		分析问题能力	（1）探讨如何根据焊接材料选择合适的电焊条； （2）分析交流和直流电焊机的异同点	10			
		解决问题能力	（1）是否具备正确选择工具、量具、焊接辅助用具的能力； （2）能否根据不同工件的特点选择合适的焊接方法	10			
备注	小组成员应注意安全规程及其行业标准，本学习任务可以小组或个人形式完成			总分			
开始时间：			结束时间：				

 **知识拓展**

5.3.6 焊接缺陷

1. 咬边

由于焊接工艺参数选择不正确，或操作工艺不正确，在沿着焊缝边缘的母材部位烧熔形成的沟槽或凹陷，称为咬边。

产生的原因：主要是由于电弧热量太高，既焊接电流太大，以及运条速度不当所造成的。在角焊时，经常是由于焊条角度或电弧长度不适当而造成的。埋弧焊时，往往是由于焊接速度过高而产生的。

防止措施：选择正确的焊接电流和焊接速度，电弧不能拉得太长，保持运条均匀。在角焊时，焊条要采用合适的角度及保持电弧长度。埋弧焊时，应正确地选择焊接工艺参数。

2. 气孔

在焊接时，熔池中吸入了过多的气体，冷却时又未能逸出熔池，便在焊缝金属内形成气孔。根据产生气孔的部位不同，分为外部气孔、内部气孔、密集气孔。由于气孔产生的原因和条件不同，按其形状分有环形、椭圆形、旋涡状和毛虫状。

产生原因：

（1）焊接材料方面。焊接材料受潮，又未按规范烘干，焊条药皮变质、剥落，焊丝生锈。

（2）工件方面。工件不清洁、潮湿，焊缝坡口附近未彻底清理干净，空气湿度高。

防止措施：

（1）各类焊料、焊丝、焊剂均按规范烘干，领用后放入保温筒内，防止在工地受潮。

（2）工件上的潮气、油污必须彻底清除干净，工件坡口附近保持干燥，已经生锈的焊丝必须除锈或重新冷拔后方能使用。

（3）要选用合适的焊接电流、电弧电压和焊接速度，碱性焊条采用反接法（工件接负极），短弧操作。

（4）注意焊接电流，埋弧自动焊焊接 $\delta=5mm$ 薄板时，往往由于担心烧穿，电流偏小，熔池中心气体逸出来形成气孔。手工电弧焊焊接正面第一层焊道（打底层）时，会从间隙中吸入潮气，该层是气孔多发部位，可在背面清根时把气孔去掉，第二层焊道电流不宜过大，否则气孔会逸进第二层焊道。由于气孔埋得很深，背面清根时，就无法清除。

3. 未焊透

焊接时，焊接接头根部未完全熔透的现象，称为未焊透。

产生原因：坡口角度过小、间隙过小或钝边过大；焊接电流过小；焊接速度过快；电弧电压偏低；焊（或焊丝）可焊性不好；清根不彻底。

预防措施：合理选择加工坡口尺寸，保证合理的装配间隙，选择合适的焊接电流和焊接速度，认真操作，仔细清理层间或母材边缘的氧化物和熔渣等。

4. 未熔合

熔焊时，焊道与母材之间或焊道与焊道之间，未完全熔化结合的部分，称为未熔合。未熔合主要产生在焊缝侧面及焊道层间，故又可分为边缘未熔合及层间未熔合。

产生原因：主要是焊接电流过小，电弧偏吹，坡口侧壁有锈垢及污物，层间清渣不彻底等。

防止措施：采用较大的焊接电流，正确地进行施焊操作，注意坡口部位的清洁。

5. 烧穿

焊接过程中，熔化金属自坡口背面流出，形成穿孔的缺陷，称为烧穿。

产生原因：焊接电流过大，焊接速度太慢，装配间隙过大或钝边太薄等。

防止措施：选择合适的焊接电流和焊接速度，严格控制装配间隙，单面焊可采用铜垫板、焊剂垫或自熔垫，使用脉冲电流等。

6. 焊瘤

焊接过程中，熔化金属流淌到焊缝之外未熔化的母材上所形成的金属瘤，称为焊瘤。

产生原因：操作不熟练和运条不当，埋弧焊工艺参数选择不合适等。

防止措施：提高焊工操作技能的熟练程度，正确地选用焊接工艺参数。

学习任务 5.4 学会埋弧自动焊操作

任务描述

理解等、变速两种送丝式电弧自动调节原理，熟悉焊剂作用及焊剂牌号、型号的编制方法。能描述埋弧自动焊的特点、自动调节基本原理，认识埋弧自动焊设备并正确使用设备及工具，选择合适的焊接工艺方法完成对材料的焊接任务。

任务准备

实施本任务教学所使用的实训设备及工具材料可参见表 5-8 所示。

表 5-8 学习资源表

序 号	分 类	名 称	数 量
1	工具	扳手、手锤等	1 套/组
2	量具	游标卡尺、钢直尺等	1 把/组
3	材料	焊丝等	各 1 套/组
4	设备	埋弧焊机、角磨机等	各 1 台/组
5	资料	任务单、埋弧焊机等设备安全操作要点、企业规章制度	1 套/组
6	其他	工作服、工作帽、防护面罩、焊工防护手套等劳保用品	1 套/人

任务分析

弄懂等、变速两种送丝式电弧自动调节原理，了解焊剂作用及焊剂牌号、型号的编制方法。区分等、变速两种送丝式埋弧自动焊的应用场合，如何根据焊接材料的要求来选用埋弧自动焊设备及工具、焊接工艺方法完成对材料的焊接任务。

相关知识

埋弧自动焊是焊接生产中广泛应用的一种机械化、高效率的焊接方法。自动焊实质是机械化程度高的焊接，以相应的自动调节作用取代人工调节作用。为此，埋弧自动焊不仅要完成各个阶段的机械化操作，还要求自动地调节有关的焊接工艺参数，才能保证电弧及焊接过程的稳定，满足电弧焊接的需求。

5.4.1 埋弧自动焊的工作原理

埋弧自动焊简称埋弧焊，是电弧在焊剂层下燃烧，用机械自动引燃电弧并进行控制，自动完成焊丝的送进和电弧移动的一种电弧焊方法。因为电弧在焊剂包围下燃烧，所以热效率高；焊丝为连续的盘状焊丝，可连续馈电；焊接无飞溅，可实现大电流高速焊接，生产率高；金属利用率、焊接质量好，劳动条件好。埋弧自动焊适用于平直长焊缝和环焊缝的焊接，其工作原理如图 5-14 所示。

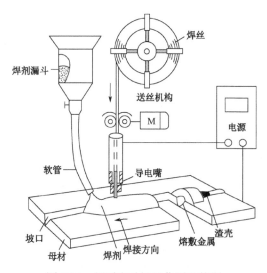

图 5-14　埋弧自动焊工作原理简图

5.4.2　埋弧自动焊的焊接工艺

焊丝与焊剂是埋弧自动焊的焊接材料，其主要作用与焊条焊芯和药皮的作用相似。焊丝与焊剂是各自独立的焊接材料，但在焊接时要正确地选择焊丝和焊剂，而且必须配合使用，这也是埋弧自动焊的一项重要焊接工艺内容。

1．焊丝的种类

焊丝按化学成分分类有碳素结构钢焊丝、合金结构钢焊丝、不锈钢焊丝等。

2．焊前准备

（1）板厚小于 14mm 时，可不开坡口。

（2）板厚为 14～22mm 时，应开 Y 形坡口。

（3）板厚为 22～50mm 时，可开双 Y 形或 U 形坡口。

（4）Y 形和双 Y 形坡口的角度为 50°～60°，如图 5-15 所示。

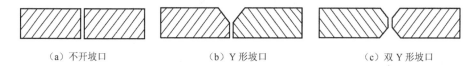

（a）不开坡口　　　　　　　（b）Y 形坡口　　　　　　　（c）双 Y 形坡口

图 5-15　坡口种类

焊缝间隙应均匀，焊直缝时，应安装引弧板和引出板（熄弧板），如图 5-16 所示，以防止起弧和熄弧时产生的气孔、夹杂、缩孔、缩松等缺陷进入工件焊缝之中。

5.4.3　埋弧自动焊的应用

埋弧自动焊主要用于压力容器的环缝焊和直缝焊，锅炉冷却壁的长直焊缝焊接，船舶和潜艇壳体的焊接，起重机械和冶金机械（高炉炉身）的焊接。

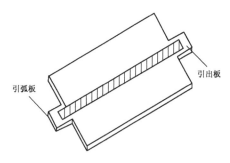

图 5-16　安装引弧板和引出板

5.4.4 埋弧自动焊的特点

埋弧自动焊与手工电弧焊比较有以下特点。

1．生产率高

（1）焊丝上没有涂料，可通过较大的电流。

（2）自动送丝，节省辅助时间。

2．焊接质量高而且稳定

（1）熔池被液态焊渣泡包围。

（2）熔池大而深，冶金过程进行的较为完善，气体与杂质易于浮出。

（3）焊接参数实现自动控制。

（4）节能、节材。

（5）电弧的热量损失小，能量集中，节能。

（6）厚度在 20mm 以下的工件可不开坡口进行焊接；没有焊头的浪费；金属溶滴飞溅很少，节材。

（7）改善劳动条件。

（8）设备费用高，工艺装备复杂。

适合中等厚度板材的长、直焊缝或大圆周环形焊缝的平焊的焊接位置，通常采用焊接对接和 T 形接头。不适于狭窄位置的焊缝以及薄板的焊接。可焊钢板厚度为 6～60mm。

 任务实施

1．在一体化教室或多媒体教室上课，教师在课堂上结合挂图，通过展示 PPT 课件、播放视频、微课等手段辅助教学。

2．教师讲解等、变速两种送丝式电弧自动调节原理并演示使用埋弧自动焊设备对材料的焊接操作。

3．学生小组成员之间共同研究、讨论、完成以下工作任务并做好记录。

（1）如何根据焊接材料的厚度选择开设双 Y 形或 U 形坡口；

（2）探讨如何根据焊接材料选择合适的焊丝；

（3）分析等、变速两种送丝式电弧焊机的异同点；

（4）焊直缝时，安装引弧板和熄弧板的作用；

（5）分析等、变速两种送丝式埋弧自动焊的应用场合。

4．小组代表上台展示分组讨论结果。

5．学生依据表 5-9 "学生综合能力评价标准表"进行自评、互评。

6．教师评价并对任务完成的情况进行总结。

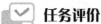 **任务评价**

教师对学生任务实施的完成情况进行检查，并对各项重要环节进行赋值评分，同时对学生综合能力进行评价，并将结果填入表 5-9 所示的评价标准表内。

表 5-9　学生综合能力评价标准表

评价项目			考核评价要求	项目分值	自我评价	小组评价	教师评价
评价项目	专业能力 60%	工作准备	（1）工具、量具的数量是否齐全； （2）材料、资料准备的是否适用，质量和数量如何； （3）工作周围环境布置是否合理、安全； （4）能否收集和归纳派工单信息并确定工作内容； （5）着装是否规范并符合职业要求； （6）分工是否明确、配合默契等方面	10			
		工作过程各个环节	（1）能否查阅相关资料，区分等、变速两种送丝式埋弧自动焊的应用场合； （2）能否说明等、变速两种送丝式电弧自动调节的原理； （3）是否会调节有关的焊接工艺参数； （4）能否遵守劳动纪律，以积极的态度接受工作任务； （5）安全措施是否做到位	20			
		工作成果	（1）是否懂得正确使用等、变速两种送丝式电弧焊机进行实操； （2）能否说出焊直缝时，安装引弧板和熄弧板的作用； （3）能否根据焊接材料厚度选择开设双 Y 形或 U 形坡口； （4）能否清洁、整理设备和现场达到 5S 要求等	30			
	职业核心能力 40%	信息收集能力	能否有效利用网络资源、技术手册等查找相关信息	10			
		交流沟通能力	（1）能否用自己的语言有条理地阐述所学知识； （2）是否积极参与小组讨论，运用专业术语与他人讨论、交流； （3）能否虚心接受他人意见，并及时改正	10			
		分析问题能力	（1）探讨如何根据焊接材料选择合适的焊丝； （2）分析等、变速两种送丝式电弧焊机的异同点	10			
		解决问题能力	（1）是否具备正确选择工具、量具、焊接辅助用具的能力； （2）能否根据焊接材料厚度选择开设双 Y 形或 U 形坡口	10			
备注	小组成员应注意安全规程及其行业标准，本学习任务可以小组或个人形式完成			总分			
开始时间：			结束时间：				

 **学习任务 5.5　学会 CO_2 气体保护焊操作**

任务描述

理解 CO_2 气体保护焊的工作原理及特点，了解气体保护焊的种类及 CO_2 气体的性质对焊接质量的影响。根据板材的厚度正确调整 CO_2 气体保护焊焊接参数，对工件分别进行点焊和断续点焊的操作。

 任务准备

实施本任务教学所使用的实训设备及工具材料可参见表 5-10 所示。

表 5-10　学习资源表

序　号	分　类	名　称	数　量
1	工具	扳手、手锤等	1 套/组
2	量具	游标卡尺、钢直尺等	1 把/组
3	材料	焊丝等	各 1 套/组
4	设备	CO_2 气体保护焊机、角磨机等	各 1 台/班
5	资料	任务单、CO_2 气体保护焊机等设备安全操作要点、企业规章制度	1 套/组
6	其他	工作服、工作帽、防护面罩、焊工防护手套等劳保用品	1 套/人

 任务分析

弄懂 CO_2 气体保护焊的工作原理及特点，认识气体保护焊的种类及 CO_2 气体的性质对焊接质量的影响。掌握如何根据板材的厚度来调整 CO_2 气体保护焊的焊接参数，最终掌握 CO_2 气体保护焊的点焊和断续点焊的操作技能。

 相关知识

气体保护焊焊接时保护气体从喷嘴中以一定速度流出，将电弧、熔池、焊丝或电极端部与空气隔开，以获得优良性能的焊缝。保护气体有氩气、二氧化碳、氢气、氮气、氦气及混合气体等，根据被焊材料及其要求进行选择。

5.5.1　CO_2 气体保护焊的工作原理

CO_2 气体保护焊是以 CO_2 气体作为保护气体，依靠焊丝与焊件之间的电弧来熔化金属的焊接方法。焊丝通过丝轮送进，导电嘴导电，在母材与焊丝之间产生电弧，使焊丝和母材熔化，并用惰性气体 CO_2 保护电弧和熔融金属进行焊接。焊丝做电极，并被不断熔化填入熔池，冷凝后形成焊缝，其工作原理如图 5-17 所示。

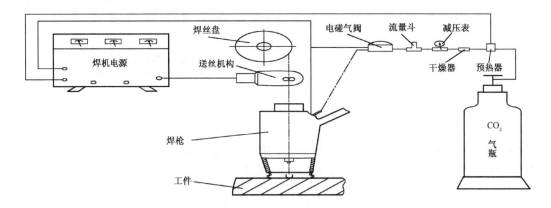

图 5-17　CO_2 气体保护焊的工作原理

5.5.2　CO_2 气体保护焊的特点

CO_2 气体保护焊采用焊丝自动送丝，敷化金属量大，生产效率高，质量稳定。因此，在国内外获得广泛应用。CO_2 焊机如图 5-18 所示。

1. CO₂ 气体保护焊的优点

CO_2 气体保护焊是应用最广泛的一种熔化极气体保护电弧焊方法，其主要优点如下。

（1）焊接成本低。CO_2 气体是酿造厂和化工厂的副产品，价格低、来源广，其焊接成本约为手工电弧焊和埋弧自动焊的 40%～50%。

（2）焊接生产率高。由于焊丝自动送进，焊接时焊接电流密度大，焊丝的熔化效率高，所以熔敷速度高。焊接生产率比手工电弧焊高 2～3 倍。

图 5-18　CO₂ 焊机

（3）应用范围广。可以用于焊接薄板、厚板及全位置的焊接等。

（4）抗锈能力强。CO_2 焊对焊件上的铁锈、油污及水分等，不像其他焊接方法那样敏感，具有较好的抗气孔能力。

（5）操作性好，具有手工电弧焊那样的灵活性。

2. CO₂ 气体保护焊缺点

（1）焊接时飞溅较大，焊缝表面成形较差，焊接设备较复杂。

（2）防风能力差，不能在有风（风速大于 2m/s）的环境下使用。

5.5.3　CO2 气体保护焊的分类

1. 按机械化程度可分为：自动化和半自动化 CO_2 气体保护焊。

2. 按焊丝直径可分为：细丝（0.8～1.2mm）、中丝（1.2～1.4 mm）、粗丝（1.4～1.6mm）CO_2 气体保护焊。

3. 按焊丝可分为：药芯焊丝和实心焊丝 CO_2 气体保护焊。

5.5.4　焊接工艺参数

1. 焊丝直径

焊丝直径通常是根据焊件的厚薄、施焊的位置和效率等要求选择，不同直径焊丝的适用范围如表 5-11 所示。焊接薄板或中厚板的全位置焊缝时，多采用 1.6mm 以下的焊丝（称为细丝 CO_2 气体保护焊）。

表 5-11　不同直径焊丝的适用范围

丝径（mm）	熔滴过渡形式	施焊位置	焊件厚度（mm）
0.5～0.8	短路过渡	全位置	1.0～2.5
	颗粒过渡	平位	2.5～4.0
1.0～1.4	短路过渡	全位置	2.0～8.0
	颗粒过渡	平位	2.0～12.0
1.6	短路过渡	全位置	3.0～12
≥1.6	颗粒过渡	平位	>6

2. 焊接电流

CO_2 气体保护焊时，焊接电流是最重要的参数。因为焊接电流的大小，决定了焊接过程的熔滴过渡形式，从而对飞溅程度、电弧稳定性有很大的影响，同时，焊接电流对于熔深及生产率也有着决定性的影响。电流增大、熔深增加、熔宽略增加、焊丝熔化速度增加、生产率提高，但电流太大时，会使飞溅增加，并容易产生烧穿及气孔等缺陷。反之，若电流太小，电弧不稳定，则产生未焊透，焊缝成形差。不同丝径焊接电流的选用范围如表 5-12 所示。

表 5-12　不同丝径焊接电流的选用范围

丝径（mm）	焊接电流（A）	
	颗粒过渡（30～45V）	短路过渡（16～22V）
0.8	150～250	50～100
1.0	150～300	70～120
1.2	160～350	90～150
1.6	200～500	140～200
2.0	350～600	160～250
2.4	500～750	180～280

3．电弧电压

电弧电压也是重要的焊接工艺参数，选择时必须与焊接电流配合恰当。电弧电压的大小对焊缝成形、熔深、飞溅、气孔以及焊接过程的稳定性等都有很大影响。通常细丝焊接时电弧电压为 16～24V，粗丝（ϕ1.6mm 以上）焊接时电弧电压为 25～36V。采取短路过渡形式时，其电弧电压与焊接电流的最佳配合范围如表 5-13 所示。

表 5-13　CO_2 气体保护焊短路过渡时电弧电压与焊接电流的最佳配合范围

焊接电流（A）	电弧电压（V）	
	平　焊	立焊和仰焊
75～120	18～21.5	18～19
130～170	19.5～23.0	18～21
180～210	20～24	18.5～22
220～260	21～25	19～23.5

4．焊接速度

焊接速度会影响焊缝成形、气体保护效果、焊接质量及效率。在一定的焊丝直径、焊接电流和电弧电压的工艺条件下，速度增快，焊缝熔深及熔宽都有所减小。如果焊速太快，则可能产生咬边或未熔合缺陷，同时，气体保护效果变坏，出现气孔。反之若焊速太慢，效率低，焊接变形大。通常，CO_2 半自动焊速在 15～30m/h 范围内；自动焊时，速度稍快些，但一般不超过 40m/h。

5．焊丝伸出长度

焊丝伸出长度是指从导电嘴到焊丝端头的距离。一般按下式选定：

$$L = 10\,d$$

式中　L——焊丝伸出长度，单位为 mm；

　　　d——焊丝直径，单位为 mm。

如果焊接电流取上限值，则伸出长度也可稍大一些。

6. CO_2 气体流量

CO_2 气体流量的大小应根据接头形式、焊接电流、焊接速度、喷嘴直径等参数确定。通常细丝（<1.6mm）焊接时，流量为 5～15L/min；粗丝（≥1.6mm）焊接时，流量为 15～25L/min。

7. 电源极性

CO_2 气体保护焊时，主要采用直流反极性连接，这种焊接过程电弧稳定，飞溅少、熔深大。而正极性连接时，因为焊丝为阴极，焊件为阳极，焊丝熔化速度快，而熔深较浅，余高增大，飞溅也较多，一般只用于阀门堆焊或铸钢件的补焊。

8. 回路电感

焊接回路中串联的电感量应根据焊丝直径、焊接电流和电弧电压来选择。合适的电感，可以调节短路电流的增长速度，使飞溅减少，还可以调节短路频率，调节燃弧时间，控制电弧热量；电感值太大时，短路过渡慢，短路次数少，引起大颗粒的金属飞溅或焊丝成段炸断，造成熄弧或引弧困难；电压值太小时，短路电流增长速度快，造成很细的颗粒飞溅，使焊缝边缘不齐。

5.5.5 CO_2 气体保护焊操作技术

1. 焊前清理与装配定位

CO_2 半自动焊时，对焊件与焊丝表面的清洁度要求要比电弧焊时严格，焊前应对焊件、焊丝表面的油、锈、水及污物进行仔细清理。定位焊可使用优质焊条进行手工电弧焊或者直接采用 CO_2 半自动焊进行，定位焊的长度和间距要根据板厚和焊件结构形式而定。一般定位焊缝长度约为 30～250mm，间距以 100～300mm 为宜。

2. 引弧与熄弧

在 CO_2 半自动焊中，常用直接短路接触法引弧，引弧和熄弧比较频繁，操作不当时易产生焊接缺陷。由于 CO_2 焊机的空载电压较低，引弧比较困难，往往造成焊丝成段爆断，所以引弧时要把焊丝长度调整好，焊丝与焊件保持 2～3mm 的距离。如果焊丝端部有球状头，应当剪掉。因为球状头的存在，等于加粗了焊丝直径，并且球状头表面有一层氧化膜，对引弧不利。为了消除未焊透、气孔等引弧的缺陷，对接焊缝应采用引弧板，或在距焊缝端部 2～4mm 处引弧，然后再缓慢将电弧引向焊缝起始端，待焊缝金属熔合后，再以正常焊接速度前进。焊缝结尾熄弧时应填满弧坑。采用细丝短路过渡焊时，其电弧长度短，弧坑较小，不须做专门处理。若采用粗丝大电流并使用长弧时，由于电流大，电弧吹力也大，熄弧过快会产生弧坑。因此在熄弧时要在弧坑处停留片刻，然后缓慢抬起焊枪，在熔池凝固前仍要继续送气。

3. 左焊法和右焊法

CO_2 半自动焊根据焊丝的运动方向有左焊法和右焊法，如图 5-19 所示。左焊法电弧对焊件有预热作用，熔深大，焊缝成形较美观，能清楚的掌握焊道方向，不易焊偏，一般 CO_2 气体保护焊都采用左焊法。采用右焊法时，气体对熔池的保护效果好，由于电弧的吹力作用，把熔池的熔化金属推向后方，使焊缝成形饱满。但焊道方向不易掌控。

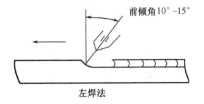
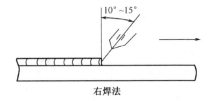

图 5-19　左焊法和右焊法

 任务实施

1．在一体化教室或多媒体教室上课，教师在课堂上结合挂图，通过展示 PPT 课件、播放视频、微课等手段辅助教学。

2．教师讲解 CO_2 气体保护焊的冶金原理及特点，并演示使用 CO_2 气体保护焊对材料分别进行点焊和断续点焊的操作。

3．学生小组成员之间共同研究、讨论、完成以下工作任务并做好记录。

（1）如何调节有关的焊接工艺参数；

（2）探讨如何根据焊件的厚薄、施焊的位置和效率等要求选择焊丝直径；

（3）分析气体保护焊的种类及 CO_2 气体的性质对焊接质量的影响；

（4）分析焊接电流大小对焊件质量的影响；

（5）根据平焊、立焊和仰焊三种方式的焊接电流大小选择合适的电弧电压。

4．小组代表上台展示分组讨论结果。

5．学生依据表 5-14"学生综合能力评价标准表"进行自评、互评。

6．教师评价并对任务完成的情况进行总结。

 任务评价

教师对学生任务实施的完成情况进行检查，并对各项重要环节进行赋值评分，同时对学生综合能力进行评价，并将结果填入表 5-14 所示的评价标准表内。

表 5-14　学生综合能力评价标准表

评价项目			考核评价要求	项目分值	自我评价	小组评价	教师评价
评价项目	专业能力 60%	工作准备	（1）工具、量具的数量是否齐全； （2）材料、资料准备的是否适用，质量和数量如何； （3）工作周围环境布置是否合理、安全； （4）能否收集和归纳派工单信息并确定工作内容； （5）着装是否规范并符合职业要求； （6）分工是否明确、配合默契等方面	10			
		工作过程各个环节	（1）能否查阅相关资料，认识气体保护焊的种类及 CO_2 气体的性质对焊接质量的影响； （2）能否说明 CO_2 气体保护焊的工作原理； （3）是否会调节有关的焊接工艺参数； （4）能否遵守劳动纪律，以积极的态度接受工作任务； （5）安全措施是否做到位	20			
		工作成果	（1）是否懂得正确使用 CO_2 气体保护焊机进行实操； （2）能否说出 CO_2 气体保护焊操作技术要点； （3）能否根据焊接材料要求选择左焊法或右焊法； （4）能否清洁、整理设备和现场达到 5S 要求等	30			

续表

评价项目	职业核心能力40%	考核评价要求		项目分值	自我评价	小组评价	教师评价
		信息收集能力	能否有效利用网络资源、技术手册等查找相关信息	10			
		交流沟通能力	（1）能否用自己的语言有条理地去阐述所学知识； （2）是否积极参与小组讨论，运用专业术语与他人讨论、交流； （3）能否虚心接受他人意见，并及时改正	10			
		分析问题能力	（1）探讨如何根据焊件的厚薄、施焊的位置和效率等要求选择焊丝直径； （2）分析焊接电流大小对焊件质量的影响	10			
		解决问题能力	（1）是否具备正确选择工具、量具、焊接辅助用具的能力； （2）能否根据平焊、立焊和仰焊三种方式的焊接电流大小选择合适的电弧电压	10			
备注		小组成员应注意安全规程及其行业标准，本学习任务可以小组或个人形式完成		总分			
开始时间：		结束时间：					

学习任务 5.6　学会氩弧焊操作

 任务描述

理解氩弧焊的冶金原理及特点，了解氩气的性质对焊接质量的影响。根据板材的厚度正确调节氩弧焊机的各个参数，选择合适的焊接工艺方法完成对材料的焊接任务。

任务准备

实施本任务教学所使用的实训设备及工具材料可参见表 5-15 所示。

表 5-15　学习资源表

序　号	分　类	名　称	数　量
1	工具	扳手、手锤等	1 套/组
2	量具	游标卡尺、钢直尺等	1 把/组
3	材料	焊丝等	各 1 套/组
4	设备	钨极氩弧焊机、钨极脉冲氩弧焊机、角磨机等	各 1 台/组
5	资料	任务单、钨极氩弧焊机等设备安全操作要点、企业规章制度	1 套/组
6	其他	工作服、工作帽、防护面罩、焊工防护手套等劳保用品	1 套/人

 任务分析

在学习本任务内容时要弄懂氩弧焊的工作原理及特点，认识氩气的性质对焊接质量的影响。如何根据板材的厚度来调节氩弧焊机的各个参数，选择合适的焊接工艺方法完成对材料的焊接任务。

图 5-20　氩弧焊机

相关知识

非熔化极氩弧焊采用铈钨棒作为电极，也称钨极氩弧焊。焊接时电极不熔化，只起导电和产生电弧的作用，另有焊丝熔化充填熔池。因电极通过的电流有限，所以只适用于焊接厚度在6mm以下的工件。

熔化极氩弧焊以连续送进的焊丝作为电极进行焊接，因此可以采用较大的电流，适用于焊接厚度在25mm以下的工件。

5.6.1 氩弧焊焊接特点

1. 适用于焊接各类合金钢、易氧化的有色金属及稀有金属。

图5-21 手工钨极氩弧焊枪

2. 氩弧焊电弧稳定，飞溅少，焊缝致密，表面没有熔渣，成形美观。

3. 电弧和熔池区用气流保护，电弧可见，便于操作，容易实现自动化焊接。

4. 电弧在气流压缩下燃烧，热量集中，熔池小，焊接速度快，热影响区较窄，工件焊接变形小。

5. 钨极氩弧焊枪（也称焊炬，如图5-21所示）除了夹持钨电极，输送焊接电流外，还要喷射保护气体。大电流焊枪长时间焊接还需要使用水冷焊枪。

由于氩气价格较高，目前氩弧焊主要用于铝合金、钛合金、镁合金，以及不锈钢、耐热钢的焊接和一部分重要的低合金结构钢焊件。

5.6.2 氩弧焊设备

1. 氩弧焊机

氩弧焊机与手工电弧焊机在主回路、辅助电源、驱动电路、保护电路等方面都很相似。但氩弧焊机在后者的基础上增加了几项控制：①手动开关控制；②高频高压控制；③增压起弧控制。另外在输出回路上，氩弧焊机采用负极输出方式，输出负极接电极针，而正极接工件。氩弧焊机如图5-20所示。

2. 手工钨极氩弧焊枪

手工钨极氩弧焊枪主要由枪体、钨极夹头、钨极、进气管、陶瓷喷嘴等几部分组成。手工钨极氩弧焊枪手把上装有启动和停止按钮，如图5-21所示。

5.6.3 氩弧焊工作原理

氩弧焊按照电极的不同分为熔化极氩弧焊和非熔化极氩弧焊两种。

1. 非熔化极氩弧焊的工作原理及特点

非熔化极氩弧焊是电弧在非熔化极（通常是钨极）和工件之间燃烧，在焊接电弧周围流过一种不和金属起化学反应的惰性气体（常用氩气），形成一个保护气罩，使钨极端头，电弧和熔池及已处于高温的金属不与空气接触，能防止氧化和吸收有害气体。从而形成致密的焊接接头，其力学性能非常好。

2. 熔化极氩弧焊的工作原理

熔化极氩弧焊包括熔化极惰性气体保护焊和熔化极活性气体保护电弧焊，工作原理如下。

（1）熔化极惰性气体保护焊（简称 MIG）：采用可熔化的焊丝作为电极，以连续送进的焊丝与被焊接工件之间燃烧的电弧作为热源来熔化焊丝与母材金属。焊接过程中，以 Ar 或 Ar＋He 混合气体作保护气体，通过焊枪喷嘴连续输送到焊接区，使电弧、熔池及其附近的母材金属免受周围空气的有害作用。焊丝不断熔化应以熔滴形式过渡到焊池中，与熔化的母材金属熔合、冷凝后形成焊缝金属。

（2）熔化极活性气体保护电弧焊（简称 MAG）：采用可熔化的焊丝作为电极，以连续送进的焊丝与被焊接工件之间燃烧的电弧作为热源来熔化焊丝与母材金属。焊接过程中，以 $Ar＋O_2$、$Ar＋CO_2$ 或者 $Ar＋CO_2＋O_2$ 等混合气体做保护气体，通过焊枪喷嘴连续输送到焊接区，使电弧、熔池及其附近的母材金属免受周围空气的有害作用。焊丝不断熔化应以熔滴形式过渡到焊池中，与熔化的母材金属熔合、冷凝后形成焊缝金属。

3. 熔化极氩弧焊的特点

（1）生产效率高、焊接变形小。因为它电流密度大，热量集中，熔敷率高，焊接速度快。另外，容易引弧。

（2）焊接过程容易实现自动化作业，但因弧光强烈，烟气大，所以要加强防护。

（3）氩弧焊因为热影响区域大，工件在修补后常常会造成变形、硬度降低、砂眼、局部退火、开裂、针孔、磨损、划伤、咬边，或者是结合力不够及内应力损伤等缺点。尤其在精密铸造件细小缺陷的修补过程在表面突起。在精密铸件缺陷的修补领域可以使用冷焊机来替代氩弧焊，由于冷焊机放热量小，较好地克服了氩弧焊的缺点，弥补了精密铸件的修复难题。

（4）氩弧焊与焊条电弧焊相比对人身体的伤害程度要高一些，氩弧焊的电流密度大，发出的光比较强烈，它的电弧产生的紫外线辐射，约为普通焊条电弧焊的 5～30 倍，红外线约为焊条电弧焊的 1～1.5 倍，在焊接时产生的臭氧含量较高，因此，尽量选择空气流通较好的地方施工，不然对身体有很大的伤害。

4. 氩弧焊的应用

氩弧焊适用于焊接易氧化的有色金属和合金钢（目前主要用 Al、Mg、Ti 及其合金和不锈钢的焊接）；适用于单面焊双面成形，如打底焊和管子焊接；钨极氩弧焊还适用于薄板焊接。氩弧焊用于不锈钢焊接时，焊丝与板厚及电流大小的关系如表 5-16 所示。

表 5-16　不锈钢焊接时，焊丝与板厚及电流大小的关系

板厚（mm）	电流（A）	焊丝直径（mm）
0.5	30～50	$\phi1.0$
0.8	30～50	$\phi1.0$
1.0	35～60	$\phi1.6$
1.5	45～80	$\phi1.6$
2.0	75～120	$\phi2.0$
3.0	110～140	$\phi2.0$

5.6.4 钨极氩弧焊的操作技术

通常由左手握焊丝、右手握焊枪。由于受焊接位置的限制，焊工也应具备右手握焊丝、左手握焊枪的操作技能，在焊接过程中，焊枪与焊件的角度为 70°～85°，焊丝与焊件的角度为 10°～20°。

钨极氩弧焊的操作技术包括引弧、收弧、填丝焊接等过程。

（1）引弧

① 短路引弧法（接触引弧法），即在钨极与焊件瞬间短路时，立即稍稍提起，焊件和钨极之间便产生了电弧。

② 高频引弧法，即利用高频引弧器把普通工频交流电（220V 或 380V，50Hz）转换成高频（150～260kHz）、高压（2000～3000V）电，将氩气击穿电离，从而引燃电弧。

（2）收弧

① 增加焊速法，即在焊接即将终止时，焊炬逐渐增加移动速度。

② 电流衰减法，焊接终止时，停止填丝使焊接电流逐渐减少，从而使熔池体积不断缩小，最后断电，焊枪或焊炬停止行走。

（3）填丝焊接

填丝时必须等母材熔化充分后才可填加，以免未熔合，填充位置一定要填到熔池前沿部位，并且焊丝收回时尽量不要马上脱离氩气保护区。

5.6.5 焊丝长度与接头质量

焊接接头质量是整个焊缝的关键环节，为了保证焊接质量，应尽量减少接头数量，所以焊丝要用长的。但实践表明，焊丝长度较长时，焊接过程向电弧区串丝容易发生因焊丝"抖动"而送不到"位"，还有可能因电磁场作用而出现"粘丝"现象。所以，焊丝的长短要合适，停弧后须在熄弧点重新引燃电弧时，电弧要在熄弧处直接加热，直至收弧处开始熔化形成熔池孔后再向熔池填加焊丝，继续焊接。

在实际焊接过程中，很难保证坡口间隙均匀一致，所以焊工应熟练掌握内、外填丝技术，在焊接过程中采取内、外结合填丝法和左、右手都能握焊枪的焊接技术，才能获得良好的焊缝。

5.6.6 钨极脉冲氩弧焊

钨极脉冲氩弧焊是近年来发展起来的新工艺，特点如下。

（1）脉冲式电源的能量易于控制，可避免烧穿工件，适用于焊接 0.1～5mm 的钢材或管材，并能实现单面焊双面成形，保证根部焊透。

（2）适合各种空间位置的焊接。

（3）焊接易淬火钢材和高强度钢，可减少裂纹倾向和焊接变形。

 任务实施

1. 在一体化教室或多媒体教室上课，教师在课堂上结合挂图，通过展示 PPT 课件、播放视频、微课等手段辅助教学。

2. 教师讲解氩弧焊的冶金原理及特点并演示使用氩弧焊的方法对材料进行焊接操作。

3. 学生小组成员之间共同研究、讨论、完成以下工作任务并做好记录。

（1）如何调节有关的焊接工艺参数；

（2）探讨如何掌握左、右手握焊枪的焊接技术；

（3）分析氩弧焊机与手工电弧焊机工作电路的差别；

（4）探讨不锈钢焊接时，焊丝与板厚及电流大小的关系；

（5）内、外结合填丝法的作用。

4．小组代表上台展示分组讨论结果。

5．学生依据表 5-17"学生综合能力评价标准表"进行自评、互评。

6．教师评价并对任务完成的情况进行总结。

 任务评价

教师对学生任务实施的完成情况进行检查，并对各项重要环节进行赋值评分，同时对学生综合能力进行评价，并将结果填入表 5-17 所示的评价标准表内。

表 5-17 学生综合能力评价标准表

		考核评价要求		项目分值	自我评价	小组评价	教师评价
评价项目	专业能力 60%	工作准备	（1）工具、量具的数量是否齐全； （2）材料、资料准备的是否适用，质量和数量如何； （3）工作周围环境布置是否合理、安全； （4）能否收集和归纳派工单信息并确定工作内容； （5）着装是否规范并符合职业要求； （6）分工是否明确、配合默契等方面	10			
		工作过程各个环节	（1）能否查阅相关资料，了解内、外结合填丝法的作用； （2）能否说明氩弧焊的原理； （3）是否会调节有关的焊接工艺参数； （4）能否遵守劳动纪律，以积极的态度接受工作任务； （5）安全措施是否做到位	20			
		工作成果	（1）是否懂得正确使用氩弧焊机进行实操； （2）能否说出氩弧焊操作技术要点； （3）是否能做到左、右手都可以握焊枪的焊接技术； （4）能否清洁、整理设备和现场达到 5S 要求等	30			
	职业核心能力 40%	信息收集能力	能否有效利用网络资源、技术手册等查找相关信息	10			
		交流沟通能力	（1）能否用自己的语言有条理地阐述所学知识； （2）是否积极参与小组讨论，运用专业术语与他人讨论、交流； （3）能否虚心接受他人意见，并及时改正	10			
		分析问题能力	（1）探讨不锈钢焊接时，焊丝与板厚及电流大小的关系； （2）分析氩弧焊机与手工电弧焊机工作电路的差别	10			
		解决问题能力	（1）是否具备正确选择工具、量具、焊接辅助用具的能力； （2）能否根据板材的厚度来调节氩弧焊机的各项参数	10			
备注	小组成员应注意安全规程及其行业标准，本学习任务可以小组或个人形式完成			总分			
开始时间：			结束时间：				

课后练习

一、填空题

1. 不同厚度钢板对接，进行环缝焊接时，应对厚板进行_____。
2. 焊接接头的基本形式可分为_____、_____、_____、_____。
3. 焊接时常见的焊缝内部缺陷有_____、_____、_____、_____、_____等。
4. 焊接电缆的常用长度不超过_____m。
5. 厚度较大的焊接件应选用直径为_____的焊条。
6. 焊条直径的选择应考虑_____、_____、_____、_____。
7. 一般电弧焊接过程包括_____、_____、_____。
8. 有限空间场所焊接作业的主要危险是_____、_____、_____、_____。
9. 在易燃易爆、有毒、窒息等环境中焊接作业前，必须进行_____和_____作业。
10. 焊条受潮后焊接工艺性能变差，而且水分中的氢容易产生_____、_____等缺陷。
11. 常用钢材中的五大元素，影响焊接性能的主要元素是_____。
12. 气体保护焊可以分成_____、_____两大类。
13. 下列操作应在_____后进行：改变焊机接头、改变二次回线、转移工作地点、检修焊机、更换保险丝。
14. 埋弧自动焊的主要焊接工艺参数为_____、_____、_____。
15. 焊接残余变形的矫正法有_____和火焰加热矫正法两大类。
16. 焊接接头中以_____的疲劳强度最高。
17. _____能降低焊件焊后的冷却速度。
18. 消除或减小焊接残余应力的方法有整体高温回火、_____回火、机械拉伸法、温差拉伸法、_____。
19. 焊接残余变形可分为角变形、_____、波浪变形、_____、横向缩短。
20. 为防止或减少焊接变形应采取的装配工艺措施：反变形法、_____、_____。

二、判断题

1. 直流焊接时，焊条接电源正极的接法叫正接。（　）
2. 焊机空载时，由于输出端没有电流，所以不消耗电能。（　）
3. 忠于职守就是要把自己业务范围内的工作做好，合乎质量标准和规范要求。（　）
4. 当空气的相对湿度超过75%时，即属于焊接的危险环境。（　）
5. 焊接时弧光中的红外线对焊工会造成电光性眼炎。（　）
6. 弧焊电源安装时，每台焊机必须有单独的电源开关。（　）
7. 距高压线3m或距低压线1.5m范围内焊接作业时，高压线或低压线必须停电。（　）
8. 人在接地点周围、两脚之间出现的电压即为跨步电压。（　）
9. 碳钢焊条一般是按焊缝与母材等强度的原则来选用的。（　）
10. 当接头坡口表面铁锈等难以清理干净时，应选用抗裂性能好的碱性焊条。（　）
11. 保管焊条的库房要保持一定湿度，要求相对湿度应在60%以下。（　）
12. 储存焊条必须垫高，与地面和墙壁的距离均应大于0.3m。（　）

13. 电弧是各种熔焊方法的热源。 （　　）
14. 焊芯的作用只是传递电流。 （　　）
15. 焊剂使用前必须进行烘干。 （　　）
16. E4303 是典型的碱性焊条。 （　　）
17. 搭接接头的强度没有对接接头高。 （　　）
18. 钝边的作用是防止接头根部焊穿。 （　　）
19. 焊接电压增加时，焊缝厚度和余高将略有减小。 （　　）
20. 焊缝的形成系数越小越好。 （　　）

三、简答题

1. 交流弧焊机的使用与维护应注意哪些事项？
2. 试述焊剂在焊接过程中的作用？
3. 未焊透的原因是什么？如何防止？
4. 弧过长对焊接质量有何影响？
5. 焊条电弧焊时，焊接电流的选择要考虑什么因素？
6. 焊缝的内部缺陷主要有哪些？试分析产生气孔的原因。

第二部分 综合项目实战

项目六

制作偏心轮机构

学习目标

知 识 目 标	了解普通卧式车床和铣床的名称、型号、主要组成部分及作用、使用方法，制订加工工艺流程，工件的装夹和刀具的安装方法，车削及铣削加工工艺知识、刀具材料知识以及量具的使用方法。
能 力 目 标	懂得工件的装夹和刀具的安装方法，能安全、正确地操作车床、铣床，使用量具检测工件，会按照图纸和工艺要求车削滑杆、偏心轮等零件。
素 质 目 标	培养学生分工协助、合作交流、解决问题的能力，形成自信、谦虚、勤奋、诚实的品质，学会观察、记忆、思维、想象，培养创造能力、创新意识，养成勤于动脑、探索问题的习惯。

 考证要求

1．能读懂主轴、蜗杆、丝杠、偏心轴、两拐曲轴、齿轮等中等复杂程度的零件工作图。
2．能绘制轴、套、螺钉、圆锥体等简单零件的工作图。
3．了解常用车刀的种类及新型车刀，并能正确使用。
4．了解刀具材料及热处理知识。
6．掌握车外圆、端面、台阶、外锥面、钻孔等操作方法。
7．正确选择刀具、工具、量具、夹具，制订简单的车削工艺加工顺序、加工方法及步骤，独立地完成零件加工。

 工作任务

类　别	内　容
具体任务	1．领取制作偏心轮机构产品生产派工单（表 6-1），明确工作要求。 2．按 5～6 人/组进行分组，小组成员合作，共同分析该产品装配图及零件图，查阅相关资料，制订出制作偏心轮机构的工作计划。 3．小组成员合作，共同按时完成偏心轮机构的制作任务。 4．任务完成后，展示小组制作的偏心轮机构产品，写出工作总结并进行经验交流。

表6-1　生产派工单

生产部门：××班　　　　　　　　　　　　　　　　　　　　　　　　　　　班组：××组

客户	×公司	订单号	×××	派工单号	×××	产品名称	偏心轮机构	产品编号	×××
接单日期	×××	订单数量	100	生产数量	105	加工者	×××	派工员	×××
计划完成时间	×××	交货日期	×××	合格数		报废数		质检员	×××

品质要求及重点	1. 零件在装配前必须清理和清洗干净，不得有毛刺、飞边、油污、锈蚀等。 2. 装配前应对零件的主要配合尺寸进行严格检查。 3. 螺钉一定要紧固，严禁敲击或使用不合适的旋具和扳手，紧固后螺钉头部不得损坏。	简图	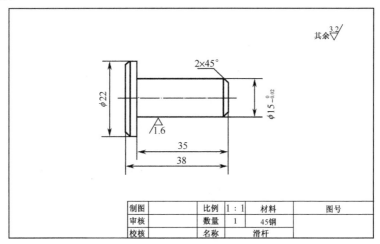

序号	代号	名称	数量	材料	备注
9		左支板	1	Q235	φ5
8		销钉	1	标准	M6×20
7		螺钉	6	标准	
6		底板	1	Q235	
5		连杆轴	1	45钢	
4		右支板	1	Q235	
3		偏心轮	1	45钢	
2		顶板	1	Q235	
1		滑杆	1	45钢	

设计　　　　　　　　　　　　　　　　
校核　　　　　　　　比例 1:1　偏心轮机
审核　　　　　　　　共　张　第　张

备注：			
制单：×××	审核：×××	批准：×××	日期：×××

学习任务 6.1　车削滑杆

 任务准备

　　制作滑杆零件生产派工单、滑杆零件图（图6-1）、金属加工工艺手册、车工速查手册、C6140车床、45钢 φ25mm 圆棒料长度为50mm、0～150mm 游标卡尺、0～25mm 螺旋千分尺、外圆车刀、端面车刀、切断刀、工作服、工作帽等劳保用品，安全生产警示标识及供实习的机械加工车间或实训场。

其余 $\sqrt{\dfrac{3.2}{}}$

2×45°

φ22　　φ15$_{-0.02}^{0}$

$\sqrt{1.6}$

35

38

制图		比例 1：1	材料		图号	
审核		数量 1	45钢			
校核		名称	滑杆			

图6-1　滑杆零件

任务分析

该滑杆属于轴类零件，材料为 45 钢圆棒料。要求加工后外形尺寸是 $\phi15_{-0.02}^{0}\times38$（mm），由于该零件外形为圆柱形，所以采用车床加工最为经济合理。要对车削加工有初步的认识，就必须让学生先了解不同车床的加工特点及应用的基本知识。

相关知识

6.1.1 车刀的刃磨

现以刀尖角为 80° 的外圆车刀为例介绍如下。

1. 粗磨

（1）磨主后面，同时磨出主偏角及主后角，如图 6-2（a）所示。

（2）磨副后面，同时磨出副偏角及副后角，如图 6-2（b）所示。

（3）磨前面，同时磨出前角，如图 6-2（c）所示。

2. 精磨

（1）磨前面。

（2）修磨主后面和副后面。

（3）修磨刀尖圆弧，如图 6-2（d）所示。

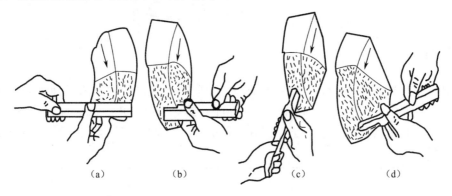

| (a) | (b) | (c) | (d) |

图 6-2　车刀的刃磨方法

3. 刃磨车刀的姿势及方法

（1）人站立在砂轮侧面，以防砂轮碎裂时，碎片飞出伤人。

（2）两手握刀的距离放开，两肘夹紧腰部，这样可以减小磨刀时的抖动。

（3）磨刀时，车刀应放在砂轮的水平中心，刀尖略微上翘约 3°～8°。车刀接触砂轮后应做左右方向水平线移动。当车刀离开砂轮时，刀尖须向上抬起，以防磨好的刀刃被砂轮碰伤。

磨主后面时，刀杆尾部向左偏过一个主偏角的角度，如图 6-2（a）所示；磨副后面时，刀杆尾部向右偏过一个副偏角的角度，如图 6-2（b）所示。

修磨刀尖圆弧时，通常以左手握车刀前端为支点，用右手转动车刀尾部，如图 6-2（d）所示。

4. 检查车刀角度的方法

（1）目测法：观察车刀角度是否合乎切削要求，刀刃是否锋利，表面是否有裂痕和其他不符合切削要求的缺陷。

（2）样板测量法：对于角度要求高的车刀，可用此法检查。样板测量法如图 6-3 所示。

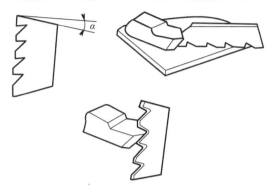

图 6-3　样板测量法

6.1.2　车削阶段的划分及加工顺序

一般车削加工可分为两个阶段：粗车阶段、精车阶段。

1. 粗车

粗车的目的是尽快地从工件上切去大部分加工余量，使工件接近最后的形状和尺寸。粗车时要给精车留有合适的加工余量，精度和表面粗糙度较差。一般先车外圆，后内孔。车外圆时先车直径大的圆，后车直径小的圆；车孔时，先车直径小的孔，后车直径大的孔。表面粗糙度一般为 50～12.5μm，留精加工余量为 1～3mm。粗车如图 6-4 所示。

2. 精车

精车的目的是要保证零件的尺寸精度和表面粗糙度。加工时首先加工基准面（如外圆或内孔），再加工有要求的面（如锥面等），最后加工受力大或振动大的面（成形面、沟槽、螺纹等）。精车时，表面精度可达 IT8～IT7，表面粗糙度可达 3.2～0.8μm。精车如图 6-5 所示。

图 6-4　粗车　　　　　　　　　　　图 6-5　精车

 任务实施

1. 在教师的带领下，参观机械加工车间和金工实训场。教师现场讲解车间生产的安全知识及各种不同类型的车床名称和作用。

2．安排到一体化教室或多媒体教室上课，教师在课堂上结合 PPT 课件、微课、视频等讲述车床加工的特点及应用的基本知识。

3．学生小组成员间共同研究、讨论并完成以下工作任务。

（1）识读滑杆零件图纸，明确加工部位、尺寸精度和表面粗糙度；

（2）根据材料正确选择工装夹具，合理选择车削速度和走刀量；

（3）制订滑杆零件加工工艺步骤。

4．教师现场讲解车床结构与操作要领，演示滑杆车削加工操作。

5．学生上机熟悉车床操作。

（1）开车对刀。手摇横向手柄，使车刀与工件表面轻微接触，并将此位置作为车刀切削深度的起点（记住手柄刻度）。

（2）将车刀向右边退出（即用手摇动纵向手柄）。

（3）用手摇动横向手柄，从起始点，转动一定刻线格数，使车刀向前移动到所需要的切削深度（每转一小格刀具前进 0.05mm，工件直径上去掉 0.1mm）。

（4）试切。车削 1～3mm 长度后停车、退刀，检查工件尺寸，如发现尺寸小的时候，即刻度进多了，马上退出多进的刻度，重新调整切削深度。

（5）切削加工。经试切测量正确后，搬动纵向手柄自动走刀，进行切削。

6．学生小组成员共同制订滑杆加工工艺卡（参见表 6-2）。

表 6-2　滑杆加工工艺卡

序　号	加工步骤	加工要求	检测方法
1	下料	要求下料尺寸 $\phi25mm\times50mm$	游标卡尺检测
2	粗车端面	要求留精车余量 0.2mm	游标卡尺检测
3	粗车外圆	粗车外圆 $\phi22mm$，要求留精车余量 0.2mm	游标卡尺检测
4	精车外圆	要求外圆尺寸 $\phi22mm$，表面粗糙度 $Ra\leqslant3.2\mu m$	千分尺检测
5	精车端面	要求表面粗糙度 $Ra\leqslant3.2\mu m$	目测
6	端面倒角	要求端面倒角 $C2$	目测
7	切断	要求尺寸 $36\pm0.5mm$	游标卡尺检测
8	调头、装夹，粗车端面	要求留精车余量 0.2mm	游标卡尺检测
9	精车端面	要求外圆尺寸 $\phi15_{-0.02}^{0}mm$，表面粗糙度 $Ra\leqslant1.6\mu m$	千分尺检测
10	精车端面、倒角	要求尺寸 $35\pm0.1mm$，表面粗糙度 $Ra\leqslant3.2\mu m$、端面倒角 $C2$	游标卡尺检测
11	检验	要求各尺寸、表面粗糙度达到图纸要求	千分尺、游标卡尺检测

7．小组按照以下滑杆零件加工步骤完成车削加工。

（1）用三爪卡盘夹持工件外圆长 10mm 左右，找正工件并夹紧；

（2）粗车工件端面及 $\phi22mm$ 外圆，长 40mm（留精车余量）；

（3）精车工件端面及 $\phi22mm$ 外圆，长 38mm，倒角 $1\times45°$；

（4）调头，用三爪卡盘夹持 $\phi22mm$ 外圆一端，长 10mm 左右，找正工件并夹紧；

（5）粗车工件端面及 $\phi15mm$ 外圆（留精车余量）；

（6）精车工件端面及 $\phi15mm$ 外圆，长 35mm，倒角 $1\times45°$；

（7）检查并卸下工件。

8．任务完成后，小组共同展示制作的滑杆零件（参见图 6-6）。

图 6-6　学生制作的滑杆作品

9. 学生依据表 6-3 所示的"车削滑杆零件学习过程评价表"进行自评后，教师总评。

 注意事项

刃磨车刀要求

1. 车刀刃磨时，不能用力过大，以防打滑伤手。

2. 车刀高低必须控制在砂轮水平中心，刀头略向上翘，否则会出现后角过大或负后角等弊端。

3. 车刀刃磨时应做水平方向的左右移动，以免砂轮表面出现凹坑。

4. 在平行砂轮上磨刀时，尽可能避免磨砂轮侧面。

5. 砂轮磨削表面须经常修整，使砂轮没有明显的跳动。对平行砂轮一般可用砂轮刀在砂轮上来回修整，如图 6-7 所示。

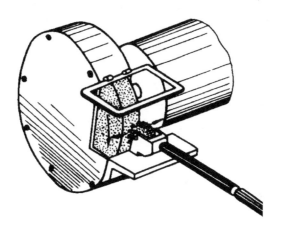

图 6-7　修整砂轮表面

6. 刃磨车刀时要求戴防护镜。

7. 刃磨硬质合金车刀时，不可把刀头部分放入水中冷却，以防刀片突然冷却而碎裂。刃磨高速钢车刀时，应随时用水冷却，以防车刀过热退火，降低硬度。

8. 在磨刀前，要对砂轮机的防护设施进行检查。如防护罩壳是否齐全；有托架的砂轮，其托架与砂轮之间的间隙是否恰当等。

9. 重新安装砂轮后，要进行检查，经试转后方可使用。

10. 结束后，应随手关闭砂轮机电源。

11. 刃磨练习可以与卡钳的测量练习交叉进行。

12. 车刀刃磨练习的重点是掌握车刀刃磨的姿势和刃磨方法。

任务评价

表 6-3　车削滑杆零件学习过程评价表

班　级		姓　名		学　号		日　期	年　月　日		
评价指标		评价要素			权重	等级评定			
						A	B	C	D
信息检索		能有效利用网络资源、技术手册等查找信息			5%				
		能用自己的语言有条理地阐述所学知识			5%				
感知工作		能熟悉工作岗位，认同工作价值			5%				
参与状态		探究学习、自主学习，能处理好合作学习和独立思考的关系，做到有效学习			5%				
		能按要求正确操作，能做到倾听、协作、分享			5%				
		能每天按时出勤和完成工作任务			5%				
		善于多角度思考问题，能主动发现、提出有价值的问题			5%				
		积极参与、能在计划制订中不断学习，提高综合运用信息技术的能力			5%				
		工作计划、操作技能符合规范要求			5%				
思维状态		能发现问题、提出问题、分析问题、解决问题、创新问题			5%				
滑杆技术要求		外圆 $\phi15_{-0.02}^{0}$ mm			15%				
		长度 35±0.1mm			10%				
		表面粗糙度 $Ra\leqslant3.2\mu m$			5%				
		表面粗糙度 $Ra\leqslant1.6\mu m$			15%				
		工具、量具摆放整齐			5%				
有益的经验和做法									
反思									

等级评定：A—好　　　B—较好　　　C—一般　　　D—有待提高

知识拓展

6.1.3　车床的润滑与保养

为了保持车床正常运转和延长其使用寿命，应注意日常的维护保养。车床的摩擦部分必须进行润滑。

1. 车床润滑的几种方式

（1）浇油润滑：通常用于外露的滑动表面，如床身导轨面和滑板导轨面等的润滑。

（2）溅油润滑：通常用于密封的箱体中，如车床的主轴箱，它利用齿轮转动把润滑油溅到油槽中，然后输送到各处进行润滑。

（3）油绳导油润滑：通常用于车床进给箱溜板箱的油池中，它利用毛线吸油和渗油的能力，把机油慢慢地引到所需的润滑处，如图 6-8（a）所示。

（4）弹子油杯注油润滑：通常用于尾座和滑板摇手柄转动的轴承处。注油时，以油嘴把弹子按下，滴入润滑油，如图 6-8（b）所示。使用弹子油杯是为了防尘防屑。

（5）黄油（油脂）杯润滑：通常用于车床挂轮架的中间轴。使用时，先在黄油杯中装满工业油脂，当拧进油杯盖时，油脂就挤进轴承套内，比加机油方便。使用油脂润滑的另一特点是存油期长，不需要每天加油，如图6-8（c）所示。

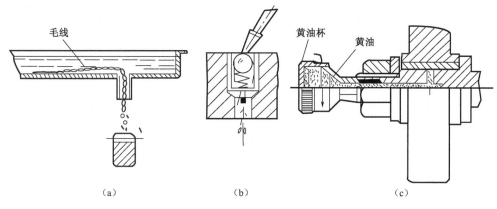

图6-8　车床润滑

（6）油泵输油润滑：通常用于转速高、润滑油需要量大的机构中，如车床的主轴箱一般都采用油泵输油润滑。

2．车床的润滑系统

为了对自用车床正确润滑，现以C620-1型车床为例来说明润滑的部位及要求。C620-1型车床的润滑系统如图6-9所示。润滑部位用数字标出，图中除了1、4、5处的润滑部位用黄油进行润滑外，其余都使用30号机油。

主轴箱的储油量，通常以油面达到油窗高度为宜。箱内齿轮用溅油法进行润滑，主轴后轴承用油绳导油润滑，车床主轴前轴承等重要润滑部位用往复式油泵输油润滑。

主轴箱上有一个油窗，如发现油孔内无油输出，说明油泵输油系统有故障，应立即停车检查断油原因，等修复后才可开动车床。

主轴箱、进给箱和溜板箱内的润滑油一般三个月更换一次，换油时应在箱体内用煤油洗清后再加油。

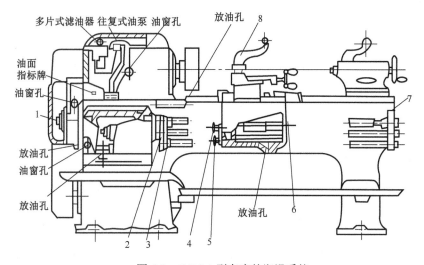

图6-9　C620-1型车床的润滑系统

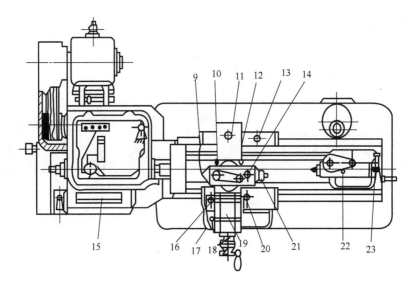

图 6-9 C620-1 型车床的润滑系统（续）

挂轮箱上的正反机构主要靠齿轮溅油润滑，油面的高度可以从油窗孔看出，换油期也是三个月一次。

进给箱内的轴承和齿轮，除了用齿轮溅油法进行润滑外，还靠进给箱上部的储油池通过油绳导油润滑。因此除了注意进给箱油窗内油面的高度外，每班还要给进给箱上部的储油池加油一次。

溜板箱内脱落蜗杆机构用箱体内的油来润滑，油从盖板 6 中注入，其储油量通常加到这个孔的下边缘为止。溜板箱内其他机构，用它上部储油池里的油绳导油润滑，润滑油由孔 16 和孔 17 注入。

床鞍、中滑板、小滑板部分、尾座和光杠丝杠等轴承，靠油孔注油润滑（图中标注 8～23 和 2、3、7 处），每班加油一次。

挂轮架中间齿轮轴承和溜板箱内换向齿轮的润滑（图中标注 1、4、5 处）每周加黄油一次，每天向轴承中旋进一部分黄油。

3．车床的清洁维护保养要求

（1）每班工作后应擦净车床导轨面（包括中滑板和小滑板），要求无油污、无铁屑，并浇油润滑，使车床外表清洁和场地整齐。

（2）每周要求车床三个导轨面及转动部位清洁、润滑，油眼畅通，油标油窗清晰，清洗护床油毛毡，并保持车床外表清洁和场地整齐等。

课后练习

填空题

1．在车床上，工件做旋转运动，刀具做平面直线或曲线运动，完成机械零件切削加工的过程，称为_____。

2．车削运动可分为_____、_____、_____。

3．在车削过程中，工件上形成了_____表面、_____表面、_____表面。

4. 切削用量三要素为＿＿＿＿＿＿＿、＿＿＿＿＿＿＿、＿＿＿＿＿＿＿。其符号和单位分别为＿＿＿＿＿＿＿、＿＿＿＿＿＿＿、＿＿＿＿＿＿＿。

5. 车床的主运动是＿＿＿＿＿＿＿；进给运动有＿＿＿＿＿＿＿。

6. 车削加工所能达到的尺寸精度等级一般为＿＿＿＿＿＿＿，表面粗糙度 *Ra*（轮廓算术平均偏差）数值范围一般是＿＿＿＿＿＿＿μm。

学习任务 6.2　车削偏心轮

任务准备

制作偏心轮零件生产派工单、偏心轮零件图（图 6-10）、金属加工工艺手册、车工速查手册、C6140 车床、45 钢 ϕ45mm 圆棒料长度为 25mm、0～150mm 游标卡尺、0～25mm 螺旋千分尺、外圆车刀、端面车刀、ϕ12mm 麻花钻、镗孔刀、工作服、工作帽等劳保用品，安全生产警示标识及供实习的机械加工车间或实训场。

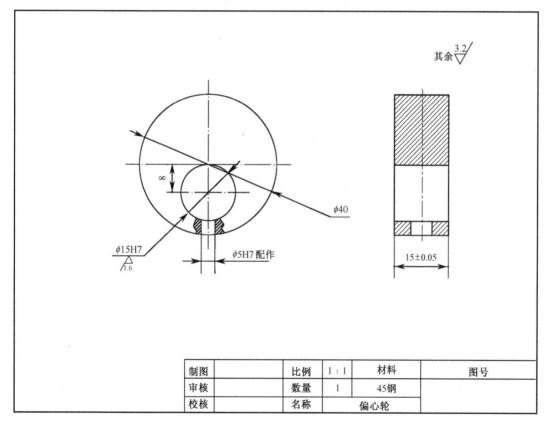

制图		比例	1：1	材料		图号	
审核		数量	1	45钢			
校核		名称		偏心轮			

图 6-10　偏心轮零件图

任务分析

该偏心轮零件，材料为 45 钢圆棒料。要求加工后外形尺寸是 ϕ40mm×15mm，由于该零件外形为圆柱形有偏心孔，所以采用车床加工最为经济合理。究竟在车床上如何加工偏心类零件？我们接下来了解车床加工偏心类零件的方法。

相关知识

6.2.1 车削偏心零件方法

偏心零件就是零件的外圆与外圆或外圆与内孔的轴线平行而不相重合，偏离一个距离的工件。这两条平行轴线之间的距离称为偏心距。外圆与外圆偏心的零件叫做偏心轴或偏心盘；外圆与内孔偏心的零件叫做偏心套。偏心零件如图 6-11 所示。

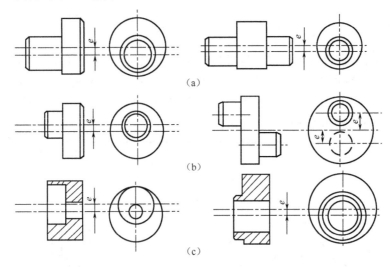

图 6-11　偏心零件

在机械传动中，回转运动变为往复直线运动或往复直线运动变为回转运动，一般都是利用偏心零件来完成的。例如车床床头箱用偏心工件带动的润滑泵，汽车发动机中的曲轴等。

偏心轴、偏心套一般都是在车床上加工的。它们的加工原理基本相同：主要是在装夹方面采取措施，即把需要加工的偏心部分的轴线找正到与车床主轴旋转轴线相重合的位置。一般车偏心零件的方法有 5 种，即采用三爪卡盘车偏心零件，采用四爪卡盘车偏心零件，采用两顶尖车偏心零件，采用偏心卡盘车偏心零件，采用专用夹具车偏心零件。结合中级车工教学大纲要求和生产实习需要，本项目中重点介绍前两种车偏心零件的方法。

为保证偏心零件使用中的工作精度，加工时的关键技术要求是控制好轴线间的平行度和偏心距精度。

1. 采用三爪卡盘车削偏心零件

长度较短的偏心零件，可以在三爪卡盘上进行车削。先把偏心零件中的非偏心部分的外圆车好，随后在卡盘任意一个卡爪与工件接处面之间，垫上一块预先选好厚度的垫片，经校正母线与偏心距，并把工件夹紧后，即可车削。

垫片厚度可用近似公式计算：垫片厚度 $x = 1.5e$（偏心距）。若使计算更精确一些，则须在近似公式中带入偏心距修正值 k 来计算和调整垫片厚度，则近似公式为

$$x = 1.5e + k$$

$$k \approx 1.5\Delta e$$

$$\Delta e = e - e_{测}$$

式中　e——零件偏心距；

　　　k——偏心距修正值，正负按实测结果确定；

　　　Δe——试切后，实测偏心距误差；

　　　$e_{测}$——试切后，实测偏心距。

2. 采用四爪卡盘车削偏心零件

以图 6-12 所示偏心轴为例，其划线及操作步骤如下。

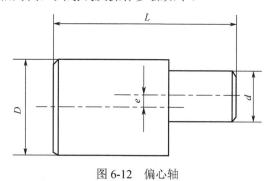

图 6-12　偏心轴

（1）将工件毛坯车成圆轴，使它的直径等于 D，长度等于 L。在轴的两端面和外圆上涂色，然后将它放在 V 形槽铁上进行划线，用高度尺（或划针盘）先在端面上和外圆上划一组与工件中心线等高的水平线，如图 6-13（a）所示。

（2）将工件转动 90°，用角尺对齐已划好的端面线，再在端面上和外圆上划另一组水平线，如图 6-13（b）所示。

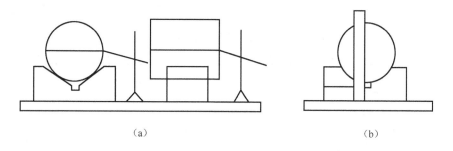

（a）　　　　　　　　　　　　　　（b）

图 6-13　工件毛坯划线

（3）用两角划规以偏心距 e 为半径，在工件的端面上取偏心距 e 值，作出偏心点。以偏心点为圆心，偏心圆半径为半径划出偏心圆，并用样冲在所划的线上打好样冲眼。这些样冲眼应打在线上，如图 6-14 所示，不能歪斜，否则会产生偏心距误差。

（4）把划好线的工件装在四爪卡盘上。在装夹时，先调节卡盘的两爪，使其成不对称位置，另两爪成对称位置，工件偏心圆线在卡盘中央，如图 6-15 所示。

（5）在床面上放好小平板和划针盘，针尖对准偏心圆线，校正偏心圆。然后把针尖对准外圆水平线，自左至右检查水平线是否水平。把工件转动 90°，用同样的方法检查另一条水平线，然后紧固卡脚和复查工件装夹情况。

（6）工件校准后，将四爪再拧紧一遍，即可进行切削。在初切削时，进给量要小，切削深度要浅，等工件车圆后切削用量可以适当增加，否则就会损坏车刀或使工件移位。

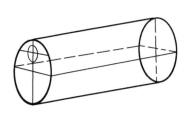

图 6-14　在工件毛坯上划偏心距

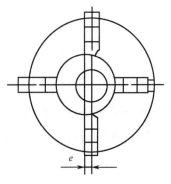

图 6-15　用四爪卡盘装夹工件

 任务实施

1．在一体化教室或多媒体教室上课，教师在课堂上结合 PPT 课件、微课、视频等讲述车床加工偏心轮的各种方法。

2．学生小组成员之间共同研究、讨论并完成以下工作任务。

（1）识读偏心轮零件图纸，明确加工部位、尺寸精度和表面粗糙度要求；

（2）根据材料正确选择工装夹具，合理选择车削速度和走刀量；

（3）制订偏心轮零件加工工艺步骤并填写偏心轮加工工艺卡（参见表 6-4）。

表 6-4　偏心轮加工工艺卡

序　号	加工步骤	加工要求	检测方法
1	下料	要求下料尺寸 $\phi45mm\times20mm$	游标卡尺检测
2	粗车端面	要求留精车余量 0.2mm	游标卡尺检测
3	粗车外圆 $\phi40$	粗车外圆 $\phi40$，要求留精车余量 0.2mm	游标卡尺检测
4	精车外圆	要求外圆尺寸 $\phi40\pm0.1mm$，表面粗糙度 $Ra\leqslant1.6\mu m$	游标卡尺检测
5	精车端面	要求表面粗糙度 $Ra\leqslant3.2\mu m$	目测
6	端面倒角	要求端面倒角 C1	目测
7	调头装夹，粗车端面	要求留精车余量 0.2mm	游标卡尺检测
8	精车端面	要求尺寸 $15\pm0.05mm$，表面粗糙度 $Ra\leqslant3.2\mu m$	游标卡尺检测
9	端面倒角	要求端面倒角 C1	目测
10	钻、铰偏心孔	要求偏心 8mm，孔径尺寸 $\phi15H7$，孔表面粗糙度 $Ra\leqslant1.6\mu m$	游标卡尺检测 $\phi15H7$ 止过规检测 目测

3．教师现场讲解车削偏心轮的操作要领，演示偏心轮车削加工操作。

4．学生上机熟悉车床操作。

5．小组按照以下偏心轮零件加工步骤完成车削加工：

（1）用三爪卡盘夹持工件外圆，长度 5mm 左右，找正工件并夹紧；

（2）粗、精车工件端面及 $\phi40mm$ 外圆，长度 15mm（留精车余量），倒角 $1\times45°$；

（3）调头，用三爪卡盘夹持 $\phi40mm$ 外圆，长度 10mm，将工件车至总长 15mm，倒角 $1\times45°$；

（4）按照图纸要求划出偏心孔中心线；

（5）计算垫片厚度，调头，用三爪卡盘夹持工件 $\phi40mm$ 外圆，找正工件并夹紧；

（6）用 $\phi12mm$ 钻头钻孔，镗孔 $\phi15mm$ 内圆至尺寸要求；

（7）检查并卸下工件。

6．任务完成后，小组共同展示制作的偏心轮零件（参见图6-16）。

图 6-16　学生制作的偏心轮零件

7．学生依据表6-5"车削偏心轮零件的学习过程评价表"进行自评后，教师总评。

 注意事项

1．选择垫片的材料应有一定硬度，以防装夹时发生变形。垫片与卡爪脚接触面应做成圆弧面，其圆弧大小等于或小于卡爪脚圆弧，如果做成平面的，则在垫片与卡爪脚之间将会产生间隙，造成误差。

2．为了保证偏心轴两轴线的平行度，装夹时应用百分表校正工件外圆，使外圆侧母线与车床主轴轴线平行。

3．安装后为了校验偏心距，可用百分表（量程大于 8mm）在圆周上测量，缓慢转动，观察其跳动量是否是 8mm。

4．按上述方法检查后，如偏差超出允差范围，应调整垫片厚度后方可正式车削。

5．为了防止硬质合金刀头碎裂，车刀应有一定的刃倾角，切削深度深一些，进给量小一些。

6．由于工件偏心，在开车前车刀不能靠近工件，以防工件碰击刀尖。

7．在三爪卡盘上车削偏心零件，一般仅适用于精度要求不很高，偏心距在 10mm 以下的短偏心零件。

 任务评价

表 6-5　车削偏心轮零件的学习过程评价表

班　级		姓　名		学　号		日　期	年　月　日		
评价指标	评　价　要　素				权重	等　级　评　定			
						A	B	C	D
信息检索	能有效利用网络资源、技术手册等查找信息				5%				
	能用自己的语言有条理地阐述所学知识				5%				
感知工作	能熟悉工作岗位，认同工作价值				5%				
参与状态	探究学习、自主学习，能处理好合作学习和独立思考的关系，做到有效学习				5%				
	能按要求正确操作，能做到倾听、协作、分享				5%				
	能每天按时出勤和完成工作任务				5%				
	善于多角度思考问题，能主动发现、提出有价值的问题				5%				

续表

班　级		姓　名		学　号		日　期		年　月　日	
评价指标	评价要素					权重	等级评定		
							A	B	C	D
参与状态	积极参与、能在计划制订中不断学习，提高综合运用信息技术的能力					5%				
	工作计划、操作技能符合规范要求					5%				
思维状态	能发现问题、提出问题、分析问题、解决问题、创新问题					5%				
偏心轮技术要求	15±0.05mm					15%				
	40±0.1mm					10%				
	ϕ15H7					5%				
	ϕ5H7					15%				
	表面粗糙度 $Ra \leq 1.6\mu m$					5%				
有益的经验和做法										
反思										

等级评定：A—好　　　B—较好　　　C——一般　　　D—有待提高

 **知识拓展**

6.2.2　偏心工件的测量、检查

　　工件调整校正侧母线和偏心距时，主要是用带有磁力表座的百分表在车床上进行，如图 6-17 所示，直至符合要求后方可进行车削。待工件车好后为确定偏心距是否符合要求，还须进行最后的检查。方法是把工件放入 V 形铁中，用百分表在偏心圆处测量，缓慢转动工件，观察其跳动量。

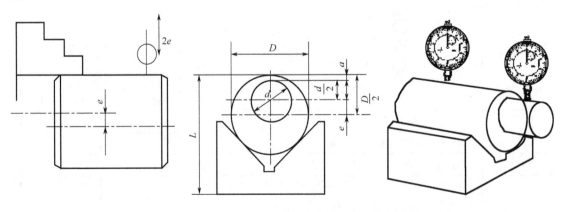

图 6-17　偏心距间接测量方法

课后练习

一、填空题

1. 改变主轴转速大小要变换_____箱外的手柄；改变进给量要变换_____箱外的手柄；改变螺距的大小，可通过改变_____及_____的手柄来完成。

2. 你在实训中使用的车床其主轴最低转速为_____，最高转速为_____，共有_____种正转速，刀架的纵向、横向进给量各_____种，能穿过主轴孔的棒料最大直径是_____mm，其丝杠螺距为_____mm。

3. 三爪自定心卡盘主要用来装夹截面形状为_____、_____的中小型轴类、盘套类工件。

4. 在车床上加工较长或工序较多的轴类工件时，常使用_____装夹工件。

5. 车床上可以用_____、_____、_____、_____进行钻孔、镗孔、扩孔和铰孔。

6. 粗车就是尽快切去毛坯上的大部分_____，但得留有一定的加工余量。粗车的切削用量较大，故粗车刀要有足够的_____，以便能承受较大的_____。

7. 图 6-18 所示为常用车刀的种类，请填写车刀的名称。

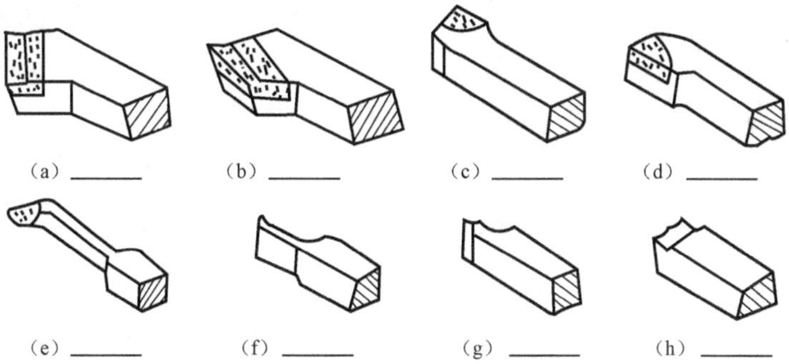

(a) _____ (b) _____ (c) _____ (d) _____

(e) _____ (f) _____ (g) _____ (h) _____

图 6-18 C6132 车常用车刀的种类

8. 图 6-19 所示为外圆车刀的结构，填写图中序号 1～8 的名称。

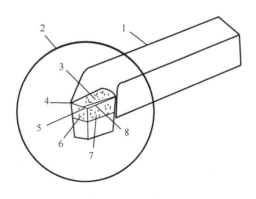

图 6-19 外圆车刀

1. _____；2. _____；3. _____；4. _____；5. _____；6. _____；7. _____；8. _____。

9. 常用的刀具材料有_____、_____，分别在_____砂轮和_____轮上刃磨。刃磨_____车刀时必须及时在水中冷却；刃磨_____车刀时绝不能放入水中冷却。

10. 精加工车刀一般用_____来研磨。研磨时要加_____。

二、选择题

1. 卧式车床主轴前端内部为（　　）。

    A．内螺纹　　　　　B．圆柱孔　　　　　C．台阶圆柱孔　　　　D．圆锥孔

2. C6140 中"40"表示（　　）。

    A．机床主轴轴线的中心高为 40mm

    B．机床装夹的最大直径为 400mm

    C．机床加工的最大外圆为 400mm

    D．加工工件的最大回转直径的 1/10 为 40mm

3. 卧式车床的主运动为（　　）。

    A．工件的旋转运动　　　　　　　　B．车刀的进给运动

    C．工件的旋转运动及车刀的进给运动

4. 若工件的待加工表面直径为 90mm，已加工表面的直径为 70mm，刀具允许切削速度为 1.5m/s，则机床的理论转速为（　　）r/min。

    A．53　　　　　　　B．68.24　　　　　　C．322.5　　　　　　D．409.5

5. 在车床上钻孔，容易出现（　　）。

    A．孔径扩大　　　　　　　　　　　B．孔轴线偏斜

    C．孔径缩小　　　　　　　　　　　D．孔轴线偏斜+孔径缩小

三、阅读图 6-20 所示的车刀的刃磨方法后，制订车刀的刃磨步骤

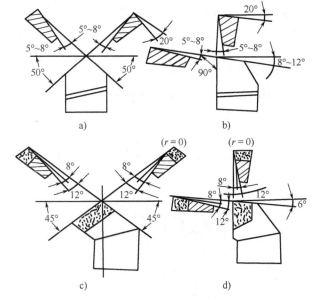

图 6-20　车刀的刃磨方法

学习任务 6.3 车削连杆轴

任务准备

制作连杆轴零件生产派工单、连杆轴零件图（图 6-21）、金属加工工艺手册、车工速查手册、C6140 车床、45 钢 ϕ20mm 圆棒料长度 90mm、0～150mm 游标卡尺、0～25mm 螺旋千分尺、外圆车刀、端面车刀、切断刀、中心钻 B3、顶尖、工作服、工作帽等劳保用品，安全生产警示标识及供实习的机械加工车间或实训场。

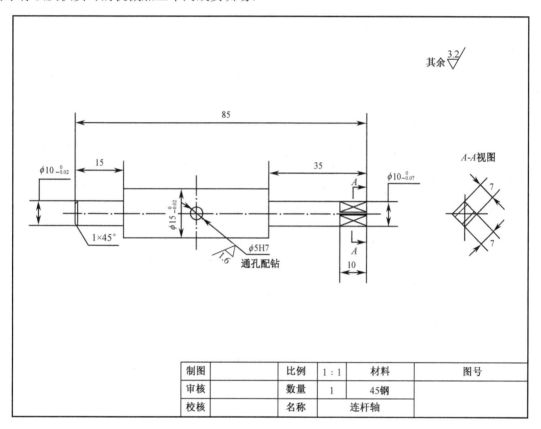

图 6-21 连杆轴零件图

任务分析

该连杆轴属圆柱形台阶轴类零件，材料为 45 钢圆棒料，所以采用车床加工最为经济合理。那么在车床上如何加工台阶轴类零件呢？我们接下来了解车床加工台阶轴类零件的方法。

相关知识

车削台阶零件方法

在同一零件上有几个直径大小不同的圆柱体连接在一起像台阶一样，这样的零件称为台阶零件，俗称台阶为"肩胛"。台阶零件的车削，实际上就是外圆车削和平面车削的组合，因此在车削时必须注意兼顾外圆的尺寸精度和台阶长度的要求。

1. 台阶零件的技术要求

台阶零件通常和其他零件结合使用，因此它的技术要求一般有以下几点：
（1）各个外圆之间的同轴度；
（2）外圆和台阶平面的垂直度；
（3）台阶平面的平面度；
（4）外圆和台阶平面相交处的要清角。

2. 车刀的选择和装夹

车削台阶零件，通常使用 90°外圆车刀。

车刀的装夹应根据粗、精车和余量的多少来选择，如粗车时余量多，为了增加切削深度，减少刀尖压力，车刀装夹取主偏角小于 90°为宜。精车时为了保证台阶平面和轴心线的垂直，应取主偏角大于 90°。

3. 车削台阶零件的方法

车削台阶零件时，一般分粗、精车进行，粗车时的台阶长度除第一个台阶长度略短些外（留精车余量），其余各台阶可车至尺寸要求的长度，精车台阶零件时，通常在机动进给精车至近台阶处时，以手动进给代替机动进给，当车至平面时，将纵向进给转换为横向进给，移动中滑板由里向外精车台阶平面。以确保台阶平面和轴心线的垂直。

4. 台阶长度的测量和控制方法

车削前根据台阶长度先用刀尖在工件表面刻线痕，然后根据线痕进行粗车。当粗车完毕后，台阶长度已经基本符合要求，在精车外圆的同时，控制台阶长度，其测量方法通常用钢直尺检查，如精度较高时，可用样板、游标深度尺等测量。

5. 工件的调头找正和车削

按照习惯的找正方法，应先找正近卡爪处工件外圆，后找正台阶处和平面，这样反复多次找正才能进行切削，当粗车完毕时，宜再进行一次复查，以防粗车时发生移位。

 任务实施

1. 在一体化教室或多媒体教室上课，教师在课堂上结合 PPT 课件、微课、视频等讲述车床加工台阶轴零件的方法。
2. 学生小组成员之间共同研究、讨论并完成以下工作任务。
（1）识读连杆轴零件图纸，明确加工部位、尺寸精度和表面粗糙度要求；
（2）根据材料正确选择工装夹具，合理选择速度和走刀量；
（3）制订操作加工工艺步骤并填写连杆轴加工工艺卡（参见表 6-6）。
3. 教师现场讲解车削连杆轴的操作要领，演示连杆轴车削加工操作。
4. 学生上机熟悉车床操作。
5. 小组按照以下连杆轴零件加工步骤完成车、铣削加工。
（1）用三爪卡盘夹持工件外圆，粗、精车工件端面，钻中心孔 B3；
（2）用三爪卡盘夹持工件外圆，用顶尖顶 B3 中心孔，找正工件并夹紧；

（3）粗、精车 $\phi15$mm、 $\phi10_{-0.02}^{0}$ mm×15mm 和 $\phi10_{-0.02}^{0}$ mm×35mm 外圆至尺寸要求，倒角 $1×45°$；

（4）检查并卸下工件；

（5）按照连杆轴零件要求划出 7mm×7mm 方头线；

（6）在铣床上用分度头夹紧 $\phi15$mm 外圆，铣 7mm×7mm 方头至图纸要求；

（7）检查并卸下工件。

表 6-6　连杆轴加工工艺卡

序　号	加 工 步 骤	加 工 要 求	检 测 方 法
1	下料（弓形锯床）	要求下料尺寸 $\phi20$mm×100mm	游标卡尺检测
2	粗车端面	要求留 0.2mm 精车余量	游标卡尺检测
3	钻中心孔	在端面上钻中心孔 B3	目测
4	粗车外圆	用三爪卡盘夹持工件外圆，用顶尖顶 B3 中心孔，找正工件并夹紧；粗车外圆时要求留 0.2mm 精车余量	游标卡尺检测
5	粗车台阶	要求留 0.2mm 精车余量	游标卡尺检测
6	精车台阶	要求台阶尺寸 $\phi10_{-0.02}^{0}$ mm×15mm，表面粗糙度 $Ra≤3.2\mu$m	游标卡尺、千分尺检测
7	精车外圆	要求外圆尺寸 $\phi15_{-0.02}^{0}$ mm，表面粗糙度 $Ra≤3.2\mu$m	千分尺检测
8	精车端面	要求表面粗糙度 $Ra≤3.2\mu$m	目测
9	端面倒角	要求端面倒角 C1	目测
10	调头装夹，粗、精车台阶	要求台阶尺寸 $\phi10_{-0.02}^{0}$ mm×35mm，表面粗糙度 $Ra≤3.2\mu$m	游标卡尺、千分尺检测
11	粗、精车端面	要求尺寸 85±0.1mm，表面粗糙度 $Ra≤3.2\mu$m	游标卡尺检测
12	端面倒角	要求端面倒角 C1	目测
13	划线	按照连杆轴零件要求划出 7mm×7mm 方头线	游标卡尺检测
14	铣方头	在铣床上用分度头夹紧 $\phi15$mm 外圆，铣 7mm×7mm 方头至图纸要求	游标卡尺检测

6．任务完成后，小组共同展示制作的连杆轴零件（参见图 6-22）。

图 6-22　学生制作的连杆轴零件

7．学生依据表 6-7"车削连杆轴学习过程评价表"进行自评后，教师总评。

 注意事项

1．台阶平面和外圆相交处要清角，防止产生凹坑和出现小台阶。

2．台阶平面出现凹凸，其原因可能是车刀没有从里到外横向进给或车刀装夹主偏角小于 $90°$，其次与刀架、车刀、滑板等发生位移有关。多台阶工件长度的测量，应从一个基面测量，以防积累误差。

3．平面与外圆相交处出现较大的圆弧，原因是刀尖圆弧较大或刀尖磨损。

4．使用游标卡尺测量工件时，卡脚应和测量面贴平，以防卡脚歪斜，产生测量误差。

5．使用游标卡尺测量工件时，松紧程度要合适，特别是用微调螺钉时，尤其注意不要卡得太紧。

6．车未停稳，不能使用游标卡尺测量工件。

7．从工件上取下游标卡尺读数时，应把紧固螺钉拧紧，以防副尺移动，影响读数。

任务评价

表6-7　车削连杆轴学习过程评价表

班　级		姓　名		学　号		日　期	年 月 日		
评价指标	评 价 要 素				权重	等 级 评 定			
						A	B	C	D
信息检索	能有效利用网络资源、技术手册等查找信息				5%				
	能用自己的语言有条理地阐述所学知识				5%				
感知工作	能熟悉工作岗位，认同工作价值				5%				
参与状态	探究学习、自主学习，能处理好合作学习和独立思考的关系，做到有效学习				5%				
	能按要求正确操作，能做到倾听、协作、分享				5%				
	能每天按时出勤和完成工作任务				5%				
	善于多角度思考问题，能主动发现、提出有价值的问题				5%				
	积极参与、能在计划制订中不断学习，提高综合运用信息技术的能力				5%				
	工作计划、操作技能符合规范要求				5%				
思维状态	能发现问题、提出问题、分析问题、解决问题、创新问题				5%				
连杆轴技术要求	$\phi 10_{-0.02}^{0}$mm（两处）				15%				
	$\phi 15_{-0.02}^{0}$mm				10%				
	85 ± 0.1mm				5%				
	35 ± 0.1mm				15%				
	表面粗糙度 $Ra\leqslant3.2\mu m$				5%				
有益的经验和做法									
反思									

等级评定：A—好　　B—较好　　C—一般　　D—有待提高

课后练习

一、填空题

1．车削台阶外圆要用主偏角为＿＿＿＿＿＿的车刀。

2．外圆加工完后一般都应倒角，若图样中未注倒角，应＿＿＿＿＿＿。

3．试切外圆发现测量尺寸比图样尺寸小了，这时应反方向＿＿＿＿＿再进刀。

4．中心孔用来＿＿＿＿＿工件，起＿＿＿＿＿作用，主要有＿＿＿＿、＿＿＿＿、＿＿＿＿三种形式。

5. 钻中心孔时，中心钻一定要对准_____，若如此钻出的中心孔呈_____，否则是_____。

6. 中心钻一般用_____来装夹。加工时发现中心钻偏斜，可调整_____。

7. 钻中心孔时，进给速度要_____而_____，并及时加注_____。

8. 轴类零件加工的_____较多，须经多次装夹。为了保证加工精度，通常采用_____装夹法，工件两端要_____。

9. 前顶尖有两种：一种是_____，可直接插入主轴的_____内；另一种是_____。

10. 两顶尖安装工件，一定要使前后顶尖_____。否则，加工出的零件有_____误差。

二、根据图 6-23 所示的台阶轴零件图制订台阶轴的加工步骤

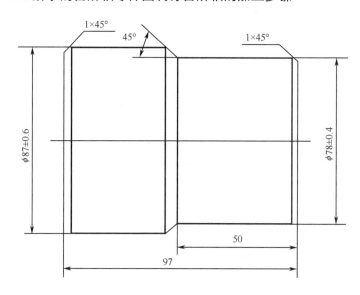

图 6-23 台阶轴零件图

三、选择题

1. 车外圆时，若主轴转速调高，则进给量（　　）。

    A．按比例变大　　　B．不变　　　　　　C．按比例变小

2. 车轴件外圆时，若前后顶针偏移而不重合，车出的外圆会出现（　　）。

    A．椭圆　　　　　B．锥度　　　　　　C．不圆度　　　　D．鼓形

3. 一般而言，零件的表面粗糙度 Ra 值越小，则零件的尺寸精度（　　）。

    A．越高　　　　　B．越低　　　　　　C．不一定　　　　D．不变

4. 关于车刀安装的不正确的说法是（　　）。

    A．车刀的刀尖必须和工件的旋转中心等高

    B．车刀伸出长度应为刀杆厚度的 1.5～2 倍

    C．车刀必须夹紧可靠，但不得用加力管

    D．无论如何安装，车刀的工作角度都不发生变化

5. 精车 45 调质钢，选择刀具材料正确的是（　　）。

    A．高速钢　　　B．YG6　　　　　C．YT15　　　　D．YT30

学习任务6.4　铣削左、右支板

任务准备

制作左、右支板零件生产派工单、左、右支板零件图（图 6-24）、金属加工工艺手册、铣工速查手册、X6132 卧式升降台铣床、Q235 钢 45×70×20（mm）、0～150mm 游标卡尺、0～25mm 螺旋千分尺、端面铣刀、ϕ16mm 立铣刀、ϕ9.8mm 麻花钻、ϕ10H7 铰刀、划针、高度尺、工作服、工作帽等劳保用品，安全生产警示标识及供实习的机械加工车间或实训场。

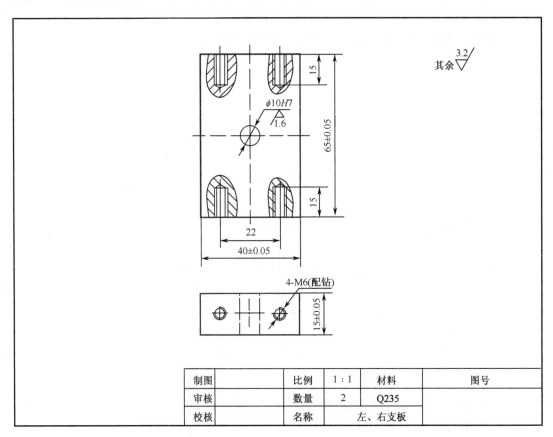

制图		比例	1：1	材料		图号	
审核		数量	2	Q235			
校核		名称		左、右支板			

图 6-24　左、右支板零件图

任务分析

左、右支板零件属于板状零件，材料为 Q235 钢板。要求加工后外形尺寸是 40×65×15（mm），由于该零件外形为矩形，所以采用铣床加工最为经济合理。要学会铣削加工板状零件，就必须让学生首先了解平面的铣削方法等相关知识。

相关知识

6.4.1　铣削的工艺特点

铣削的工艺特点主要体现在生产率较高、多个切削齿容易产生振动、刀齿散热条件较好，是一种被广泛应用的切削加工方法。如图 6-25 所示，它用于加工平面、台阶面、沟槽、成形表面及切断等，加工范围十分广泛。

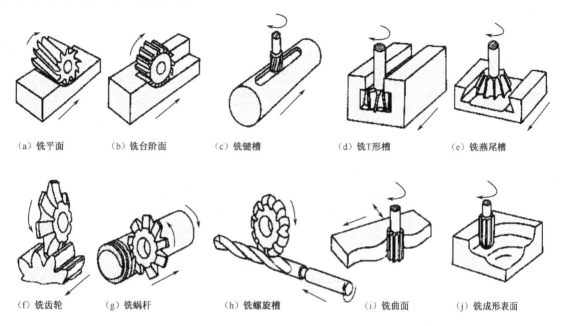

| (a) 铣平面 | (b) 铣台阶面 | (c) 铣键槽 | (d) 铣T形槽 | (e) 铣燕尾槽 |

| (f) 铣齿轮 | (g) 铣蜗杆 | (h) 铣螺旋槽 | (i) 铣曲面 | (j) 铣成形表面 |

图 6-25　铣削加工应用

由于铣刀是多齿刀具，铣削时同时有几个刀齿进行切削，主运动是连续的旋转运动，切削速度较高，铣削生产率较高，是平面的主要加工方法。特别在成批大量生产中，一般平面都采用端铣铣削。

铣削的经济加工精度一般可达 IT9～IT8 级，表面粗糙度 Ra 值为 6.3～1.6μm。用高速精细铣削，加工精度可达 IT6 级，表面粗糙度 Ra 值达 0.8μm。

在铣床上加工工件时，如何根据加工的需要，按照铣床情况和刀具的使用要求，对刀具进行正确的选择和安装，是铣工在加工之前应做好的重要的准备工作。

6.4.2　安装平口钳及装夹工件

1．安装平口钳

平口钳（图 6-26）安装方便，安装前先擦净钳体底座表面和铣床工作台表面。将底座上的定位键放入工作台中央的 T 形槽内，即可对平口钳进行初步的定位。然后，上紧 T 形螺栓上的螺母即可。

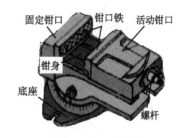

图 6-26　平口钳

2．校正平口钳的方法

校正平口钳的固定钳口面常用的方法有用划针校正、用 90°角尺校正和用百分表校正，校正平口钳时，应先松开平口钳的紧固螺母，校正后再将紧固螺母旋紧。

3．装夹工件

常用装夹工件的方法有两种。

（1）用平口钳装夹工件。

铣削一般长方体工件的平面、斜面、台阶或轴类工件的键槽时，都可以用平口钳来进行装夹。

（2）用压板装夹工件，其方法如图6-27所示。

外形尺寸较大或不便用平口钳装夹的工件，常用压板将其压紧在铣床工作台台面上。使用压板装夹工件时，应选择两块以上的压板。压板的一端搭在垫铁上，另一端搭在工件上。垫铁的高度应等于或略高于工件被压紧部位的高度。T形螺栓略接近于工件一侧，并使压板尽量接近加工位置。在螺母与压板之间必须加垫垫圈。

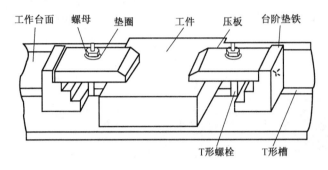

图6-27　用压板装夹工件

 任务实施

1. 在一体化教室或多媒体教室上课，教师在课堂上结合PPT课件、微课、视频等讲述铣削加工左支板、右支板零件的方法。

2. 学生小组成员之间共同研究、讨论并完成以下工作任务。

（1）识读左支板、右支板零件图纸，明确加工部位、尺寸精度和表面粗糙度要求；

（2）根据材料正确选择工装夹具，合理选择铣削速度和走刀量；

（3）制订操作加工工艺步骤。

3. 教师现场讲解铣削左支板、右支板的操作要领，演示左支板、右支板铣削加工操作。

4. 学生上机熟悉铣床操作。

5. 小组按照以下左支板、右支板零件加工步骤完成铣削加工。

（1）找正工件并夹紧，铣削两个大平面，保证平面的平行度；

（2）分别铣削出两个互相垂直的侧面作为基准；

（3）在平台划出零件的外形尺寸线；

（4）分别铣削另两个侧面，保证工件尺寸为85×50×20（mm）；

（5）用ϕ9.8mm钻头钻孔，再用ϕ10mm铰刀铰内孔至尺寸要求；

（6）各棱角去毛刺；

（7）检查并卸下工件。

6. 任务完成后，小组共同展示制作左支板、右支板零件（参见图6-28）。

7. 学生依据表6-8铣削"左、右支板学习过程评价表"进行自评后，教师总评。

图 6-28 学生制作的左支板、右支板零件

 注意事项

1．在铣床工作台面上，不允许拖拉表面粗糙的工件。夹紧时，应在毛坯件与工件工作台面加工表面。

2．用压板在工件已加工表面上夹紧时，应在工件与压板间衬垫铜皮，避免损伤工件已加工表面。

3．正确选择压板在工件上的夹紧位置，使其尽量靠近加工区域，并处于工件刚性最好的位置。若夹紧部位有悬空现象，应将工件垫实。

4．螺栓要拧紧，尽量不使用活扳手。

5．每个压板的夹紧力应大小均匀，并逐步以对角压紧，不应以单边重力紧固，防止压板夹紧力的偏移使工件倾斜。

 任务评价

表 6-8　铣削左、右支板学习过程评价表

班　　级		姓　　名		学　　号		日　　期	年 月 日		
评价指标	评 价 要 素				权重	等 级 评 定			
						A	B	C	D
信息检索	能有效利用网络资源、技术手册等查找信息				5%				
	能用自己的语言有条理地阐述所学知识				5%				
感知工作	能熟悉工作岗位，认同工作价值				5%				
参与状态	探究学习、自主学习，能处理好合作学习和独立思考的关系，做到有效学习				5%				
	能按要求正确操作，能做到倾听、协作、分享				5%				
	能每天按时出勤和完成工作任务				5%				
	善于多角度思考问题，能主动发现、提出有价值的问题				5%				
	积极参与、能在计划制订中不断学习，提高综合运用信息技术的能力				5%				
	工作计划、操作技能符合规范要求				5%				
思维状态	能发现问题、提出问题、分析问题、解决问题、创新问题				5%				

续表

班 级		姓 名		学 号		日 期		年 月 日	
评价指标	评 价 要 素				权重	等 级 评 定			
						A	B	C	D
左、右支板 技术要求	65±0.5mm 尺寸精度				15%				
	40±0.5mm 尺寸精度				10%				
	ϕ10H7				5%				
	表面粗糙度 Ra≤1.6μm				15%				
	工具、量具摆放整齐				5%				
有益的经 验和做法									
反思									

等级评定: A—好　　B—较好　　C——般　　D—有待提高

课后练习

填空题

1. 用铣刀周边齿刃和端面齿刃同时进行加工的铣削方式称为_____。通常用来加工各种_____、_____、_____、_____、_____和_____等。

2. 因为铣刀是_____刀具，有几个刀齿同时参加切削，利用镶装有_____的刀具，可采用_____的切削用量，且切削运动连续，故生产效率较高。

3. 常用的铣床有_____、_____和_____三种。

4. 铣床的主要附件有机用_____、_____、_____和_____。其中，前三种附件用于_____装夹，万能铣头用于_____装夹。

5. 万能分度头主要由_____、_____、_____和_____等部分组成。

学习任务 6.5　铣削顶板

任务准备

制作顶板零件生产派工单、顶板零件图（图 6-27）、金属加工工艺手册、铣工速查手册、X6132 卧式升降台铣床、Q235 钢 45×70×20（mm）、0～150mm 游标卡尺、0～25mm 螺旋千分尺、端面铣刀、ϕ16mm 立铣刀、ϕ14.8mm 麻花钻、ϕ7mm 麻花钻、ϕ10mm 麻花钻、ϕ15H7 铰刀、划针、高度尺、工作服、工作帽等劳保用品，安全生产警示标识及供实习的机械加工车间或实训场。

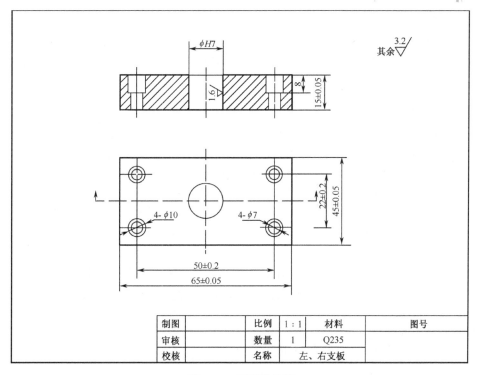

图 6-29　顶板零件图

任务分析

　　该顶板属于板状零件，材料为 Q235 钢板。要求加工后外形尺寸是 65×40×15（mm），由于该零件外形为矩形，所以采用铣床加工最为经济合理。要学会铣削加工板状零件，就必须让学生首先了解在平面铣削时合理选择切削参数等相关知识。

相关知识

1．平面铣削的加工方法

平面铣削的加工方法主要有周铣和端铣两种，如图 6-30 所示。

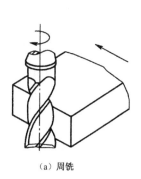

（a）周铣

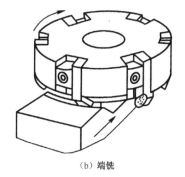

（b）端铣

图 6-30　周铣和端铣

2．平面铣削的刀具

（1）立铣刀

立铣刀的圆周表面和端面上都有切削刃，圆周切削刃为主切削刃，主要用来铣削台阶面。

一般，$\phi 20 \sim \phi 40$mm 的立铣刀铣削台阶面的质量较好。

（2）面铣刀

面铣刀的圆周表面和端面上都有切削刃，端部切削刃为主切削刃，主要用来铣削大平面，以提高加工效率。

3．平面铣削的切削参数

（1）背吃刀量（端铣）或侧吃刀量（圆周铣）的选择

背吃刀量和侧吃刀量的选取主要由加工余量和对表面质量的要求决定。

① 在要求零件表面粗糙度值 Ra 为 $12.5 \sim 25$μm 时，如果圆周铣削的加工余量小于 5mm，端铣的加工余量小于 6mm，粗铣一次进给就可以达到要求。但余量较大、数控铣床刚性较差或功率较小时，可分两次进给完成。

② 在要求零件表面粗糙度值 Ra 为 $3.2 \sim 12.5$μm 时，可分粗铣和半精铣两步进行，粗铣的背吃刀量与侧吃刀量取相同的值。粗铣后留 $0.5 \sim 1$mm 的余量，在半精铣时完成。

③ 在要求零件表面粗糙度值 Ra 为 $0.8 \sim 3.2$μm 时，可分为粗铣、半精铣和精铣三步进行。半精铣时，背吃刀量与侧吃刀量取 $1.5 \sim 2$mm，精铣时，圆周侧吃刀量可取 $0.3 \sim 0.5$mm，端铣背吃刀量取 $0.5 \sim 1$mm。

（2）进给速度 v_f 的选择

进给速度 v_f 与每齿进给量 f_z 有关。即

$$v_f = nZf_z$$

式中，n 为铣刀转速，z 为铣刀齿数。

每齿进给量参考切削用量手册或参考表 6-9 所示进行选取。

表6-9　每齿进给量

工件材料	每齿进给量/（mm/z）			
	粗　　铣		精　　铣	
	高速钢铣刀	硬质合金铣刀	高速钢铣刀	硬质合金铣刀
钢	$0.1 \sim 0.15$	$0.10 \sim 0.25$	$0.02 \sim 0.05$	$0.10 \sim 0.15$
铸铁	$0.12 \sim 0.20$	$0.15 \sim 0.30$		

（3）铣削速度 v_c 的选择

表 6-10 所示为铣削速度 v_c 的推荐范围。

表6-10　铣削速度

工件材料	硬度 HBS	切削速度 v_c/（m/min）	
		高速钢铣刀	硬质合金铣刀
钢	<225	$18 \sim 42$	$66 \sim 150$
	$225 \sim 325$	$12 \sim 36$	$54 \sim 120$
	$325 \sim 425$	$6 \sim 21$	$36 \sim 75$
铸铁	<190	$21 \sim 36$	$66 \sim 150$
	$190 \sim 260$	$9 \sim 18$	$45 \sim 90$
	$260 \sim 320$	$4.5 \sim 10$	$21 \sim 30$

 任务实施

1．在一体化教室或多媒体教室上课，教师在课堂上结合 PPT 课件、微课、视频等讲述铣

削加工顶板零件的方法。

2．学生小组成员之间共同研究、讨论并完成以下工作任务。

（1）识读顶板零件图纸，明确加工部位、尺寸精度和表面粗糙度要求；

（2）根据材料正确选择工装夹具，合理选择铣削速度和走刀量；

（3）制订操作加工工艺步骤。

3．教师现场讲解铣削顶板零件的操作要领，演示顶板铣削加工操作。

4．学生上机熟悉铣床操作。

5．小组按照以下加工步骤完成顶板零件的铣削加工。

（1）找正工件并夹紧，铣削两个大平面，保证平面的平行度；

（2）分别铣削出两个互相垂直的侧面作为基准；

（3）在平台划出零件的外形尺寸线及中心线；

（4）分别铣削另两个侧面，保证零件尺寸 65×40×15（mm）；

（5）用 ϕ14.8mm 钻头钻孔，再用 ϕ15mm 铰刀铰内孔至尺寸要求；

（6）用 ϕ7mm 钻头钻孔，再用 ϕ10mm 钻头钻沉孔至尺寸要求；

（7）各棱角去毛刺；

（8）检查并卸下工件。

6．任务完成后，小组共同展示制作的顶板零件（参见图 6-31）。

7．学生依据表 6-11"铣削顶板学习过程评价表"进行自评后，教师总评。

图 6-31　学生制作的顶板零件

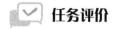 **任务评价**

表 6-11　铣削顶板学习过程评价表

班　级	姓　名		学　号		日　期		年　月　日	
评价指标	评 价 要 素			权重	等 级 评 定			
					A	B	C	D
信息检索	能有效利用网络资源、技术手册等查找信息			5%				
	能用自己的语言有条理地阐述所学知识			5%				
感知工作	能熟悉工作岗位，认同工作价值			5%				
参与状态	探究学习、自主学习，能处理好合作学习和独立思考的关系，做到有效学习			5%				
	能按要求正确操作，能做到倾听、协作、分享			5%				
	能每天按时出勤和完成工作任务			5%				
	善于多角度思考问题，能主动发现、提出有价值的问题			5%				
	积极参与、能在计划制订中不断学习，提高综合运用信息技术的能力			5%				
	工作计划、操作技能符合规范要求			5%				
思维状态	能发现问题、提出问题、分析问题、解决问题、创新问题			5%				
顶板技术要求	65±0.5mm 尺寸精度			15%				
	40±0.5mm 尺寸精度			10%				
	ϕ15H7			5%				
	表面粗糙度 Ra≤1.6μm			15%				
	工具、量具摆放整齐			5%				

续表

有益的经 验和做法	
反思	

等级评定：A—好　　B—较好　　C—一般　　D—有待提高

 课后练习

判断题

1．齿轮加工的基本要求是保证齿形准确和分齿均匀。　　　　　　　　　　（　　）

2．铣削加工齿轮的齿形由铣刀的截面形状保证。　　　　　　　　　　　（　　）

3．铣削加工齿轮的精度不高。　　　　　　　　　　　　　　　　　　　（　　）

4．在立式铣床上不能加工键槽。　　　　　　　　　　　　　　　　　　（　　）

5．在铣削加工过程中，工件做主运动，铣刀做进给运动。　　　　　　　（　　）

学习任务 6.6　偏心轮机构零件的修整

任务准备

修整偏心轮零件生产派工单，偏心轮机构装配图及其零件图（图6-32），偏心轮，0～150mm游标卡尺，0～25mm螺旋千分尺，大、中、小锉刀，油石，砂纸，虎钳，工作服、工作帽等劳保用品，安全生产警示标识及供实习的机械加工车间或实训场。

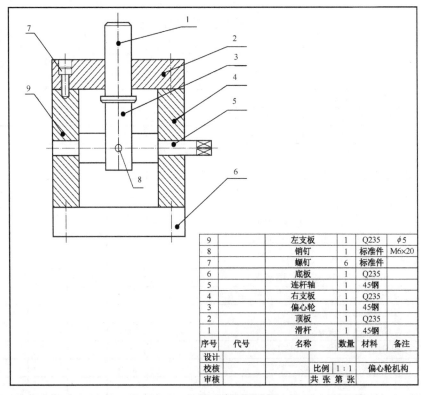

9		左支板	1	Q235	ϕ5
8		销钉	1	标准件	M6×20
7		螺钉	6	标准件	
6		底板	1	Q235	
5		连杆轴	1	45钢	
4		右支板	1	Q235	
3		偏心轮	1	45钢	
2		顶板	1	Q235	
1		滑杆	1	45钢	
序号	代号	名称	数量	材料	备注
设计					
校核			比例	1：1	偏心轮机构
审核			共张 第张		

图6-32　偏心轮机构装配图

任务分析

本任务是在装配偏心轮机构前，对照偏心轮机构的相关零件图纸进行检查，按照装配图纸中滑杆与顶板、偏心轮与连杆轴等配合处间隙值大小，采用锉刀、油石、砂纸对偏心轮机构的相关零件进行修整。那么，怎样来保证模具的装配质量呢？首先要了解修配的相关知识。

 相关知识

6.6.1 锉削偏心轮机构零件

用锉刀对工件表面进行切削加工，使其达到零件图纸要求的形状、尺寸和表面粗糙度，这种加工方法称为锉削。锉削加工简便，工作范围广，多用于錾削、锯削之后，锉削可对工件上的平面、曲面、内外圆弧、沟槽及其他复杂表面进行加工，锉削的最高精度可达 IT7～IT8，表面粗糙度 Ra 可达 1.6～0.8μm。可用于成形样板、模具型腔以及部件的修整机器装配时的工件修整是钳工主要操作方法之一。

1．锉刀的材料及构造

锉刀常用碳素工具钢 T10、T12 制成，并经热处理淬硬到 62～67HRC。

锉刀由锉刀面、锉刀边、锉刀舌、锉刀尾、木柄等部分组成。

锉刀的大小以锉刀面的工作长度来表示。

2．锉刀的种类

锉刀如图 6-33 所示。按用途不同分为：普通锉（或称钳工锉）、特种锉和整形锉（或称什锦锉）三类。其中普通锉使用最多。

普通锉按截面形状不同分为：平锉、方锉、圆锉、半圆锉和三角锉五种。

按长度可分为：100mm、200mm、250mm、300mm、350mm 和 400mm 锉刀等七种。

按齿纹可分为：单齿纹锉刀和双齿纹锉刀（大多用双齿纹锉刀）。

按齿纹蔬密可分为：粗齿锉、细齿锉和油光锉等（锉刀的粗细以每 10mm 长的齿面上锉齿齿数来表示，粗齿锉为 4～12 齿，细齿锉为 13～24 齿，油光锉为 30～36 齿）。

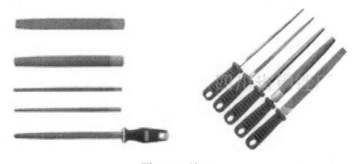

图 6-33　锉刀

3．锉刀的选用

合理选用锉刀对保证加工质量、提高工作效率和延长锉刀使用寿命有很大的影响。一般选择锉刀的原则如下。

（1）根据工件形状和加工面的大小选择锉刀的形状和规格。

（2）根据加工材料软硬、加工余量、精度和表面粗糙度的要求选择锉刀的粗细。粗锉刀的齿距大，不易堵塞，适宜于粗加工（即加工余量大、精度等级和表面质量要求低）及铜、铝等软金属的锉削；细锉刀适宜于钢、铸铁及表面质量要求高的工件的锉削；油光锉只用来修光已加工表面。锉刀越细，锉出的工件表面越光，但生产率越低。

4．锉削操作

（1）装夹工件

工件必须牢固地夹在虎钳钳口的中部，需锉削的表面略高于钳口，不能高得太多，夹持已加工表面时，应在钳口与工件之间垫以铜片或铝片。

（2）锉刀的握法

正确握持锉刀有助于提高锉削质量。

① 大锉刀的握法：右手心抵着锉刀木柄的端头，大拇指放在锉刀木柄的上面，其余四指弯在木柄的下面，配合大拇指捏住锉刀木柄，左手则根据锉刀的大小和用力的轻重，可有多种姿势。

② 中锉刀的握法：右手握法大致和大锉刀握法相同，左手用大拇指和食指捏住锉刀的前端。

③ 小锉刀的握法：右手食指伸直，拇指放在锉刀木柄上面，食指靠在锉刀的刀边，左手几个手指压在锉刀中部。

④ 更小锉刀（什锦锉）的握法：一般只用右手拿着锉刀，食指放在锉刀上面，拇指放在锉刀的左侧。

5．锉削的姿势

正确的锉削姿势能够减轻疲劳，提高锉削质量和效率。人的站立姿势为：左腿在前弯曲，右腿伸直在后，身体向前倾斜（约 10°），重心落在左腿上。锉削时，两腿站稳不动，靠左膝的屈伸使身体做往复运动，手臂和身体的运动要相互配合，并要充分利用锉刀的全长。

6．锉削刀的运用

锉削时锉刀的平直运动是锉削的关键。锉削的力有水平

图 6-34　锉削的姿势

推力和垂直压力两种。推力主要由右手控制，其大小必须大于锉削阻力才能锉去切屑，压力是由两个手控制的，其作用是使锉齿深入金属表面。

由于锉刀两端伸出工件的长度随时都在变化，因此两手压力大小必须随之变化，使两手的压力对工件的力矩相等，这是保证锉刀平直运动的关键。锉刀运动不平直，工件中间就会凸起或产生鼓形面。

锉削速度一般为每分钟 30～60 次，过快则操作者容易疲劳，且锉齿易磨钝；过慢则切削效率低。

6.6.2　锉削圆弧面的方法

1．外圆弧面锉法

（1）轴向展成锉法：锉刀推进方向与外圆弧面轴线平行，将圆弧加工界线外的余量部分锉成多边形。一般用于外圆弧面的粗锉加工。

（2）周向展成锉法：锉刀推进方向与外圆弧面轴线垂直，将圆弧加工界图线外的余量部分锉成多边形。一般用于外圆弧面的粗锉加工。

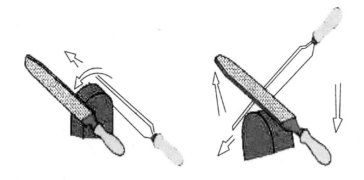

图 6-35　外圆弧面锉法

（3）轴向滑动锉法：锉刀在做与外圆弧面轴线平行方向的推进时，同时做沿外圆弧面向右或向左的滑动。一般用于外圆弧面的精锉加工。

（4）周向摆动锉法：锉刀在做与外圆弧面轴线垂直方向的推进时，右手同时做沿圆弧面下压锉刀柄的摆动。一般用于外圆弧面的精锉加工。

2．内圆弧面锉法

（1）合成锉法：用圆锉或半圆锉加工内圆弧面时，锉刀同时完成三种运动，即锉刀与内圆弧面轴线平行的推进、锉刀刀体的自身旋转（顺时针或逆时针方向）以及锉刀沿内圆弧面向右或向左的滑动。一般用于内圆弧面的粗锉加工。

（2）横推滑动锉法：圆锉、半圆锉的刀体与内圆弧面轴线平行，推进方向与之垂直，沿内圆弧面进行滑动锉削。一般用于内圆弧面的精锉加工。

3．球面基本锉法

（1）纵倾横向滑动锉法：锉刀根据球形半径 SR 摆好纵向倾斜角度 α，并在运动中保持稳定。锉刀推进时，刀体同时做自左向右的滑动。注意：可将球面大致分为 4 个区域进行对称锉削，依次循环锉削至球面顶点。

（2）侧倾垂直摆动锉法：锉刀根据球形半径 SR 摆好侧倾角度 α，并在运动中保持稳定。锉刀推进时，右手同时做垂直下压锉刀柄的摆动。

 任务实施

1．在一体化教室或多媒体教室上课，教师在课堂上结合 PPT 课件、微课、视频等讲述零件的修整锉配等知识。

2．教师现场讲解滑杆与顶板、偏心轮与连杆轴等配合零件修整的操作要领并演示滑杆与顶板、偏心轮与连杆轴等零件的修整操作。

3．学生小组成员之间共同研究、讨论并完成以下工作任务。

（1）识读滑杆与顶板、偏心轮与连杆轴等的零件图纸，明确配合处部位、尺寸精度和表面粗糙度要求；

（2）根据滑杆与顶板、偏心轮与连杆轴等零件修整要求正确选择相应的夹具、修整工具用具等；

（3）制订修整滑杆与顶板、偏心轮与连杆轴等零件的工艺步骤。

4．小组按照以下步骤完成偏心轮机构的修整任务。

（1）对照滑杆与顶板、偏心轮与连杆轴等的零件图纸分别采用 0～150mm 游标卡尺、0～25mm 螺旋千分尺进行检查，记录相关尺寸并做标识；

（2）将滑杆与顶板、偏心轮与连杆轴等零件进行装配，观察零件之间的配合间隙是否均匀一致；

（3）对零件的超差处分别采用锉刀、油石、砂纸进行修整直至符合图纸要求；

（4）将其余零件的各棱角去毛刺。

5．任务完成后，小组共同展示修整好的偏心轮机构（参见图 6-36）。

6．学生依据表 6-12"修整偏心轮机构学习过程评价表"进行自评后，教师总评。

图 6-36　学生修整好的偏心轮机构

注意事项

不论是选用顺向锉还是选用交叉锉，为了保证加工平面的平面度，应尽可能做到锉刀在不同处重复锉削的次数、用力及锉刀的行程保持相同，并且每次的横向移动量均匀、大小适当。

任务评价

表 6-12　修整偏心轮机构学习过程评价表

班　级		姓　名		学　号		日　期	年　月　日		
评价指标	评 价 要 素				权重	等 级 评 定			
						A	B	C	D
信息检索	能有效利用网络资源、技术手册等查找信息				5%				
	能用自己的语言有条理地阐述所学知识				5%				
感知工作	能熟悉工作岗位，认同工作价值				5%				
参与状态	探究学习、自主学习，能处理好合作学习和独立思考的关系，做到有效学习				5%				
	能按要求正确操作，能做到倾听、协作、分享				5%				
	能每天按时出勤和完成工作任务				5%				
	善于多角度思考问题，能主动发现、提出有价值的问题				5%				
	积极参与、能在计划制订中不断学习，提高综合运用信息技术的能力				5%				
	工作计划、操作技能符合规范要求				5%				
思维状态	能发现问题、提出问题、分析问题、解决问题、创新问题				5%				
偏心轮机构零件修整的技术要求	握锉动作				15%				
	操作姿势				10%				
	平面度				5%				
	$\phi15H7$ 孔内表面粗糙度 $Ra \leq 1.6\mu m$				15%				
	工具、量具摆放整齐				5%				
有益的经验和做法									
反思									

等级评定：A—好　　　B—较好　　　C—一般　　　D—有待提高

知识拓展

6.6.3 锉削平面质量的检查

1. 检查平面的直线度和平面度：用钢直尺和直角尺以透光法来检查，要多检查几个部位并进行对角线检查。

2. 检查垂直度：用直角尺采用透光法检查，应选择基准面，然后对其他面进行检查。

3. 检查尺寸：根据尺寸精度用钢直尺和游标尺在不同尺寸位置上多测量几次。

4. 检查表面粗糙度：一般用眼睛观察即可，也可用表面粗糙度样板进行对照检查。

学习任务 6.7　偏心轮机构的配钻与攻丝

 任务准备

偏心轮机构的配钻与攻丝生产派工单、偏心轮机构装配图及其零件图（图6-37）、偏心轮、0～150mm游标卡尺、锉刀、0～25mm螺旋千分尺、连杆轴、台钻、φ5mm和φ7mm麻花钻头各一支、φ5mm铰刀、M6丝攻一副、虎钳、铜锤、工作服、工作帽等劳保用品，安全生产警示标识及供实习的机械加工车间或实训场。

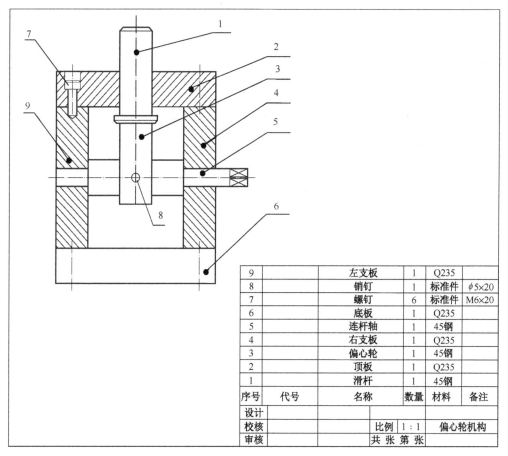

9		左支板	1	Q235	
8		销钉	1	标准件	φ5×20
7		螺钉	6	标准件	M6×20
6		底板	1	Q235	
5		连杆轴	1	45钢	
4		右支板	1	Q235	
3		偏心轮	1	45钢	
2		顶板	1	Q235	
1		滑杆	1	45钢	
序号	代号	名称	数量	材料	备注
设计					
校核			比例	1：1	偏心轮机构
审核			共张 第张		

图6-37　偏心轮机构装配图

任务分析

根据任务要求，偏心轮机构装配后，连杆轴要带动偏心轮转动的同时还要推动滑杆做上下运动，且要求配合面间隙均匀一致，运动中不能出现卡滞现象，连杆轴与偏心轮之间连接牢靠。那么，怎样才能保证连杆轴与偏心轮之间的装配质量，达到图纸技术要求呢？下面我们来学习偏心轮机构的配钻与攻丝知识。

 相关知识

1. 同钻铰

将待加工的有关零件夹紧为一体后，同时钻孔、铰孔的方法，叫做同钻铰。

2. 配钻

通过零件上已经钻、铰好的实际孔位配作待加工零件上的孔位的方法，叫做配钻。

3. 螺孔、螺钉过孔的配钻方法

（1）直接引钻

用已经钻好的孔引导钻头。

注意事项：钻头的选择，钻头直径应等于导向孔直径。

（2）螺纹样冲印孔

将螺纹样冲拧入已经加工好的螺孔（或盲孔）内，加压，打出样冲眼，按样冲眼加工。

注意事项：
① 样冲的加工。样冲尖端淬硬，且锥尖应与螺纹中心线有一定的同轴度要求。
② 多孔时的印孔。必须用高度游标尺将它们的顶尖找平后再印。

（3）复印法印孔

在已经加工好的光孔或螺孔的平面上涂一层红丹粉，印出孔的印痕。

 任务实施

1. 在一体化教室或多媒体教室上课，教师在课堂上结合 PPT 课件、微课、视频等讲述钻孔与攻丝的方法。

2. 教师现场讲解偏心轮机构的配钻与攻丝的操作要领并演示偏心轮机构的配钻与攻丝操作。

3. 学生小组成员之间共同研究、讨论并完成以下工作任务。

（1）阅读偏心轮机构的装配图和零件图，明确装配零部件、尺寸精度和表面粗糙度要求；

（2）正确选择工装夹具，合理选择钻削速度；

（3）制订偏心轮机构的配钻与攻丝工艺步骤。

4. 学生上机熟悉钻床操作。

5. 小组按照偏心轮机构的配钻与攻丝加工步骤完成以下任务。

（1）按照偏心轮图纸要求划 $\phi5H7$ 中心线；

（2）钻、铰 $\phi5H7$ 销钉孔至要求，孔表面粗糙度 $Ra \leqslant 1.6\mu m$；

（3）将连杆轴插入偏心轮 $\phi15mm$ 孔内，保证偏心轮与连杆轴的垂直度要求；

（4）用虎钳夹住偏心轮侧面后，找正工件；

（5）用 $\phi5mm$ 钻头对准偏心轮 $\phi5H7$ 孔后，启动台钻加工连杆轴的 $\phi5mm$ 通孔至要求；

（6）用锉刀将连杆轴棱角去毛刺；

（7）把偏心轮与连杆轴装配好后，将 $\phi5mm$ 销钉用铜锤敲入 $\phi5H7$ 孔内；

（8）将偏心轮与连杆轴组件装入左、右支板后，再装底板与顶板；

（9）以底板 $4-\phi7mm$ 孔为基准，先用 $\phi7mm$ 钻头在左、右支板上各钻 2 个锥窝，再用 $\phi5mm$ 钻头对准锥窝钻削 $4-\phi5mm$ 孔至要求；同样以顶板 $4-\phi7mm$ 孔为基准，先用 $\phi7mm$ 钻头在左、右支板的另一个平面各钻 2 个锥窝后，再钻削 $4-\phi5mm$ 孔至要求；

（10）用虎钳夹持顶板，采用 M6 丝攻对 $4-\phi5mm$ 孔进行攻丝加工；同样在底板上攻 4-M6 螺孔；

（11）用锉刀锉削零件各表面的毛刺。

6．任务完成后，小组共同展示偏心轮机构的配钻与攻丝零件（参见图 6-38）。

7．学生依据表 6-13"偏心轮机构的配钻与攻丝学习过程评价表"进行自评后，教师总评。

图 6-38　学生配钻与攻丝后的偏心轮机构零件

🛡 注意事项

1．根据零件上螺纹孔的规格，正确选择丝锥，先头锥后二锥，不可颠倒使用。

2．工件装夹时，夹紧工件，并保持水平，要使孔中心垂直于钳口，防止螺纹攻歪。

3．将丝锥放正，施加适当的压力和扭力（顺时针）。先旋入 1～2 圈后，要检查丝锥是否与孔端面垂直（可目测或用直角尺在互相垂直的两个方向检查）。当切削部分已切入工件后，每顺转 1 圈后应倒转 1/4 圈左右，以便切屑断落；同时不能再施加压力（即只转动不加压），以免丝锥崩牙或攻出的螺纹齿较瘦。攻丝方法如图 6-39 所示。

4．攻钢件上的内螺纹，要加机油润滑，可使螺纹光洁、省力和延长丝锥使用寿命；攻铸铁上的内螺纹可不加润滑剂，或者加煤油；攻铝及铝合金、紫铜上的内螺纹，可加乳化液。

5．不要用嘴直接吹切屑，以防切屑飞入眼内。

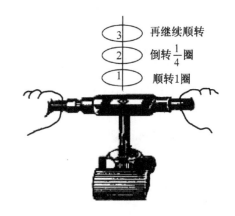

图 6-39　攻丝方法

任务评价

表6-13 偏心轮机构的配钻与攻丝学习过程评价表

班　级		姓　名		学　号		日　期		年 月 日	
评价指标	评 价 要 素				权重	等 级 评 定			
						A	B	C	D
信息检索	能有效利用网络资源、技术手册等查找信息				5%				
	能用自己的语言有条理地阐述所学知识				5%				
感知工作	能熟悉工作岗位，认同工作价值				5%				
参与状态	探究学习、自主学习，能处理好合作学习和独立思考的关系，做到有效学习				5%				
	能按要求正确操作，能做到倾听、协作、分享				5%				
	能每天按时出勤和完成工作任务				5%				
	善于多角度思考问题，能主动发现、提出有价值的问题				5%				
	积极参与、能在计划制订中不断学习，提高综合运用信息技术的能力				5%				
	工作计划、操作技能符合规范要求				5%				
思维状态	能发现问题、提出问题、分析问题、解决问题、创新问题				5%				
偏心轮机构的配钻与攻丝的技术要求	ϕ5H7 销钉孔尺寸				15%				
	8-ϕ5 孔尺寸				5%				
	8-M6 螺孔（无烂牙）				10%				
	孔内表面粗糙度 $Ra\leq3.2\mu m$				15%				
	工具、量具摆放整齐				5%				
有益的经验和做法									
反思									

等级评定：A—好　　B—较好　　C——一般　　D—有待提高

学习任务6.8 偏心轮机构的装配与调整

 任务准备

　　偏心轮机构的装配与调整生产派工单，偏心轮机构装配图及其零件图，偏心轮，连杆轴，左支板，右支板，顶板，底板，滑杆，销钉，0～150mm 游标卡尺，大、中、小锉刀，油石，砂纸，0～25mm 螺旋千分尺，虎钳，铜锤，内六角匙 1 套，工作服、工作帽等劳保用品，安全生产警示标识及供实习的机械加工车间或实训场。

 任务分析

　　根据任务要求，偏心轮机构装配后，连杆轴要带动偏心轮转动的同时还要推动滑杆做上下运动，且要求配合面间隙均匀一致，运动中不能出现卡滞现象，连杆轴与偏心轮之间连接牢靠。

那么，怎样才能保证连杆轴与偏心轮之间的装配质量，达到图纸技术要求呢？下面我们来学习偏心轮机构装配的相关知识。

 相关知识

6.8.1 装配

机械产品一般都是由许多零部件组成的。按照规定的技术要求，将若干个零件组合成组件、部件或将若干个零件的组件、部件组成产品的过程，称为装配。

机械装配是整个机械制造过程中的最后一个阶段，在制造过程中占有非常重要的地位。

装配中的相互位置精度包括相关零、部件之间的平行度、垂直度、同轴度及各种跳动等。相对运动精度指产品中有相对运动的零、部件之间在相对运动方向和相对速度方向的精度。运动方向精度多表现为零、部件之间相对运动的平行度和垂直度；相对速度方向精度也称为传动精度，即要求零、部件之间相对运动时必须保持一定精确程度的传动比。零、部件的直线运动精度或圆周运动精度是相对运动精度的基础。

6.8.2 常见装配的作业内容

1．清洗

清洗的目的是去除零、部件表面或内部的油污和机械杂质。

2．连接

装配过程中有大量的连接工作。连接方式一般可以分为可拆卸连接和不可拆卸连接两种。

3．校正、调整和配作

校正、调整和配作是指相关零、部件之间相互位置的找正、找平作业。

4．平衡

旋转体的平衡是装配精度中的一项重要要求，尤其是对于转速较高、运转平稳度要求较高的机器，对其中的回转零、部件的平衡要求更为严格。有些机器需要在产品总装后，在工作转速下进行整机平衡。

6.8.3 常用装配旋具

1．套筒扳手

套筒扳手是机械装配维修工作中最方便、灵活且安全的工具。

（1）优点

① 在使用中，可以根据需要任意组合使用。

② 螺母的棱角不易被损坏。

③ 适用于拆装位置狭窄或需要一定转矩的螺栓或螺母。

（2）常用尺寸

套筒扳手的常用尺寸为 6～24mm。

（3）组成

套筒扳手主要由套筒头、滑头手柄、棘轮手柄、快速摇柄、接头和接杆等组成，如图 6-40 所示。

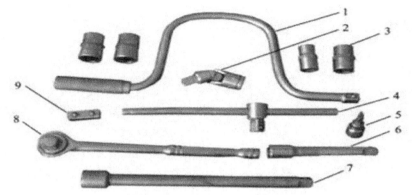

1—快速摇柄；2—万向接头；3—套筒头；4—滑头手柄；5—旋具接头；6—短接杆；
7—长接杆；8—棘轮手柄；9—直接杆

图 6-40　套筒扳手的组成

2．转矩扳手

（1）作用

转矩扳手又称扭力扳手，如图 6-41 所示，是一种可读出所施加转矩大小的专用工具。转矩扳手除用于控制螺纹件旋紧转矩外，还可以用于测量旋转件的启动转矩，以检查装配配合情况。

图 6-41　转矩扳手

（2）规格

转矩扳手的规格是以最大可测转矩来划分的，常用的有 294 N·m、490 N·m 两种。

3．螺钉旋具

（1）作用

螺钉旋具俗称螺丝刀、起子、改锥，如图 6-42 所示，主要用于旋松或旋紧有槽螺钉。

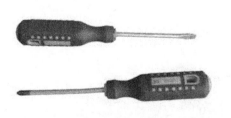

图 6-42　螺钉旋具

（2）分类

常用的螺钉旋具（以下简称旋具）分为一字螺钉旋具和十字槽螺钉旋具。

一字螺钉旋具又称一字形起子、平口改锥，用于旋紧或松开头部开一字槽的螺钉，一般工作部分用碳素工具钢制成，并经淬火处理。

十字槽螺钉旋具又称十字形起子、十字改锥，用于旋紧或松开头部带十字沟槽的螺钉。

（3）规格

螺钉旋具按长度不同分为若干规格。常用的规格有100 mm、150 mm、200 mm 和 300 mm 等几种。使用时，应根据螺钉沟槽的宽度选用相应的规格。

4．开口扳手

（1）作用

开口扳手用于松开或紧固由于空间过于狭窄无法使用套筒或梅花扳手的螺栓。

（2）材料与规格

通常用 45 号、50 号钢锻造。一般都是成套装备，有八件一套、十件一套等，如图 6-43 所示。

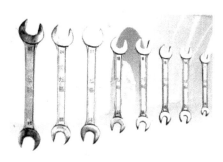

图 6-43　开口扳手规格

5．梅花扳手

（1）作用

梅花扳手同开口扳手的用途相似，其两端是花环式的，可将螺栓或螺母头部套住，扭转转矩大，工作可靠、不易滑脱，适用于在狭窄场合下操作。

（2）材料与规格

通常用 45 号钢或 40Cr 锻造并经热处理而成，有八件一套、十件一套等，如图 6-44 所示。

（3）使用方法

紧固螺母是顺时针方向旋转，松开螺母是逆时针方向旋转，拿扳手的手臂与扳手夹角为45°。

左手推住梅花扳手与螺栓连接处，保持梅花扳手与螺栓完全配合，防止滑脱，右手握住梅花扳手另一端并加力，如图 6-45 所示。

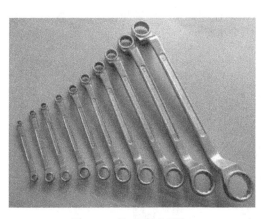

图 6-44　梅花扳手规格

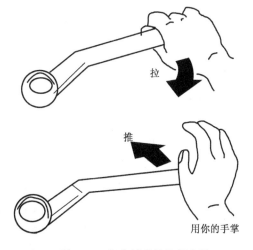

拉

推

用你的手掌

图 6-45　梅花扳手的使用方法

 任务实施

1. 在一体化教室或多媒体教室上课，教师在课堂上结合 PPT 课件、微课、视频等讲述偏心轮机构的装配方法。

2．教师现场讲解偏心轮机构装配与调整操作要领并演示偏心轮机构的装配与调整操作。

3．学生小组成员之间共同研究、讨论并完成以下工作任务。

（1）识读偏心轮机构的装配图纸，明确装配零部件的尺寸精度要求；

（2）正确选择工装夹具及装配工具；

（3）制订偏心轮机构的装配工艺加工步骤。

4．小组按照偏心轮机构的装配工艺加工步骤完成以下任务。

（1）将连杆轴插入偏心轮 $\phi15$mm 孔内，保证偏心轮与连杆轴的垂直度要求，再将 $\phi5$mm 销钉用铜锤敲入 $\phi5$H7 孔内；

（2）将偏心轮与连杆轴组件装入左、右支板后，再装底板，用 M6 螺栓将底板与左、右支板连接好并用内六角工具拧紧；

（3）在偏心轮上方安放滑杆并将滑杆穿入顶板中间孔；

（4）将顶板放在偏心轮机构上方，用 M6 螺栓将顶板与左、右支板连接好并用内六角工具拧紧；

（5）转动连杆轴检查偏心轮机构做旋转运动时的松紧程度，在运动中是否顺畅，有无卡滞现象。

5．任务完成后，小组共同展示偏心轮机构成果（参见图 6-46）。

图 6-46　学生制作的偏心轮机构

6．学生依据表 6-14 "偏心轮机构的装配与调整学习过程评价表" 进行自评后，教师总评。

7．写出工作总结并进行经验交流。

 注意事项

1．扳动扳手的方向应朝里，而不应往外推，这样操作更省力，若必须向外推动时，应将手掌张开去操作，如图 6-47 所示。

图 6-47　扳动扳手的方向应朝里

2. 使用开口扳手对螺母或螺栓做最后拧紧时，加在扳手上的力应根据螺栓拧紧力矩要求而定，不能太大，否则会导致螺丝滑丝。

3. 使用开口扳手时放置的位置不能太高，或只夹住螺丝头部的一小部分，否则在使用时扳手会打滑。

4. 当开口扳手的开口端大于螺帽头部两对平台宽度时，因开口端与螺帽的头部接触减少会导致扳手打滑，应在确定扳手和螺帽刚好配合后才能施力。

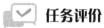 **任务评价**

表6-14　偏心轮机构的装配与调整学习过程评价表

班　级		姓　名	学　号		日　期	年　月　日		
评价指标	评　价　要　素			权重	等 级 评 定			
					A	B	C	D
信息检索	能有效利用网络资源、技术手册等查找信息			5%				
	能用自己的语言有条理地阐述所学知识			5%				
感知工作	能熟悉工作岗位，认同工作价值			5%				
参与状态	探究学习、自主学习，能处理好合作学习和独立思考的关系，做到有效学习			5%				
	能按要求正确操作，能做到倾听、协作、分享			5%				
	能每天按时出勤和完成工作任务			5%				
	善于多角度思考问题，能主动发现、提出有价值的问题			5%				
	积极参与、能在计划制订中不断学习，提高综合运用信息技术的能力			5%				
	工作计划、操作技能符合规范要求			5%				
思维状态	能发现问题、提出问题、分析问题、解决问题、创新问题			5%				
偏心轮机构的装配与调整的技术要求	装配工作的完整性，核对装配图纸，检查有无漏装的零件			15%				
	各零件安装位置的准确性，核对装配图纸或按规范所述要求进行检查			5%				
	各连接部分的可靠性，各紧固螺钉是否达到装配要求的扭力，特殊的紧固件是否达到防止松脱要求			10%				
	活动件运动的灵活性，如滑杆、偏心轮等手动旋转或移动时，是否有卡滞或别滞现象等			15%				
	工具、量具摆放整齐			5%				
有益的经验和做法								
反思								

等级评定：A—好　　　B—较好　　　C—一般　　　D—有待提高

知识拓展

6.8.4　塞尺

1．塞尺的作用

塞尺又称厚薄规或间隙片，主要用来检验机床特别紧固面和紧固面、活塞与气缸、活塞环槽和活塞环、十字头滑板和导板、进排气阀顶端和摇臂、齿轮啮合间隙等两个结合面之间的间隙大小。

2．塞尺的分类

塞尺的种类非常多，常用的塞尺有单片塞尺、数字显示楔形塞尺。

（1）单片塞尺

单片塞尺是由许多层厚薄不一的薄钢片组成的，按照塞尺的组别制成一把一把的塞尺，如图 6-48 所示，每把塞尺中的每片尺都具有两个平行的测量平面，且都有厚度标记，以供组合使用，尺寸规格如表 6-15 所示。

图 6-48　塞尺

表 6-15　塞尺的规格

A 型	B 型	塞尺片长度/mm	片　数	塞尺的厚度及组装顺序
组别标记				
75A13	75B13	75	13	0.02；0.02；0.03；0.03；0.04；0.04；0.05；0.05；0.06；0.07；0.08；0.09；0.10
100A13	100B13	100		
150A13	150B13	150		
200A13	200B13	200		
300A13	300B13	300		
75A14	75B14	75	14	1.00；0.05；0.06；0.07；0.08；0.09；0.19；0.15；0.20；0.25；0.30；0.40；0.50；0.75
100A14	100B14	100		
150A14	150B14	150		
200A14	200B14	200		
300A14	300B14	300		
75A17	75B17	75	17	0.50；0.02；0.03；0.04；0.05；0.06；0.07；0.08；0.09；0.10；0.15；0.20；0.25；0.30；0.35；0.40；0.45
100A17	100B17	100		
150A17	150B17	150		
200A17	200B17	200		
300A17	300B17	300		

塞尺使用前必须先清除塞尺和工件上的污垢与灰尘。使用时可用一片或数片重叠插入间隙，以稍感拖滞为宜。测量时动作要轻，不允许硬插，也不允许测量温度较高的零件。

（2）数字显示楔形塞尺

数字显示楔形塞尺如图6-49所示，是为测量汽轮机通流间隙专门设计的，测量的读数能直接从数字显示屏上读出。数字显示楔形塞尺有五种规格：1型0～10mm、2型5～15mm、3型10～20mm、4型20～30mm、5型30～40mm，用户可根据实际测量需求选择相应型号的塞尺。

图6-49　数字显示楔形塞尺

数字显示楔形塞尺测量时，塞尺插入楔形槽内，数显塞尺副尺端面应紧贴被测表面，且数字显示楔形塞尺应与底部表面保持垂直。

3．使用方法

（1）用干净的布将塞尺测量表面擦拭干净，不能在塞尺沾有油污或金属屑末的情况下进行测量，否则将影响测量结果的准确性。

（2）将塞尺插入被测间隙中，来回拉动塞尺，感到稍有阻力，说明该间隙值接近塞尺上所标出的数值；如果拉动时阻力过大或过小，则说明该间隙值小于或大于塞尺上所标出的数值。

（3）进行间隙的测量和调整时，先选择符合间隙规定的塞尺插入被测间隙中，然后一边调整，一边拉动塞尺，直到感觉稍有阻力时拧紧锁紧螺母，此时塞尺所标出的数值即为被测间隙值。

4．使用注意事项

（1）使用塞尺前须确认是否经校验及在校验有效期内。

（2）不允许在测量过程中剧烈弯折塞尺，或用较大的力硬将塞尺插入被检测间隙，否则将损坏塞尺的测量表面或零件表面的精度。

（3）根据结合面的间隙情况选用塞尺片数，但片数越少越好。

（4）不能测量温度较高的工件。

（5）用塞尺时必须注意正确的方法（测间隙必须垂直于被测面，测断差必须放平）。

（6）读数时，按塞尺上所标数值直接读数即可。

（7）塞尺必须定时保养。

（8）使用完后，应将塞尺擦拭干净，并涂上一薄层工业凡士林，然后将塞尺折回夹框内，以防锈蚀、弯曲、变形而损坏。

（9）塞尺不用时必须放入盒子保护以防生锈变色而影响使用。

（10）存放时，不能将塞尺放在重物下，以免损坏塞尺。

6.8.5　机械装配技术规范

1．作业前准备

（1）作业资料：包括总装配图、部件装配图、零件图、物料BOM表等，直至项目结束，必须保证图纸的完整性、整洁性、过程信息记录的完整性。

（2）作业场所：零件摆放、部件装配必须在规定作业场所内进行，整机摆放与装配的场地必须规划清晰，直至整个项目结束，所有作业场所必须保持整齐、规范、有序。

（3）装配物料：作业前，按照装配流程规定的装配物料必须按时到位，如果有部分非决定性材料没有到位，可以改变作业顺序，然后填写材料催工单交采购部。

（4）装配前应了解设备的结构、装配技术和工艺要求。

2．基本规范

（1）机械装配应严格按照设计部提供的装配图纸及工艺要求进行装配，严禁私自修改作业内容或以非正常的方式更改零件。

（2）装配的零件必须是质检部验收合格的零件，装配过程中若发现漏检的不合格零件，应及时上报。

（3）装配环境要求清洁，不得有粉尘或其他污染，零件应存放在干燥、无尘、有防护垫的场所。

（4）装配过程中零件不得磕碰、切伤，不得损伤零件表面，或使零件明显弯、扭、变形，零件的配合表面不得有损伤。

（5）相对运动的零件，装配时接触面间应加润滑油（脂）。

（6）相配零件的配合尺寸要准确。

（7）装配时，零件、工具应有专门的摆放设施，原则上零件、工具不允许摆放在机器上或直接放在地上，如果需要的话，应在摆放处铺设防护垫或地毯。

（8）装配时原则上不允许踩踏机械，如果需要踩踏作业，必须在机械上铺设防护垫或地毯，重要部件及非金属强度较低部位严禁踩踏。

3．装配检查工作

（1）每完成一个部件的装配，都要按以下的项目检查，如发现装配问题应及时分析处理。

① 装配工作的完整性，核对装配图纸，检查有无漏装的零件。

② 各零件安装位置的准确性，核对装配图纸或对照规范所述要求进行检查。

③ 各连接部分的可靠性，各紧固螺钉是否达到装配要求的扭力，特殊的紧固件是否达到防止松脱要求。

④ 活动件运动的灵活性，如输送辊、带轮、导轨等手动旋转或移动时，是否有卡滞或别滞现象，是否有偏心或弯曲现象等。

（2）总装完毕主要检查各装配部件之间的连接，检查内容按规定的"四性"作为衡量标准。

（3）总装完毕应清理机器各部分的铁屑、杂物、灰尘等，确保各传动部分没有障碍物存在。

（4）试机时，认真做好启动过程的监视工作，机器启动后，应立即观察主要工作参数和活动件是否正常运动。

（5）主要工作参数包括运动速度、运动平稳性、各传动轴旋转情况、温度、振动和噪声等。